Tragwerksstrukturen

Rudolf Pitloun

Tragwerksstrukturen

Tragwerke und andere Strukturen

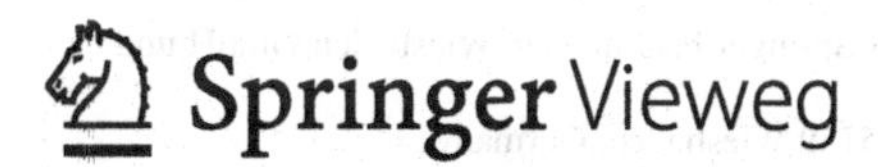

Rudolf Pitloun
Berlin, Deutschland

ISBN 978-3-658-23124-8 ISBN 978-3-658-23125-5 (eBook)
https://doi.org/10.1007/978-3-658-23125-5

Die Deutsche Nationalbibliothek verzeichnet diese Publikation in der Deutschen Nationalbibliografie; detaillierte bibliografische Daten sind im Internet über http://dnb.d-nb.de abrufbar.

Springer Vieweg

Lektorat: Dipl.-Ing. Ralf Harms

Springer Vieweg ist ein Imprint der eingetragenen Gesellschaft Springer Fachmedien Wiesbaden GmbH und ist ein Teil von Springer Nature.
Die Anschrift der Gesellschaft ist: Abraham-Lincoln-Str. 46, 65189 Wiesbaden, Germany

Vorwort

Unter dem Strukturbegriff versteht man einen relativ festen und stabilen Zusammenhang sowie die Beziehungen und Wechselwirkungen von Elementen der Gesamtstruktur. Die Abstraktionen liefern Modelle der Wirklichkeit zur Beurteilung der Eigenheiten und äußeren Einwirkungen. Im Buch wird der Begriff „Strukturierungskunst" verwendet.

Ursprünglich wurden die Begriffe der Ingenieure und Architekten sowie der Ökonomen bestimmt, um die Aufgabe eines Bauwerkes, seine Form und das Baugefüge zu bestimmen. Der Baupreis war nicht das wichtigste Entscheidungskriterium.

Nach den Thesen am Buchende erfolgten dann eine Übertragung und eine Auswahl der Begriffe aus den technischen Disziplinen, um Vergleiche der Kunst des Strukturierens auf eine ausgewählte Kunst der medizinischen Wissenschaften zu übertragen.

Als ein Beispiel aus der Medizin wurde die Neurologie ausgewählt zur zahlenmäßigen Befindensbewertung und der Schlafqualität von Patienten.

- +4 und +1 für gehobenes Verhalten von Patienten während der Tagesstunden,
- die Null symbolisiert das Normalverhalten und
- die Symbole zwischen −4 und −1 gelten für negative Stimmungen der Patienten.

Die Gesundschreibung wurde durch den behandelnden Arzt mit +2 bis −1 bewertet.

Die Bewertung der Schlafdauer erfolgte in Stunden.

Die Ergebnisse wurden im Computer gespeichert und für Anwendungen bereitgestellt.

Der Arzt widmet sich zunächst der Behandlung des **menschlichen Individuums** in seiner Gesamtheit. Führt die Gesamtbehandlung nicht zum Erfolg, dann veranlasst er die Untersuchung einzelner **Organe** und **Körperteile** durch Spezialisten. Das bedeutet, **belebte Strukturen** und Beziehungen zwischen Organen und Körperteilen zu erfassen. Das vorliegende **Buch** über Tragwerkstrukturen und andersartige Strukturen enthält eine solche Zerlegung von technischen Gesamtstrukturen in Elemente. Mit Hilfe von Strukturaufbaudaten und der Bewertung der Elementparameter erfolgen der **Strukturaufbau** und die **Strukturoptimierung.**

Im frühen Stadium des **Entwurfs von Tragwerken** sind noch keine Details einer künftigen baulichen Gestaltung oder gar der baulichen Durchbildung und Bemessung bekannt. Die ersten Fragen der Wahl von günstigen **Tragwerkstrukturen** sind:

Welche **Einflussgrößen** der Strukturwahl wirken sich aus?

Welche **Vergleichskriterien** sind quantifizierbar und welche **Maßstäbe** sind zu wählen?

Im vorliegenden Buch bilden sich die Haupteinflussgrößen für die Strukturwahl in der **Buchgliederung** ab, verglichen wurden etwa 1000 berechnete **Anwendungsbeispiele.**

In Kap. 1 ist das **Ziel** des Buches formuliert. In Kap. 2 werden für verschiedenartige **Strukturelemente** die Elementgrößen und das Elementverhalten definiert und die **Analogien** im Eigenverhalten der Strukturelemente herausgearbeitet. Unter den verschiedenen Verhaltensgrößen der 10 Elementarten gibt es bei allen Arten die gleiche Größe des zeitlichen Verhaltens, nämlich den berechneten **Eigenwert** oder die messbare **Eigenfrequenz.** Das für die Berechnung des Strukturaufbaus wichtigste Kap. 3 enthält für die einfachsten Anwendungsbeispiele von einachsigen Biegeträgern die Berechnungsgrundlagen mit den Größenordnungen der Dimensionierungsparameter von Elementlängen, Steifigkeiten und Massenparametern infolge der Eigenlasten. In Kap. 4 wird die Berechnung von Flächentragwerken an Beispielen von Rahmentragwerken mit orthogonaler Struktur durchgeführt. Schließlich werden in Kap. 5 für turmartige Tragwerke mit variierten Randbedingungen, Steifigkeits- und Massenverteilungen Beispiele des Eigenverhaltens berechnet.

Zur Bewertung der technischen Strukturen wurden etwa 100 Gutachten des Buchautors zugrundegelegt. Neben den Baupreisen erfolgten die baustatische Berechnung und die Durchführung von Messungen bei der Überfahrt schwerer Fahrzeuge auf Brücken.

Als Hardware für die Berechnung wurde der Ziffernrechner IBM 360 der Akademie der Wissenschaften zu Berlin angewandt. Die tabellarische Übersicht über die maßstabsfreien Eigenwerte in Abschn. 6.1 ist wie folgt gegliedert:

- Einfeld-, Mehrfeld- und Durchlaufträger von Biegetragwerken,
- Rahmenecken mit verschiedenen Parametern und Randbedingungen,
- Offene Rahmentragwerke aus Riegeln und Stielen und Randbedingungen,
- Fundamentrahmen mit einem durchgehenden Riegel und starr eingespannten Stielen,
- Stockwerkrahmen mit zwei Stielen und bis zu zehn Geschossen.

Inhaltsverzeichnis

1 Ziel des Buches und Inhaltsübersicht

Das **Ziel** des Buches über **Tragwerkstrukturen** und über andere Strukturen ist die Erweiterung der herkömmlichen **Entscheidungsgrundlagen** nach der zur Zeit gültigen Vergabe- und Vertragsordnung beim Entwurf und der Erhaltung vorhandener Bauten nach **Baupreisen** sowie nach Daten **optimaler Strukturen** der Baukonstruktionen.

Da die zahlenmäßige Erfassung der zur Strukturberechnung notwendigen **Strukturaufbaudaten** und der Bewertung der einzelnen **Konstruktionsparameter** aller Tragwerkselemente für den Variantenvergleich noch nicht bekannt war, wurden Forschungsarbeiten und Begutachtungen über viele Jahre durchgeführt. Für Entwürfe von neuen Bauwerken und Begutachtungen von strukturbedingten Schäden und Mängeln an vorhandenen Tragwerken sind **Modell- und Bauwerksmessungen** sowie Berechnungen über das **Eigenverhalten** und Berechnungen über das Konstruktionsverhalten bei einwirkenden **statischen und dynamischen Belastungen** durchgeführt worden.

Neben der statischen Berechnung wurde für die dynamische Berechnung des **konstruktionseigenen Verhaltens** ohne äußere Krafteinwirkungen im Rahmen von Forschungsarbeiten **Anwendersoftware** zunächst für Begutachtungsaufträge ausgearbeitet. Dazu ist ein System von häufig vorkommenden Tragwerksmodellen entworfen worden zur Berechnung der **Eigenwerte** und der entsprechenden Randverformungen aller dazugehörigen Konstruktionselemente der Gesamttragwerke. Als **Hardware** stand der IBM 360 zur Verfügung. Damit wurden etwa 1000 Modellbeispiele durchgerechnet und für Begutachtungszwecke angewandt. In zwei Büchern – „Schwingende Balken" [1] und „Schwingende Rahmen und Türme" [2] – sind die Berechnungsergebnisse veröffentlicht, siehe Kap. 7. In dieser Zeit wurden etwa 100 Gutachtenaufträge bearbeitet und gelöst. Parallel dazu wurden an ausgewählten Beispielen von Neubauten und vorhandenen Tragwerken **Messungen** durchgeführt.

Die Erweiterung der **Entscheidungsgrundlagen** erfordert eine Begründung der Möglichkeiten zur Datenerfassung und Berechnung von **Tragwerkstrukturen** einerseits

R. Pitloun, *Tragwerksstrukturen*, https://doi.org/10.1007/978-3-658-23125-5_1

sowie der Kalkulationen von **Baupreisen** andererseits. Zunächst werden die Gesamttragwerke der Strukturvarianten in **Konstruktionselemente** eingeteilt. Dann erfolgt die Durchnummerierung der zu berechnenden Randverformungen und man erhält so die Indizes für die **Strukturaufbauanweisungen**. Die Bewertung der Elementparameter erfolgt für alle Strukturelemente. Zum Beispiel sind für Biegetragwerke die Elementlängen, die Biegesteifigkeiten und Eigenmassen zu erfassen. Daraus werden mit Hilfe der Anwendersoftware die **Eigenwerte** des zeitlichen Tragwerkwerkverhaltens und die **Randverformungen** aller Elemente berechnet. Als optimale Variante wird derjenige Entwurf ausgewählt, für den sich der **maximale Eigenwert** ergibt. Bei künftigen **Ausschreibungen** mit dem Ziel von Bauausführungsaufträgen nach Baupreisen und nach der Berechnung der besten Struktur der Tragwerke wird empfohlen, beide Auswahlkriterien zugrunde zu legen. Dazu wäre der Inhalt der **Vergabe- und Vertragsordnung** schrittweise weiterzuentwickeln.

Der Vorteil der Berechnung der besten Tragwerkstruktur neben der Vergabe der Bauausführungsaufträge nach dem Baupreis ist, dass alle Daten zum Strukturaufbau aus Konstruktionselementen und alle Bewertungsdaten der einzelnen Elemente exakt erfasst und mit Hilfe der Anwendersoftware zur Berechnung des Eigenverhaltens zur Auswahl der optimalen Tragwerkstruktur nach dem Kriterium des maximalen Eigenwertes in den Angebotsunterlagen zahlenmäßig nachgewiesen werden können. Die Einzelheiten sind in den Buchabschnitten dargelegt (allgemein sind die veröffentlichten Daten für die etwa 1000 berechneten Strukturvarianten von Trägersystemen, für Rahmentragwerke und turmartige Tragwerke und die speziellen Anwenderdaten aus den 100 Gutachten entnommen).

In der Neuzeit bestimmt die Aufgabe des Bauwerks in erster Linie seine Form, den Baustoff, die Bauart und das Baugefüge. Der Baupreis war ursprünglich nicht das hauptsächliche Entscheidungskriterium. Erst im letzten Jahrhundert entwickelten sich die Produktions- und Informationstechnologien und das Denken in technischer und ökonomischer Hinsicht. Nun steht am Anfang die Wahl der Baustoffart und der Gesamtstruktur der Bauwerke als schöpferischer Akt. Es folgt die Dimensionierung der einzelnen Konstruktionselemente zusammen mit der Forschung und Entwicklung. Da die Realisierungsmöglichkeiten finanziell begrenzt sind, muss der Baupreis in Währungseinheiten der Herstellerländer beachtet werden.

Im Bauwesen der Bundesrepublik Deutschland gilt zurzeit die Vergabe- und Vertragsordnung für Bauleistungen (VOB) als eine Entscheidungsgrundlage zur Vergabe von Bauleistungen auf der Basis von Baupreisen. Die Vergabe- und Vertragsordnung gliedert sich in drei Teile:

- Der Teil A enthält Paragrafen über die Definition der Bauleistungen, über Grundsätze, über Tragwerksarten und über die Vergabe und Teilnahmen an Wettbewerben.
- Der Teil B enthält allgemeine Vertragsbedingungen für die Ausführung von Bauleistungen, über die Art und den Umfang von Leistungen, über die Vergütung nach

Einheitspreisen und über die Unterlagen für die Ausführung nach Verträgen und Regeln der Technik.
- Der Teil C enthält allgemeine technische Vertragsbedingungen mit einer Übersicht über DIN-Normen.
- Angefügt ist die Honorarordnung für Architekten und Ingenieure (HOAI).

Das Ziel des Buches über Tragwerkstrukturen ist es, wissenschaftliche Grundlagen zur Findung optimaler Konstruktionsvarianten und Erfahrungen aus der Begutachtung von Neubauten und von vorhandenen Tragwerken mit strukturbedingten Schäden und Mängeln zusammenzustellen und Verallgemeinerungen abzuleiten. Dazu wird in diesem Kapitel ein Überblick über den Buchinhalt gegeben.

Kap. 2 beschreibt einleitend die Wahl optimaler Tragwerkstrukturen durch den Vergleich berechneter Konstruktionsvarianten und Analogien zwischen verschiedenartigen Elementen von technischen Strukturen wie Punktmodelle des Bauwesens, des Maschinenbaus und der Elektrotechnik, einachsige Modelle der technischen Physik des Geräte- und Instrumentenbaus sowie zweidimensionale Modelle des Industrie-, Wohnungs- und Brückenbaus. Diese verschiedenen Arten kann man mit Hilfe einer Elementgröße des Zeitverhaltens vergleichen, genannt Eigenwert.

Das umfangreiche Kap. 3 gliedert sich in vier Unterabschnitte. Abschn. 3.1 enthält die wichtigsten Begriffe, Einflussgrößen und Lösungsansätze zur Berechnung des Eigenverhaltens von Tragwerken als **Entscheidungsgrundlagen** zur Findung optimaler Konstruktionsvarianten. Deshalb werden bereits in Abschn. 3.1 die einfachsten Begriffe und Größen an Hand des im Bauwesen am meisten vorkommenden, elementaren **Biegeträgerbeispiels** auf einfachste Weise erläutert.

Neu in der Anwenderpraxis ist der Begriff **„Strukturaufbaudatum"**. Beim Beispiel des Biegeträgers auf zwei festen Stützen gibt es unter den zu berechnenden, beiden Trägerrändern nur zwei Verformungsdaten unter den sechs berücksichtigten Verformungsarten der Durchbiegung w, der Verdrehung w′ und der Randkrümmung w″ an beiden Rändern, nämlich die Verdrehungen des linken und des rechten Trägerrandes. Wegen der beiden Lagergelenke auf den festen Fundamenten gelten für beide Randdurchbiegungen w = 0 und Randkrümmungen w″ = 0 und als zu erfassende Strukturaufbaudaten der Art w′ werden die beiden Indizes 1 und 2 in der **Indextafel** zusammen mit den vier Nullen erfasst im **Dateneingabeblatt**.

Für das erste und einzige Berechnungsfeld wird die Feldnummer 1 eingetragen und in dieser Zeile werden die sechs Indizes der beiden Felder und dazu die **Beispielparameter** eingetragen:

Feld-Nr.	Strukturaufbaudaten						Beispielparameter auf Maßstäbe bezogen		
	linker Rand			rechter Rand			Feldlänge	Biegesteifigkeit	Last/Masse
	w	w′	w″	w	w′	w″	l	EI	m
1	0	1	0	0	2	0	1,0000	1,0000	1,0000

Um eine Vergleichbarkeit der Strukturvarianten zur Findung der optimalen Variante erreichen zu können, muss ein Feld als Maßstabsfeld ausgewählt werden. Beim Beispiel ist nur ein Feld vorhanden, es wird als **Maßstabsfeld** gewählt. Die Beispielparameter werden durch die Maßstabsgrößen geteilt und so erhält man die drei maßstabsfreien **Eingabedaten** der Parameter 1,0000 zur Berechnung des Eigenverhaltens der Strukturvarianten, gesteuert durch die Indizes 0, 1 und 2.

In Abschn. 3.2 werden zur Wahl optimaler Strukturvarianten **Durchlaufträger** mit 2 bis 10 Feldern als Beispiele zur Berechnung der **Eigenwerte** des zeitlichen Strukturverhaltens mit den zugehörigen Eigenformen der Konstruktionselemente beschrieben. Dabei werden die Abhängigkeit der **Strukturaufbaudaten** (Indizes der Randverformungen) und der **Elementparameter** (Feldlängen, Steifigkeiten und Massen) der Durchlaufträger und der berechneten, maßstabsfreien Eigenwerte sowie die Randverformungen tabellarisch zusammengestellt und erläutert.

In Abschn. 3.4 erfolgt eine Übersicht über die in der Entwurfs- und Begutachtungspraxis vorkommenden **Maßstabsgrößenordnungen.** Am Schluss des Kap. 3 sind die einzelnen **Parametergrößen** der Durchlaufträgervarianten und der berechneten **Eigenwertmaßzahlen** und der **Eigenfrequenzmaßzahlen** (1,51 bis 3,44 Hertz) für Variantenvergleiche zusammengestellt. Schließlich werden der **Strukturaufbau** aus Elementen und die numerische Berechnung der **Eigenlösungen** mit Hilfe der **Anwendersoftware** (nach den einzelnen Berechnungsanweisungen, Formeln genannt) mit Zahlenbeispielen nach den zitierten Quellen erläutert.

In Kap. 4 werden orthogonale **Rahmentragwerke** aus biegesteifen Stäben betrachtet und die berechneten **Eigenwertmaßzahlen** der Strukturvarianten sind in Übersichtstabellen wiedergegeben. Folgende **Variantenarten** mit den gewählten Parametergrößen und den Eigenlösungen sind enthalten:

- **Rahmenecken** aus 2 und 3 Stäben mit Variation der Parameter und Randbedingungen.
- **Offene Rahmen** mit zwei eingespannten Stielen und einem verbindenden Rahmenriegel.
- **Geschlossene Rahmenträger** aus einem und aus drei Zellen mit Variation der Stabparameter.
- **Fundamentrahmen** aus 2 bis 10 eingespannten Stielen und einem durchgehenden Riegel.
- **Stockwerkrahmen** aus 2 Stielen und 2 bis 4 sowie 10 Stockwerken mit Variation der Parameter (Länge, Steifigkeit, Massen).

Je Variante sind die **Parameterdaten** und die berechneten **Eigenwertmaßzahlen** tabellarisch zusammengestellt: Der **1. Eigenwert** hängt von den Variantenarten ab. Beispielsweise liegt der maximale Eigenwert zwischen 4,30 bei zwei Stockwerken und 0,012 beim zehnstöckigen Rahmen. In den Abschnitten nach den Übersichtstabellen werden die **Variantenmaßstäbe** und die Strukturdaten von zwei **Stockwerkvarianten** (2 und 4 Stockwerke) verglichen und ausführlich erläutert. Die Gesamthöhe der Vergleichsvarianten ist gleich. Also sind die Stiellängen unterschiedlich. Dadurch müssen die Größenmaßstäbe für die berechneten Eigenwerte, Randverformungen und Biegemomente umgerechnet werden, um die **Optimalvariante** nachzuweisen. Als Vergleichskriterium gilt, dass die Eigenwertmaßzahl des Rahmens mit vier Geschossen größer ist als bei zwei Geschossen (0,482 > 0,232). Abgesehen von dem gegenwärtigen Entscheidungskriterium nach **Baupreisen** ist nach strukturellen Vergleichskriterien der **Zuschlag** für die Bauausführung zugunsten der Variante mit vier Geschossen zu erteilen. Zwischen dem Baupreiskriterium und dem Strukturkriterium ist ein **Kompromiss** zu suchen nach Erfahrungen der Entscheidungsträger und nach Erweiterung der herkömmlichen **Entscheidungsgrundlagen** (Vergabeordnung, neue Strukturierungsgrundlagen).

Vergleicht man allgemein die im Kap. 3 betrachteten einachsigen **Durchlaufträger** mit **Rahmentragwerken** nach Kap. 4, dann sind die Eigenwertspektren differenzierter als bei Durchlaufträgern. Bei den nachfolgend im Kap. 5 betrachteten turmartigen Tragwerken sind Türme am verformungsempfindlichsten, was bedeutet, dass die Extremwerte der Eigenwertmaßzahlen noch weiter auseinanderliegen. Im Kap. 6 wird für alle veröffentlichten 1000 Strukturvarianten eine **Gesamtübersicht** über alle **Struktureigenwerte** angeboten und es wird dadurch möglich, die dort für Projektierungs- und Begutachtungszwecke zusammenfassende **Strukturwahlmethodik** zu formulieren und mit Beispielen zu belegen.

Im Kap. 5 über **turmartige Tragwerke** werden zwei Arten von Turmmodellen mit festem und nachgiebigem Untergrund und variierten Verteilungsfunktionen der Steifigkeiten und Massen in Abhängigkeit von der Turmhöhe betrachtet. In Abschn. 5.1 werden Modelle mit festem Untergrund, homogen verteilten Schaftparametern ohne Einzelmassen vorausgesetzt. In Abschn. 5.2 sind sowohl elastisch **nachgiebige Turmgründungen** als auch konstante **Parameter** sowie eine konzentrierte **Einzelmasse** berücksichtigt. Für jede Modellart wurden die **Eigenwertmaßzahlen** berechnet. Daraus ergeben sich im Gesamtspektrum aller errechneten Eigenwerte die **Extremwerte** der Turmvarianten. Die am häufigsten vorkommende Variante ist der starr eingespannte **Träger** mit gleichmäßig verteilter Steifigkeit und Masse über die gesamte Turmhöhe ohne konzentrierte Massen. Berechnet wurde die maximale **Eigenwertmaßzahl** 12,36. Nimmt die Einspannung ab, sinkt der Betrag auf nur 0,030. Nach den Erfahrungen bei der Wahl **optimaler Varianten** ist der Mindestbetrag bei Türmen 5,00. Bei der Anwendung ist die Maßzahl noch mit dem Eigenwertmaßstab zu multiplizieren. Die Maßstabsgröße ist abhängig von der vierten Potenz der Turmhöhe, die Parameter der Steifigkeit und Massebelegung gehen nur linear ein. Kommt noch eine konzentrierte Masse an der Turmspitze hinzu (zum Beispiel bei Fernsehtürmen), dann muss das Turmfundament unnachgiebig konstruiert werden. Einzelheiten sind aus der **tabellarischen Übersicht** über die Parameter der Turmgründung sowie der Steifigkeits- und Massenverteilung über die Turmachse und der errechneten Eigenwerte zu entnehmen.

Im Abschn. 5.2 sind zwei Gutachtenbeispiele aus der Dissertation „Dynamische Modelle“ [3] angefügt als Grundlage zur Erweiterung der herkömmlichen Baukunstregeln nach Baupreisen. Beim Beispiel der **Hängebrücke Jüterbog** wurde aus Strukturgründen der Verformungsempfindlichkeit eine feste Stütze am Seilaufhängungspunkt eingebaut.

Bei der Brücke **Calau-Bronkow** mit strukturbedingten Schäden erfolgten der vorzeitige Ersatz des Überbaus und der Neubau der Widerlager an den Brückenenden. Mit den Ergebnissen aus den Berechnungen und Messungen wurden die in den Gutachten vorgeschlagenen Strukturänderungen begründet und von den Anwendern akzeptiert.

Im Kap. 6 wird ein Überblick über die Größenordnung der ersten **Eigenwertmaßzahlen** als Auswahlhilfsgrößen zur Findung **optimaler Tragwerkstrukturen** von Biegeträgern gegeben, die in der Bautechnik am häufigsten vorkommen.

Das **Eigenwertspektrum** von 504,0 bei eingespannten Feldrändern ergibt sich bis zum Minimalbetrag 0,02, wobei aus Erfahrung der Minimalbetrag 5,00 bis 10,00 bei Biegeträgern sein sollte. Der Minimalbetrag 0,02 ergibt sich bei elastisch nachgiebigen Stützen. Für den in der Bautechnik häufig vorkommenden **Einfeldträger** mit zwei unnachgiebigen Gelenken beträgt die sehr günstige Eigenwertmaßzahl 97,5 als Kriterium für den Nachweis der Trägerbeurteilung der Tragwerkstruktur. Auch beim Kriterium der Trägerbeurteilung nach dem kleinsten **Baupreis** zum Beispiel bei massenhafter Herstellung in Fertigteilbauweise lässt sich mit beiden Kriterienarten eine günstige Entscheidungsgrundlage zahlenmäßig belegen. Bei der Planung von Tragwerken wie Rahmen- und Turmtragwerken aus vielen Elementen sind **Variantenvergleiche** mit Hilfe der jeweils verfügbaren Anwendersoftware und Hardware zur Berechnung des Eigenverhaltens möglich. Während alle Einflüsse der zahlenmäßigen Erfassung des Strukturaufbaus und der Bewertung der Strukturelemente durch Parameter exakt nachweisbar sind, ist die beim Preiskriterium vorhandene Abhängigkeit von Produktions- und Informationstechnologien mit ihren Preiskalkulationen im Rahmen der Ausschreibungsverfahren nicht einfach nachprüfbar.

Für **Rahmentragwerke** in zweiachsigen und räumlichen Konstruktionen muss man zunächst nach den häufigsten **Tragwerksarten** gliedern, wie das in den Abschnitten des Kap. 6 erfolgt. Bei den Arten mit wenigen Elementen spielen die **Randbedingungen** eine Rolle. Im Zentralen Forschungsinstitut des Verkehrs- und Bauwesen in Berlin wurden über viele Jahre **Forschungsthemen** zur Erarbeitung und Entwicklung der **Verkehrsinfrastruktur** des Straßenbaus durchgeführt. Nach den Abstimmungen mit der Abteilung Straßenverkehr und Straßenbau und der Hochschule für Verkehrswesen erhielt der Gutachter Aufträge für Begutachtungen von öffentlichen **Straßenbau- und Verkehrsbauvorhaben** sowie für Erhaltungsmaßnahmen. In diesem Zusammenhang wurde vom Berliner Verlag transpress das **Handbuch Brückenerhaltung** (in zwei Auflagen 1975 und 1976) veröffentlicht. Das Autorenteam bestand aus 24 Vertretern der Hochschule für Verkehrswesen Dresden, den Fachabteilungen des Straßenbaus und des Eisenbahnwesens sowie ausgewählter Fachleute aus den Verkehrsbaubetrieben. Außerdem entstanden etwa 100 **Gutachten** über Brücken- und Modellmessungen mit Probebelastungen und Berechnungen des Eigenverhaltens der Bauwerke für Neubauten und vorhandener, strukturbedingter Schäden und Mängel (darunter die stählerne **Hängebrücke Jüterbog** und die stark beschädigte **Stahlbetonbrücke Calau-Bronkow**, siehe Dissertationsschrift „Dynamische Modelle“ [3]). Diese Ergebnisse bildeten die Grundlage für Forschungs- und Entwicklungsthemen des Berliner Forschungsinstitutes.

Beim **Gutachten Jüterbog** war die Ursache der Strukturkorrektur, dass der Statiker nur eine statische Berechnung mit einem **Schwingbeiwert** laut herkömmlicher Projektierungsvorschriften zugrundelegte. In der Dissertation „Dynamische Modelle" [3] wurde für ein dynamisches Berechnungsmodell das **Eigenverhalten** der Brücke mit Seilaufhängung berechnet. Aus Schwingungsmessungen an der Brücke ergaben sich die **Eigenfrequenzen** in Hertz und beim Überschreiten der Brücke durch Bauarbeiter zeigten sich **Resonanzerscheinungen,** so dass die Brücke gesperrt werden musste. Weiter waren noch konstruktive Mängel (Abheben an der Seitaufhängung) vorhanden. Die Auswertungen forderten den Ersatz der Seilaufhängung durch eine **feste Stütze**. Das Gericht und die Bauaufsicht bestätigten die Ergebnisse der Messungen und Berechnungen sowie die verbleibenden technischen Mängel nach der Brückenbesichtigung mit Überschreitung des Tragwerkes durch Bauarbeiter.

In Abschn. 5.2 sind auf der Grundlage der Dissertationsschrift **Dynamische Modelle** [3] der Technischen Universität Dresden die Einzelheiten des Gutachtens wiedergegeben. Im Textteil der Dissertation werden zunächst die Definition von Begriffen sowie die Dimensionen und Maßeinheiten behandelt. Dann folgt der Abschnitt über **Analogien** zwischen elf Elementarmodellen ohne und mit äußeren Einwirkungen, über den Sinn und Zweck der Modellierung technischer Strukturierung und über die Durchführung von Experimenten sowie über das **Gutachten Jüterbog.** In der Dissertation wird auch das **Gutachten Calau-Bronkow** als Beispiel zur Erläuterung einer **Kunst des technischen Modellierung** behandelt.

Die **Fußwegbrücke Jüterbog** hat eine Gesamtlänge von 105,9 Metern. Der Projektant wählte ein Gerbertragwerk auf fünf festen Stützen. Zusätzlich wurde ein Pylon mit einer Seilaufhängung des größten Stützfeldes gewählt. Zur vereinfachten Berechnung der **Eigenwerte und Eigenformen** wurde eine harmonische Zeitfunktion der Durchbiegungen durch Fußgänger durch mehrere Personen angenommen. Die geringe **Dämpfung** und die auffallend großen Durchbiegungen wurden gemessen zum Vergleich mit den berechneten Randverformungen.

Es wurde die statische Berechnung über den **Neubau der Spannbetonbrücke** im Stadtzentrum Dresden des Projektanten ergänzt durch die Berechnung des Eigenverhaltens der Brücke ohne Verkehr und mit Verkehrslasten. Nach diesen Ergebnissen wurde die Statik des Projektanten und die **Tragwerkstruktur** ergänzt durch einen **zusätzlichen Querträger** zwischen beiden Hauptträgern je Fahrbahnrichtung am verformungsempfindlichsten Querschnitt. Dann erfolgte die Bauausführung. Zum Vergleich der Ergebnisse über das **Eigenverhalten** ohne und mit Verkehrslasten sind die **Eigenfrequenzen** und maximalen Durchbiegungen berechnet worden: Die berechneten und gemessenen Ergebnisse stimmten überein. Dann wurde das vorgeschriebene **Schwerlastfahrzeug** über dem Querträger am Punkt der **Maximaldurchbiegung** aufgestellt und die Durchbiegung gemessen und es erfolgten Überfahrten mit Messung der Maximaldehnungen am Hauptträger. Das Gutachten wurde fertiggestellt mit dem Ergebnis der Übergabe des Bauwerkes für den öffentlichen Verkehr. Die Wirksamkeit der **Strukturergänzung** durch den Querträger wurde dann messtechnisch überprüft.

Das dritte, ausgewählte Gutachten über die **Strukturkorrektur** der Hängebrücke über das Bahngelände der Stadt Jüterbog durch Ersatz der Seilaufhängung mit der neu zu errichtenden, festen Stütze hatte die **Ursache**, dass der unerfahrene Projektant die dynamische Empfindlichkeit nicht erkannte und dass auch die Bauaufsicht das Projekt genehmigte und zur Ausführung freigab. Nach Errichtung und Feststellung **resonanzähnlicher Verformungen** wurde der Gutachter bestellt und ein **Gerichtsverfahren** eingeleitet. Parallel zu Forschungsaufträgen am Zentralinstitut des Verkehrs- und Bauwesens in Berlin über die Entwicklung der **Verkehrsinfrastruktur** wählte der Gutachter diese Praxisaufgabe als Anwendungsbeispiel für die Dissertation **Dynamische Modelle** [3] an der Hochschule für Verkehrswesen Dresden aus. Neben der Modellierung des Tragwerkes als Gerberträger mit festen Stützen und einer elastisch nachgiebigen Stütze am Seilaufhängungspunkt wurde die Verformungserregung durch Fußgänger modelliert. Dazu wurden Verformungsmessungen an der Brücke und **Varianten** zur Änderung der Abstützungsbedingungen durchgeführt. Die **Vorzugsvariante** ergab sich aus dem Vergleich der berechneten **Eigenfrequenzen und Eigenwerte**. Ausgewählt wurde die Variante mit **Ersatz der Seilaufhängung** durch die neue Stütze, bei der sich die **maximale Eigenfrequenz** ergab. Das Gericht und die Bauaufsicht bestätigten diesen Vorschlag im Gutachten und die anderen Forderungen zu konstruktiven Details der Konstruktion.

In Abschn. 5.2.2 erfolgt schließlich die **Zusammenfassung** der Strukturierungserfahrungen in herkömmlicher Art durch Beschreibung der Planung, des Neubaus und der Erhaltung der einzelnen **Tragwerkstrukturen** als Bestandteile der **Infrastruktur**, angewandt auf das Anleitungsbeispiel der strukturbedingten Großschäden an der **Stahlbetonbrücke Calau-Bronkow** mit vorzeitigem Ersatz durch ein neues Bauwerk. Zunächst erfolgten die Aufnahme des Bauzustandes und die Klärung der **strukturbedingten Schäden.** Der im Brückenbau unerfahrene Projektant hat in der **statischen Berechnung** eines Dreifeldträgers auf zwei Pfeilern die übliche Anordnung von Endwiderlagern „eingespart". Das erklärt die **Hauptschäden.** Die Stahlbetonquerschnitte waren über den Hauptträgern fast über die gesamte Höhe durchgerissen und die Fahrbahnkonstruktion war durchnässt.

Das **Gutachten Calau-Bronkow** besteht aus zwei Teilen: Ergebnisse der Messungen und der Berechnungen. Die Brücke liegt im Zuge der Landstraße 31 zwischen Calau und Bronkow, die zu erreichen ist über die Autobahn A13, sie überquert die Eisenbahnstrecke von Berlin über Calau nach Cottbus oder Finsterwalde. Der **Inhalt des Gutachtens** wurde in die Dissertation „Dynamische Modelle" [3] als Anwendungsbeispiel der Strukturerfassung und Bewertung übernommen mit Brückenfotos, Brückenmodellskizzen, Eigenwerten und Eigenformen, Berechnungsformeln und dynamischen Diagrammen der Durchbiegungen und Krümmungen sowie mit der Zusammenfassung der Tragfähigkeit und Sicherheit.

Das Beispiel Calau-Bronkow ist geprägt durch eine **komplizierte Geometrie.** Der Grundriss ist schiefwinklig. Auf Grund der fehlenden Widerlager und durch die fehlenden Erfahrungen auf dem Gebiet des Brückenbaus hat der Projektant eine **statische Berechnung** ohne Beachtung der erheblichen dynamischen Verformungen zugrundegelegt. Tatsächlich stellten sich dann die **strukturbedingten Schäden** am Tragwerk ein.

Die Stahlbetonquerschnitte waren über den Pfeilern fast über die Gesamthöhe durchgerissen und die Fahrbahnkonstruktion durchnässt. Bei Überfahrt von schweren Fahrzeugen ergaben sich in den 40 Jahren Standzeit der Brücke **bleibende Durchbiegungen** an den Brückenenden und es zeigte sich ein auffallend großes **dynamisches Verhalten** der Konstruktion, das die statische Berechnung des Projektanten bei der Dimensionierung der Querschnitte nicht berücksichtigte. Zur Berechnung der dynamischen Verformungs- und Bemessungsgrößen erfolgte die **Datenerfassung** (Strukturaufbaudaten und Elementparameter der Biegesteifigkeit, Eigenmassen und Längen der Konstruktionselemente). Das Tragwerk wurde in 19 **Rechenfelder** unterteilt. Dadurch erhält man an den Feldrändern die zu berechnenden Randdurchbiegungen, Querschnittverdrehungen und Krümmungen. Diese Komponenten ergaben 56 **Strukturaufbauindizes.** Die drei **Abschnittsparameter** je Strukturelement wurden zum Vergleich der Strukturvarianten (vorhandene Brückenvariante ohne/mit Endwiderlager) durch die Steifigkeits-, Massen- und Längenmaßstäbe je Variante geteilt. Aus diesen **Eingabedaten** erfolgte mit der Anwendersoftware „Eigenwerte“ und mit dem verfügbaren Computer IBM 360. Beim Beispiel ergaben sich die maßstabsfreien **Eigenwertmaßzahlen** und die auf den Betrag 1 **normierten Verformungen** der Variante ohne Widerlager Lambda = 57,7424 von berechneten vier Eigenlösungen. Die dazugehörige **maximale Durchbiegungsmaßzahl** und die **maximale Krümmung** betrugen 0,0693 und 0,4599. Die **optimale Variante** ist ein Durchlaufträger über drei Felder mit vier Stützgelenken und konstanten Biegesteifigkeiten und Massenbelegungen.

Die **Neubauvariante** gewährleistet im öffentlichen Verkehr die **Verkehrssicherheit.** Die drei Feldlängen dieser Variante stimmen überein. Die Lagerbedingungen sind unterschiedlich durch die **neuen Widerlager** am Brückenende. Die neuen Biegesteifigkeiten und Massenbelegungen sind sehr unterschiedlich. Gemäß dem Nachweiskriterium für **Variantenvergleiche** ist diejenige auszuwählen, die die **größte Eigenwertmaßzahl** ausweist. Bei der Variante ohne Widerlager ergab sich die maßstabsfreie, erste berechnete Maßzahl 57,7424, die gemessene **erste Eigenfrequenz** betrug 5.86 Verformungszyklen je Sekunde, die aus dem ersten Eigenwert berechnet wurde, so dass eine Übereinstimmung nachgewiesen werden konnte. Bei den Messungen wurde als **Versuchsfahrzeug** ein beladener Tieflader mit Zugmaschine eingesetzt. Der rechnerische Teil wurde mit dem messtechnischen Teil des Gutachtens zusammengefasst. Neben der Übereinstimmung der Messergebnisse mit den Berechnungsergebnissen wurde auch die **Verkehrssicherheit** unter Einbeziehung der Erfahrungen aus anderen Gutachten eingeschätzt.

Als **Tragwerkmodell** der geschädigten Brücke Calau-Bronkow wurde ein Biegeträger auf zwei Stützen mit weit ausladenden Kragarmen und stark veränderlichen Biegesteifigkeiten und Massenbelegungen entlang der Brückenachse gewählt. Dabei sind die Steifigkeiten und Massen nach der Statik des Projektanten im Ergebnis der Brückenmessungen abgemindert worden. Die **Eingabedaten** und **Ausgabedaten** der vier ersten Eigenlösungen sind in Abschn. 3.2 über die Strukturaufbauformeln als **Rechnerausdruck** des Computers IBM 360 wiedergegeben, s. Abb. 3.6. Die Anwendersoftware **Eigenwerte** ist erarbeitet nach dem schematisierten Verfahren von Zurmühl, siehe Quelle [4] im Literaturverzeichnis. Im oberen Ausdruckteil der Abb. 3.6 sind die Eingabedaten wiedergegeben für die 19 Strukturdaten der drei Rechenfelder mit den 56 Indizes der Randverformungskomponenten zum Aufbau der **Modellstruktur** und für die auf Maßstäbe bezogenen Elementlängen, Biegesteifigkeiten und Massenbelegungen. Darunter sind die vier **Eigenwertmaßzahlen** Lambda, die Daten der bezogenen **Energiebeträge** zur Erzeugung der Eigenlösungen und die auf den Betrag 1 normierten Randverformungen, Verdrehungen und Krümmungen ausgedruckt. Schließlich ist die Anzahl der **Iterationen** zur numerischen Berechnung der Eigenlösungen zu entnehmen, sie ist im Beispiel 116. Die Rechenzeit betrug nur einige Minuten. Nach den Erfahrungen zur **Tragwerkdimensionierung** sind nur drei Eigenlösungen erforderlich Die vierte Eigenlösungen mit der Eigenwertmaßzahl 3830,1 wird nicht mehr benötigt. Die **erste Eigenlösung** ist stets nachzuweisen. Die zweite und dritte Eigenlösung wird benötigt für die Dimensionierung nach den **maximalen Krümmungen** (mit Hilfe der Biegespannungen) und für den Nachweis der **maximalen Durchbiegungen**.

Am Beispiel der Begründung des Neubaus der Widerlager und des Abbruchs des beschädigten Überbaus schon nach 40 Jahren Standzeit der Brücke wird die **Kunst des Strukturierens** sprachlich und zahlenmäßig erläutert. In Abschn. 3.1 werden zunächst ausgewählte **Begriffe** nach lexikalischen Werken der unbelebten Natur, hier an Beispielen der Bautechnik, und der belebten Natur an einem speziellen Beispiel aus der Medizin zitiert. Der Begriff **Eigenwert** soll an vielen Beispielen von Tragwerkstrukturen mit folgenden Definitionen von Wortfamilien um den Begriffskern „**Eigen**“ beschrieben werden. Im Lexikon des Verlages Enzyklopädie Leipzig 1969 wird der Eigenwertbegriff ins Englische übersetzt mit **quality**. Der Begriff **Eigenfrequenz** wird mit natural frequency übersetzt. Im Roche-Lexikon der Medizin des Verlages Urban Fischer findet man unter dem Begriff **eigen** die englischen Begriffe auto, ipsi, proprio, self.

Zunächst wurden die dynamischen **Durchbiegungen** an den Brückenenden auf der Bronkower Seite gemessen. Dazu wurde ein **Unwuchterreger** der Thüringer Industriewerke eingesetzt. Der Erreger ist ausgelegt für einstellbare **Eigenfrequenzen** von 20 bis 50 Hertz sowie für einstellbare Erregerkräfte bis 150 Megapond. Die Erregermaschine wurde an der Bronkower Seite auf der Brückenmittelachse aufgestellt. Die Frequenzeinstellung ist in Vorversuchen ermittelt worden bei eingestelltem Schreibgerät im Messwagen. Die Durchbiegungen am Brückenende sind dabei so lange verändert worden, bis sich **Maximalbeträge** der dynamischen Durchbiegungen ergaben. Im Schwingungsschrieb sind die Abklingamplituden nach dem Abschalten des Unwuchterregers wiedergegeben, aus denen die **Dämpfungszahlen** ermittelt wurden. Der **Zeitmaßstab** und der **Durchbiegungsmaßstab** sind in Abb. 5.7 mit eingezeichnet. Die **maximalen Durchbiegungen** ergaben sich auf der Bronkower Seite der Brücke.

Danach wurden Messungen mit **Versuchslasten** und verschiedenen Fahrzeugen und Fahrgeschwindigkeiten durchgeführt. Aus Sicherheitsgründen wurde die zulässige Fahrgeschwindigkeit auf 60 Kilometer je Stunde herabgesetzt. Der strukturbedingte **Hauptschaden** der Brücke bestand aus den starken Rissen in den beiden Stahlbetonträgern und aus den

Durchfeuchtungsschäden. Zur Messung der Dehnungen wurden **Betonaufsatzgeber** (Schwingsaitengeber der Firma Maihak Hamburg und Dehnungsmessstreifen) gewählt. Weiterhin wurden am Brückenende auf der Calauer Seite induktive Durchbiegungsaufnehmer eingesetzt. Die Messelemente wurden per Kabel mit den Auswerte-, Druck- und Schreibgeräten im Messwagen verbunden.

Zuerst sind die **maximalen Durchbiegungen** von 16 bis 38 Millimetern gemessen worden, die sich bereits nach 32 Jahren Nutzungsdauer der Brücke ergeben haben. Maßgebend sind für die **Bemessung** beim Biegetragwerk Calau-Bronkow die **Biegemomente** über den Pfeilern, wo sich die größten **Rissbreiten** ausbildeten in den Hauptträgern. In dem oben erwähnten Rechnerausdruck über die Eigenwerte und Randverformungen der Brücke Calau-Bronkow (Abb. 3.6) sind die auf den Krümmungsmaßstab bezogenen Randverformungen mit den Indizes 6 und 15 ausgedruckt, sie betragen bei der ersten Eigenform 0,064367 und die **größten Krümmungsbeträge** 0,459914 sind an den Rändern mit den Indizes 9 und 10 ausgedruckt beim Tragwerk ohne Nutzlasten.

Die **großen Rissbreiten** über den Pfeilern ergaben sich aus den Überfahrten **schwerer Versuchsfahrzeuge** bei fehlenden Widerlagern auf Grund der weit ausladenden Kragträger mit der hohen Verformungsempfindlichkeit dieser Strukturvariante, die in der **statischen Berechnung** nicht berücksichtigt wurden. Die **Messung** der Verformungen erfolgte im Rahmen der **Begutachtung**.

Als **Beweis,** dass der berechnete **erste Eigenwert** für die Gesamtbewertung der **Tragwerkstruktur** maßgebend ist, wurden zusätzlich die zweite, dritte und vierte Eigenlösung mit den Eigenformen ausgedruckt: Vergleicht man die **Durchbiegungs- und Krümmungswerte,** so stellt man fest, dass die **Extrembeträge** der ersten Eigenwerte und der ersten Eigenformen die erste, stets nachzuweisende **Grundform** des Biegeträgers auf zwei Stützgelenken oben die Symbole w für die Durchbiegung und w′ für die Verdrehung sowie für die erste, maßstabsfreie **Eigenwertmaßzahl** Lambda und für den Eigenwertmaßstab angegeben sind. Darunter wird die Grundform der Durchbiegung skizziert. Es folgen die drei Funktionen der maßstabsfreien **Durchbiegungs-, Verdrehungs- und Krümmungsfunktionen** und die Maßstäbe. Die Durchbiegung wird als harmonische Sinusfunktion angenommen. Auch das Symbol der Trägerlänge und die drei Formeln der Durchbiegungs-, Verdrehungs- und Krümmungsfunktion und die Maßstäbe sind angegeben. Dann ist noch die zweite Durchbiegungsfunktion als ganze Sinuswelle skizziert. Unten sind die **Formeln** zur Berechnung der auf den Betrag 1 normierten ersten Eigenform, die Federmatrix **C** und die Massenmatrix **M** angegeben. Es folgen die bezogene, potenzielle Energie U und die bezogene Bewegungsenergie T zur Erzeugung der Eigenformen. Als **Lösungsansatz** zur Berechnung der Eigenwerte und Eigenformen wird für hochwertige Baustoffe die potenzielle Energie gleich der kinetischen Energie gesetzt. So erhält man die **Eigenwertmaßzahlen** und **Eigenformen** der Biegeträgerstruktur. Die Eigenwertmaßzahlen dienen zur Findung der optimalen Struktur.

Nach den **Thesen** wird ein Beispiel zur **Übertragung** der **Begriffswelt** aus technischen Disziplinen in Disziplinen der Medizin ausgewählt, um Vergleiche der einzelnen Begriffe durchzuführen und eine **„Kunst des Strukturierens“** zu entwickeln. Beim obigen

Trägerbeispiel wird die Bewertung der Trägereigenschaften durch Elementparameter der Trägerlänge, der Biegesteifigkeit und der Eigenmasse erfasst. Die Beispielstruktur wird erfasst durch die Indizes der Randverformungen. Das Eigenverhalten in der Zeit repräsentieren die Eigenwertmaßzahlen. Das räumliche Trägerverhalten drücken die normierten Randverformungen aus. Im **Beispiel aus der Medizin** drücken die **„Befindenskennziffern"** des Patienten und die **Schlafdauer** analog die Behandlungsziele des Arztes bis zur Gesundschreibung aus.

Ausgehend von den im Buch beschriebenen Erfahrungen des **Buchautors** auf Gebieten der **technischen Strukturierung** entstand das Ziel, dem erfahrenen Arzt auf seinem Gebiet der **Neurologie und Psychologie** bezüglich der Bewertungen der Befindenszustände mit Hilfe der modernen Informationstechnologien neue Möglichkeiten zur Erweiterung seiner langjährigen Erfahrungen anzubieten. Der Arzt benannte seinerseits medizinische **Fachliteratur**. Er bildete ein **Dreierteam** für die Arztkonsultationen, bestehend aus dem Arzt, dem Patienten und einer Vertrauensperson. Der Patient legte die **Ausdrucke** und **grafischen Darstellungen** über die zeitliche Entwicklung der Befindenskennziffern und der Schlafdauer vor. Daraufhin wählte der Arzt Medikamente aus und schlug der **Vertrauensperson** vor, die Einnahme zu überwachen. Der Patient schlug dann gute Befindensdaten vor, bei denen eine Gesundschreibung möglich wäre. Nach Erreichung dieser **Zieldaten** legte der Arzt fest, wann die berufliche Arbeit wieder aufgenommen werden konnte. Weitere Erkrankungen traten nicht ein.

Vergleicht man die **Begriffswelten** zur Strukturierung des einfachen Biegeträgers mit den Thesen zum ausgewählten Beispiel aus der Neurologie, dann kann man die **wesentlichen Unterschiede** im Sinne einer „Kunst des Strukturierens" erkennen, die mit unterschiedlichen Begriffen und zahlenmäßigen Bewertungen der Strukturelemente erfasst werden können.

Den Ziffernsymbolen wurden **Kurzbeschreibungen** des **Befindens** wie folgt zugeordnet:

+4 bedeutet überdurchschnittliche Kreativität,
+3 sehr aktives Verhalten,
+2 aktives Verhalten,
+1 etwas gehobenes Verhalten,
0 Normalverhalten,
−1 leicht depressive Stimmung,
−2 unruhige Stimmung,
−3 ängstliche Stimmung und
−4 Ratlosigkeit.

Die Befindensbewertungen erfolgten stündlich für die Beratungen beim Arzt. Diese Bewertungen setzen voraus, dass **keine äußere Störungen** stattfinden.

Die **Bewertung der Schlafdauer** wurde nach dem Aufwachen erfasst pro Nacht und zusammen mit den Befindensdaten des Patienten im Rechner gespeichert.

Zunächst wurden für die datengestützte **Gesundschreibung** durch den Arzt folgende Zielsymbole ausgewählt:

+2 aktives Verhalten,
+1 etwas gehobenes Verhalten,
0 Normalverhalten und
−1 leicht unruhige Stimmung.

Diese Kriterien für die Gesundschreibung sollten für jeden Patienten individuell gewählt werden. Bei dem Patienten sind keine weiteren Erkrankungen erfolgt.

Für den Arzt wurden in Vorbereitung der **Arztkonsultationen** die Daten und zeitlichen Abläufe im Rechner gespeichert in Diagrammen und Tabellen. Zusätzlich sind auch statistische Analysen zu empfehlen. Bei nationalen und internationalen Erfahrungsaustauschen wurde über die Ergebnisse berichtet und diskutiert. Es wurde auch über neuartige Anwendungen von **Medikamenten** berichtet.

Der Arzt widmet sich zunächst der Behandlung des **menschlichen Individuums** in seiner Gesamtheit. Führt die Gesamtbehandlung nicht zum Erfolg, dann veranlasst er die Untersuchung einzelner **Organe** und **Körperteile** durch Spezialisten. Das bedeutet, **belebte Strukturen** und Beziehungen zwischen Organen und Körperteilen zu erfassen. Um die Möglichkeiten moderner **Informationstechnologien** nutzbar zu machen, müssen die Organelemente und Teile zahlenmäßig und die Beziehungen zwischen den einzelnen Elementen erfasst werden.

Das vorliegende **Buch** über Tragwerkstrukturen und andersartige Strukturen enthält die Zerlegung von technischen Gesamtstrukturen in Elemente. Mit Hilfe von Strukturaufbaudaten und der Bewertung der Elementparameter erfolgen der **Strukturaufbau** und die **Strukturoptimierung**.

Daraus werden für Ärzte **Anregungen** zur schöpferischen **Übertragung der Erfahrungen** aus der Technik für die Behandlung menschlicher Strukturen abgeleitet.

Auf den Wissensgebieten der **Neubauprojektierung** und **Erhaltung** von Tragwerken erfolgten Verallgemeinerungen zur Auftragserteilung für **Verkehrsinfrastrukturen,** bestehend aus Brückenbauten und Straßenbaumaßnahmen auf Staats- und Landesebene. Analog kann man **Jahresbauprogramme** für Verkehrsträger wie Eisenbahn, Binnenschifffahrt und Luftfahrt ausarbeiten, wenn entsprechende Berechnungsprogramme verfügbar sind.

Diese Anwendungsbeispiele für **technische Infrastrukturen** einerseits und für **Strukturen der belebten Natur**, wie sie oben an nur einem Beispiel der Gesamtbehandlung eines menschlichen Individuums als Grundlage zur schrittweisen Einführung angesprochen wurden, werden begrifflich als **„Kunst des Strukturierens“** beschrieben.

Am Schluss des Buches erfolgt eine Zusammenfassung mit einem **Resümee** zur Strukturierung von Tragwerken sowie mit **Thesen** zur Berechnung für das eine Beispiel aus der Medizin mit der Bewertung des Befindens durch Kennziffern mit Vorzeichen.

Vergleiche zwischen verschiedenartigen Strukturen kann man durch **Analogien** beschreiben. In Kap. 2 erfolgt für **technische Strukturen** eine Auswahl von elf elementaren Strukturmodellen, die Einzelheiten der Modellierung und Berechnung enthalten. Zunächst erfolgt eine Übersicht über die ausgewählten **Elementarmodelle**. Die Schaubilder, Symbole und Daten des Maschinenbaus, der Elektrotechnik, der Physik, von Seilbauten und Saiteninstrumenten sowie einachsiger Biegeträger als häufigste Elementart im Brücken- und Hochbau und schließlich zweiachsiger Modellarten. Alle **Modelle** sind vergleichbar durch maßstabsbehaftete **Eigenwerte** für bestimmte Anwendungsbeispiele. Will man verschiedenartige Modelle vergleichen, muss man diese Eigenwerte auf Maßstabsgrößen beziehen, die als **Eigenwertmaßzahlen** bezeichnet werden.

Kap. 3 beinhaltet die **Bewertung von Elementen** und den **Aufbau von Strukturen.** Einleitend erfolgt die Definition und Berechnung der Eigenwerte von Einfeldträgern und Durchlaufträgern. Dann wird die **Strukturwahl** definiert und auf Anwendungsbeispiele angewandt. Am Beispiel von Biegeträgern erfolgt der Aufbau von **Systemmatrizen** aus Elementmatrizen. Für den Vergleich von **Strukturmatrizen** aus **Elementmatrizen** ist die Wahl von Maßstabsgrößen erforderlich. Einleitend erfolgt eine Übersicht über die **Maßstabsgrößen** von Biegetragwerken. Dann werden die Parameter der Elementlängen, der Biegesteifigkeiten und der Massenbelegungen abgeschätzt und im Detail für Betonquerschnitte veranschaulicht und erläutert. Schließlich werden die **Hauptformeln** der Elementbewertungen und des Strukturaufbaus definiert und erläutert. Die Einzelheiten der Berechnung von **Eigenwerten und Eigenformen** werden für Anwendungsbeispiele von Modellen aus einem und mehreren Elementen zahlenmäßig wiedergegeben, veranschaulicht durch Skizzen und Tabellen sowie Texte erläutert.

Literatur

1. Pitloun R (1970) Schwingende Balken. Verlag für Bauwesen, Berlin (in Deutsch, 1971 in Englisch und Spanisch, 1973 in Französisch und Serbokroatisch)
2. Pitloun R (1975) Schwingende Rahmen und Türme. Verlag für Bauwesen, Berlin
3. Pitloun R (1975) Dynamische Modelle. Dissertation in zwei Bänden (393 S). Anlagenband über Beispielrechnungen mit Ziffern- und Analogrechnern, Technische Universität Dresden
4. Zurmühl R (1964) Matrizen und ihre technischen Anwendungen, 4. Aufl. Springer, Berlin

Strukturwahl und Elementare Analogien

2

2.1 Strukturwahlmethodik

Die Methodik der Auswahl optimaler Strukturen von **Einzeltragwerken** in Infrastrukturnetzwerken wurde in einer Reihe von Forschungsarbeiten im Berliner Zentralinstitut des Verkehrswesens erarbeitet und später in Form von Gutachten angewandt. Zur Kontrolle der Berechnungsergebnisse sind **Messungen** an Tragwerksmodellen für Neubauprojekte und an vorhandenen Bauwerken mit Bauschäden und Funktionsmängeln durchgeführt worden. Parallel dazu erfolgten im Forschungsinstitut des Verkehrswesens **Forschungsarbeiten** zur Erarbeitung einer neuen **Software** für die Berechnung des dynamischen und statischen Tragwerkverhaltens während der Belastungen infolge der gültigen Vorschriften über die Lastannahmen zur Dimensionierung der Tragwerke.

Dazu war zunächst die Berechnung des **Eigenverhaltens** infolge der Eigenlasten der Tragwerke erforderlich, die von den Strukturen der einzelnen Anwendungsbeispiele abhängig ist. Es wurde ein Beispielsystem von etwa 1000 **Tragwerksmodellen** entworfen. Zur Anwendung der Software stand damals als Hardware in Berlin der Rechner IBM 360 in der Akademie der Wissenschaften zur Verfügung, der noch nicht dialogfähig war. Für die Ausarbeitung der Anwendersoftware „Eigenwerte" wurde von dem im Institut tätigen Gutachter Dr.sc.techn. Pitloun, Berlin, Deutschland ein Spezialist der Akademie ausgewählt. Ihm sind die **Berechnungsformeln** und Modellbeispiele mit den **Eingabedaten** vom Gutachter übergeben und erläutert worden. Dazu sind auch die richtigen **Ergebnisdaten** aus eigenen Berechnungen und aus der Fachliteratur bereitgestellt worden (Eigenwerte, Eigenformen und Genauigkeitsdaten für die iterative Lösung der Eigenwertaufgaben), um Programmierungsfehler erkennen zu können. Die Ergebnisdaten für alle 1000 Tragwerksmodelle sind in zwei Büchern (Schwingende Balken [1] und Schwingende Rahmen und Türme [2]) veröffentlicht. Darin sind alle Eingabe- und Ergebnisdaten für Vergleiche der geeigneten **Tragwerksvarianten** auf **Maßstabsgrößen** bezogen. Die berechneten Eigenwertmaßzahlen

R. Pitloun, *Tragwerksstrukturen*, https://doi.org/10.1007/978-3-658-23125-5_2

repräsentieren das Gesamtverhalten der **Strukturen** aus zeitlicher Sicht. Dazu gehört die optimale räumliche Verteilung der Elementverformungen und damit auch der Verteilung der **Baustoffe** mit ihren Parametern wie Elementlängen, Eigenlasten und bei Biegetragwerken der Biegesteifigkeiten. Das **allgemeine Ziel** der Erreichung optimaler Tragwerkstrukturen im Rahmen der Projektierung und Begutachtung vorhandener Bauwerke mit Schäden und Mängeln kann damit zahlenmäßig nachgewiesen werden im Zusammenhang mit der Entscheidung über die auszuführende Struktur der **Bauausführungsvariante**: Die Zielgröße ist die **maximale Eigenwertmaßzahl.** Bisher erfolgte die Auswahl nach der Vergabe- und Vertragsordnung [3] durch das Entscheidungskriterium des **niedrigsten Baupreises.** Bei der tatsächlich zu fällenden **Entscheidung** sollten die Kreativität und die Erfahrungen aller am Ausschreibungsverfahren beteiligten Fachleute zusammengeführt werden. Bevor im Kap. 3 auf die Einzelheiten der Berechnungsmethoden struktureller Bewertungen eingegangen wird, soll auf die **Analogien** zwischen verschiedenartigen Strukturelementen hingewiesen werden.

2.2 Übersicht über die ausgewählten elf Elementarmodelle

Die ausgewählten **Modellarten** aus der angewandten Physik und Mechanik, der Elektrotechnik und der Bautechnik werden in drei Übersichtstafeln (Abb. 2.1, 2.2 und 2.3) mit Modellskizzen, Berechnungsformeln und Symbolen der Dimensionen, Variablen und Modellparameter mit dem Ziel dargestellt, die verschiedenen **Analogien** zwischen diesen Modellarten zu veranschaulichen. Am Schluss wird auf die Möglichkeiten hingewiesen, **Gesamtstrukturen** aus solchen unterschiedlichen Elementarten für Berechnungs- und Optimierungszwecke aufzubauen und zu bewerten. Da in Kap. 3, 4, 5 und 6 **Modellarten der Bautechnik** dargestellt werden, sollen einleitend die dort am häufigsten vorkommenden Elementarten I und VIII beim Aufbau von Biegetragwerken aus Grundelementen mit homogener Verteilung der Baustoffe erläutert werden, in die „Einzelbausteine" der Elementart I mit konzentrierten Einzelmassen eingefügt werden. Zunächst bildet man mit Hilfe von Strukturaufbaudaten Elementmatrizen. Dann werden in den Diagonalen der Feldmatrizen die Einzelbausteine eingefügt. Schließlich werden aus den Feldmatrizen die **Strukturmatrizen** aufgebaut als Lösungsansatz für die Berechnung des **Eigenverhaltens** der Tragwerkbeispiele, zunächst ohne äußere Einwirkungen. Ähnlich können technische Gesamtstrukturen gebildet werden, die sich aus verschiedenen Elementmodellarten zusammensetzen. Aus der Sicht der **Parameterdimensionen** in der ersten Übersichtstafel Abb. 2.1 zu Modellen der Mechanik und Physik mit den drei Grunddimensionen der Zeit, der Länge und der Masse wurde noch das Elementarmodell eines elektrotechnischen Schwingkreises mit vier Grunddimensionen angefügt. Bei den drei mechanischen Modellen kommen die Grunddimensionen T, L, M vor und beim elektrischen Modell zusätzlich die vierte Grunddimension I der Stromstärke des elektrischen Schwingkreises.

Systemnummer	**I**	**II**	**III**	**XI**
Systemkurzbeschreibung	**Bauwesen und Gerätebau**	**Maschinenbau**	**Motorenbau**	**Elektrotechnik**
Systemskizze	c $[MT^{-2}]$, b $[MT^{-1}]$, m, $x_0\ \xi x_0$ $[L]$, F $[MT^{-2}]$	$[L^2MT^{-2}]$ c_d, $[L^2MT^{-1}]$ b_d, $J[L^2M]$, M_d $[L^8MT^{-2}]$, $\varphi=\overline{\varphi}\ \varphi_0$ $[1]$	$V_0[L^3]$, $P_0[L^{-1}MT^{-2}]$, m $[M]$, A $[L^2]$, P, $x_0\ \xi x_0$ $[L]$, $[L^{-1}MT^{-2}]$	$u[L^2MT^{-3}I^{-1}]$, C, R, L, $L[J]$
Dimensionslose Problemgleichung	$\frac{d^2\xi}{d\tau^2}+2D\frac{d\xi}{d\tau}+\xi=\frac{F}{G}$	$\frac{d^2\overline{\varphi}}{d\tau^2}+2D\frac{\partial\overline{\varphi}}{\partial\tau}+\overline{\varphi}=\frac{M_d}{M_{d_0}}$	$\frac{d^2\xi}{d\tau^2}+2D\frac{d\xi}{d\tau}+\xi=\frac{F}{G}$	$\frac{d^2\overline{u}}{d\tau^2}+2D\frac{d\overline{u}}{d\tau}+\overline{u}=\frac{d}{d\tau}\left(\frac{i}{i_0}\right)$
Ausgewählte, abhängige Variable	Verschiebung $x[L]$ der Punktmasse	Verdrehung $\varphi[1]$ der drehträgen Masse	Verschiebung $x[L]$ des Kolbens	Elektrische Spannung $u[L^2\ MT^{-3}\ I^{-1}]$
Ausgewählte Störgroβe (nur zeitabhängig angenommen)	Kraft $F[LMT^{-2}]$ an Punktmasse	Drillmoment $M_d\ [L^2MT^{-2}]$ an Scheibe	Kolbenschubkraft $F[LMT^{-2}]$	Zeitl. Änderung des elektr. Stromes $i\,[T^{-1}\ I]$
Maβstäbe: Maβstab f. unabh. Variable Zeit $1/\omega_0\ [T]$	$\sqrt{\frac{\xi}{g}}=\sqrt{\frac{m}{c}}[T]$	$\sqrt{\frac{II}{gl_p}}\ [T]$	$\sqrt{\frac{m}{c_p}}[T]$	$\sqrt{LC}\ [T]$
Maβstäbe: für abhängige Variable	$x_0=\frac{G}{c}[L]$	$\varphi_0=\frac{M_{do}}{GI_p}[1]$	$x_0=\frac{mg}{c_p}[L]$	$u_0=i_0\sqrt{\frac{L}{C}}\left[L^2MT^{-3}I^{-2}\right]$
Maβstäbe: für Störgröβe	$G=mg\left[LMT^{-2}\right]$	$M_{do}\left[L^2MT^{-2}\right]$	$G=mg\left[LMT^{-2}\right]$	$i_o[I]$ bzw. $i=\omega_0 i_0\left[T^{-1}I\right]$
Ausgewählte Systemkonstanten: Federkonstante	$c\left[MT^{-2}\right]$	$c_d=\frac{GI_p}{l}\left[L^2MT^{-2}\right]$	$c_p=\frac{\kappa\ p_0A^2}{V_0}\left[MT^{-2}\right]$	$\frac{1}{L}\left[L^{-2}M^{-1}T^2I^2\right]$
Ausgewählte Systemkonstanten: Dämpfungs-konstante	$b\left[MT^{-1}\right]$	$b_d\left[L^2MT^{-1}\right]$	$b\left[MT^{-1}\right]$	$\frac{1}{R}\left[L^{-2}M^{-1}T^3I^2\right]$
Ausgewählte Systemkonstanten: Träge Masse	$m[M]$	$I=\int_{(m)}r^2dm\left[L^2M\right]$	$m[M]$	$C\left[L^{-2}M^{-1}T^4I^2\right]$
Ausgewählte Systemkonstanten: Dämpfungs-zahl	$D=\frac{b}{\sqrt{cm}}[1]$	$D=\frac{b_d}{2\sqrt{c_dI}}[1]$	$D=\frac{b_d}{2\sqrt{c_pm}}[1]$	$D=\frac{1}{2R}\sqrt{\frac{L}{C}}[1]$
Ausgewählte Systemkonstanten: Bezugs-frequenz	$\omega_0=\sqrt{\frac{c}{m}}\left[T^{-1}\right]$	$\omega_0=\sqrt{\frac{GI_p}{u}}\left[T^{-1}\right]$	$\omega_0=\sqrt{\frac{c_p}{m}}\left[T^{-1}\right]$	$\omega_0=\frac{1}{\sqrt{LC}}\left[T^{-1}\right]$

Abb. 2.1 Drei Elementarmodelle der Mechanik und des elektrischen Schwingkreises – Darstellung erfolgt mit äußeren Einwirkungen, Nummernsymbole I, II, III und IX, Modellskizzen und Symbolen der Modellgrößen, der Maßstäbe und Systemkonstanten sowie der Variablen und der Elementparameter mit den jeweiligen Größendimensionen

Systemnummer	IV	V	VI	VII	VIII
Systemkurzbeschreibung	Technisch Physik	Maschinenbau	Motorenbau	Seilbauten und Saiten-instrumente	Bauwesen und Grätebau
Systemskizze	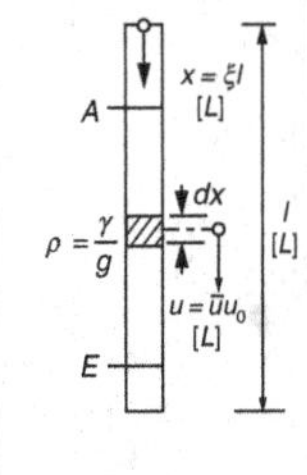 $x = \xi l$ [L], A, $\rho = \frac{\gamma}{g}$, dx, $u = \bar{u}u_0$ [L], l [L], E, $t = \tau/\omega_0\,[T]$	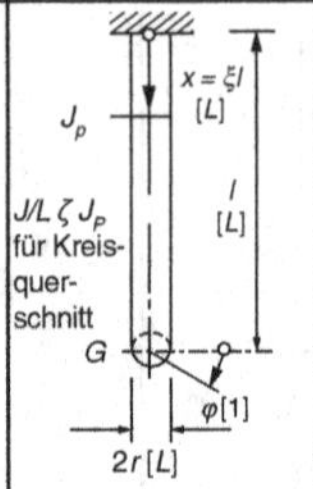 $x = \xi l$ [L], J_p, $J/L\ \zeta\ J_p$ für Kreis-querschnitt, l [L], G, $\varphi[1]$, $2r[L]$, $t = \tau/\omega_0\,[T]$	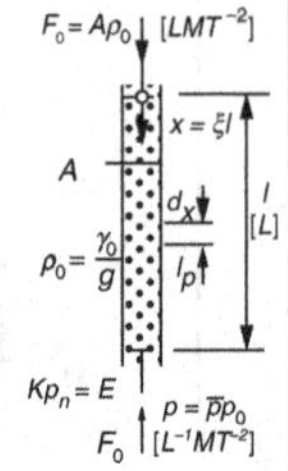 $F_0 = Ap_0$ $[LMT^{-2}]$, $x = \xi l$, A, dx, $\rho_0 = \frac{\gamma_0}{g}$, l_p, l [L], $Kp_n = E$, $p = \bar{p}p_0$ $[L^{-1}MT^{-2}]$, F_0, $t = \tau/\omega_0\,[T]$	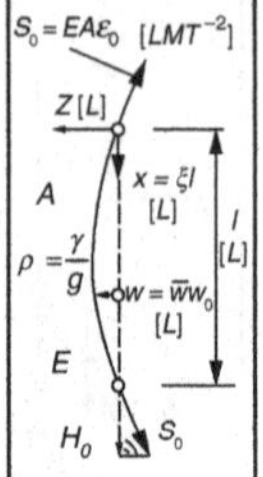 $S_0 = EA\varepsilon_0$ $[LMT^{-2}]$, z[L], $x = \xi l$ [L], A, $\rho = \frac{\gamma}{g}$, $w = \bar{w}w_0$ [L], l [L], E, H_0, S_0, $t = \tau/\omega_0\,[T]$	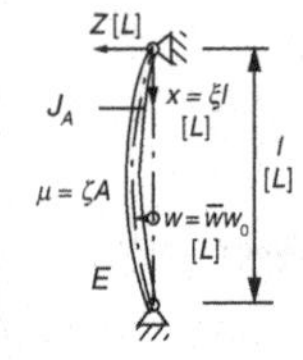 z[L], $x = \xi l$ [L], J_A, $\mu = \zeta A$, $w = \bar{w}w_0$ [L], l [L], E, $t = \tau/\omega_0\,[T]$
Dimensionslose Problemgleichung	$\frac{\partial^2 \bar{u}}{\partial \tau^2} - \frac{\partial^2 \bar{u}}{\partial \xi^2} = 0$	$\frac{\partial^2 \varphi}{\partial \tau^2} - \frac{\partial^2 \varphi}{\partial \xi^2} = 0$	$\frac{\partial^2 \bar{p}}{\partial \tau^2} - \frac{\partial^2 \bar{p}}{\partial \xi^2} = 0$	$\frac{\partial^2 \bar{\varpi}}{\partial \tau^2} - \frac{\partial^2 \bar{\varpi}}{\partial \xi^2} = 0$	$\frac{\partial^2 \bar{\varpi}}{\partial \tau^2} - \frac{\partial^4 \bar{\varpi}}{\partial \xi^2} = 0$
Ausgewählte, abhängige Variable	Verschiebung $u[L]$ der Punktmasse	Verdrehung $\varphi[1]$ der drehträgen Masse	Teilchen – Gas-Druck $p[L^{-1}MT^{-2}]$	Seildurchbiegung $w\,[L]$	Balkendurch-biegung $w\,[L]$ quer zum Balken
Maß-stäbe: Maßstab f. Zeitvariable $1/\omega_0\,[T]$	$l\sqrt{\frac{\rho}{E}}[T]$	$l\sqrt{\frac{\rho}{G}}[T]$	$\sqrt{\frac{l}{\kappa kg}}\,[T]$	$l\sqrt{\frac{\rho}{\varepsilon_0 E}}\,[T]$	$l^2\sqrt{\frac{\mu}{EI}}\,[T]$
Maßstab für Ortsvariable $x\,[L]$	$l\,[L]$	$l\,[L]$	$l\,[L]$	$l\,[L]$	$l\,[L]$
Maßstab für die abhängige Variable	$\mu_0 = kl\,[L]$		$P_0 = \frac{mg}{A}\left[L^{-1}MT^{-2}\right]$	$w_0 = kl\,[L]$	$w_0 = kl\,[L]$
Ausgewählte Systemkonstanten: Steifigkeitsgrößen	$E\left[L^{-1}MT^{-2}\right]$	$G\left[L^{-1}MT^{-2}\right]$	$\kappa p_0\left[L^{-1}MT^{-2}\right]$	$E\left[L^{-1}MT^{-2}\right]$	$E\left[L^{-1}MT^{-2}\right]$
Massengrößen	$\rho\left[L^{-3}M\right]$	$\frac{I}{l} = \rho I_p\left[LM\right]$	$\rho_0\left[L^{-2}M\right]$	$\rho\left[L^{-2}M\right]$	$\mu = \rho A\left[L^{-1}M\right]$
Raumgrößen	$A[L^2]$, $l[L]$	$I_p[L^4]$, $l[L]$	$V_0[L^2]$, $A[L^2]$	$A\,[L^2]$, $l[L]$	$I_A[L^4]$, $l[L]$
Zeitgrößen	$\omega_0 = \frac{1}{l}\sqrt{\frac{E}{\rho}}\ [T^{-1}]$	$\omega_0 = \frac{1}{l}\sqrt{\frac{G}{\rho}}\ [T^{-1}]$	$\omega_0 = \sqrt{\kappa k\frac{g}{l}}\ [T^{-1}]$	$\omega_0 = \frac{1}{l}\sqrt{\frac{E\varepsilon_0}{\rho}}$	$\omega_0 = \frac{1}{l^2}\sqrt{\frac{EI_A}{\mu}}\ [T^{-1}]$

Abb. 2.2 Fünf einachsige Elementarmodelle IV, V, VI, VII und VIII – Darstellung ohne äußere Einwirkungen, Modellskizzen, Problemgleichungen, Elementmaßstäbe, Variablen und Systemkonstanten, Variable und Elementarparameter (Eigenverhalten der Modellarten). Hervorgehoben wird das Modell VIII als Elementarmodell für Biegetragwerke

Die wesentlichen Inhalte der drei Übersichtstafeln Abb. 2.1, 2.2 und 2.3 sind:

- **Nummernsymbole** der elf ausgewählten Arten von Elementarmodellen I bis XI.
- Stichworte von **Anwendungsgebieten** der elf Modellarten.
- **Modellskizzen** mit den Symbolen der Dimensionen, Variablen, Parameter und Kräften.
- **Dimensionslose Problemgleichungen** als Ansätze zur Berechnung des Elementverhaltens.
- **Variable** der Problemgleichungen mit ihren spezifischen Grunddimensionen.

Systemnummer	IX	X
Systemkurzbeschreibung	**Dach- und Gasbehälter**	**Bauwesen und Grätebau**
Systemskizze	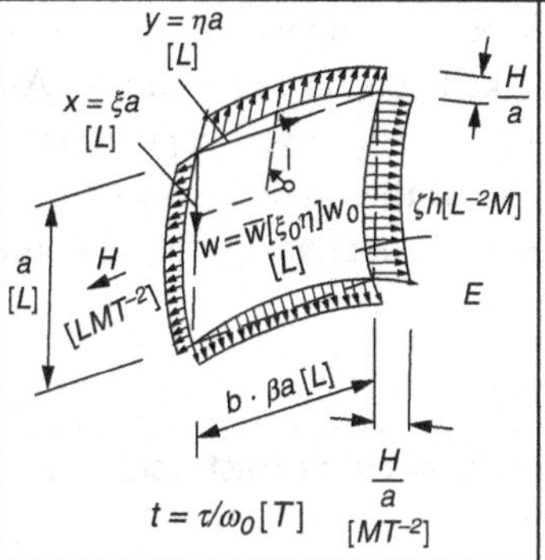 $y=\eta a$ [L], $x=\xi a$ [L], $\frac{H}{a}$, $\zeta h[L^{-2}M]$, $w=\overline{w}[\xi_0\eta]w_0$ [L], a [L], H $[LMT^{-2}]$, E, $b\cdot\beta a$ [L], $\frac{H}{a}$ $[MT^{-2}]$, $t=\tau/\omega_0[T]$	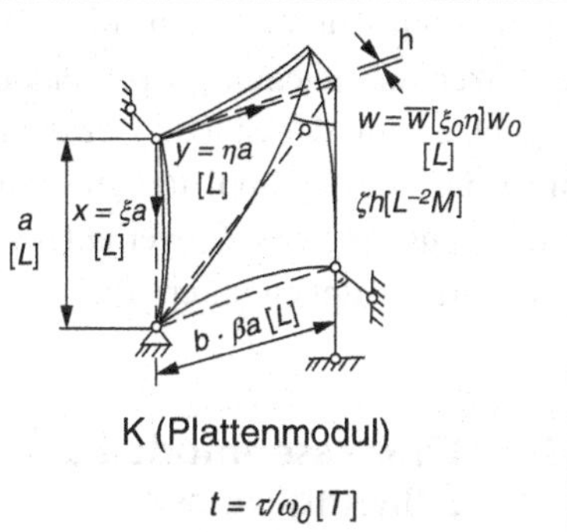 h, $w=\overline{w}[\xi_0\eta]w_0$ [L], $y=\eta a$ [L], $\zeta h[L^{-2}M]$, a [L], $x=\xi a$ [L], $b\cdot\beta a$ [L], K (Plattenmodul), $t=\tau/\omega_0[T]$
Dimensionslose Problemgleichung	$\frac{\partial^2\overline{w}}{\partial\tau^2}-\left(\frac{\partial^2\overline{w}}{\partial\xi^2}+\frac{\partial^2\overline{w}}{\partial\eta^2}\right)=0$	$\frac{\partial^2\overline{w}}{\partial\tau^2}+\left(\frac{\partial^4\overline{w}}{\partial\xi^4}+\frac{2\partial^4\overline{w}}{\partial\xi^2\partial\eta^2}+\frac{\partial^4\overline{w}}{\partial\eta^4}\right)=0$
Ausgewählte, abhängige Variable	Durchbiegung $w[L]$ der Membrane	Durchbiegung $w[L]$ der Plattenmittelfläche
Maßstäb: Maßstab f Zeitvariable $1/\omega_0\,[T]$	$a\sqrt{\frac{\rho h}{H/a}}\,[T]$	$\frac{a^2}{h}\sqrt{\frac{12(1-\mu^2)\rho}{E}}\,[T]$
Maßstäb: Maßstäbe f. Ortsvariablen $x, y\,[L]$	$a[L]$	$a[L]$
Maßstäb: Maßstab für die abhängige Variable	$w_0=ka[L]$	$w_0=ka[L]$
Ausgewählte Systemkonstanten: Steifigkeitsgrößen	$H/a=Eh\varepsilon[MT^{-2}]$	$K=\frac{E}{12(1-\mu^2)}[L^{-1}MT^{-2}]$
Ausgewählte Systemkonstanten: Massengrößen	$\rho h\,[L^{-2}M]$	$\rho h\,[L^{-2}M]$
Ausgewählte Systemkonstanten: Raumgrößen	$h\,[L]$, $a[L]$, $b=\beta a[L]$	$h\,[L]$, $a[L]$, $b=\beta a[L]$
Ausgewählte Systemkonstanten: Zeitgrößen	$\omega_0=\frac{1}{a}\sqrt{\frac{H/a}{\rho h}}\,[T^{-1}]$	$\omega_0=\frac{h}{a^2}\sqrt{\frac{E}{12(1-\mu^2)\rho}}\,[T^{-1}]$

Abb. 2.3 Elementarmodell für Dach- und Gasbehälter und für Bauwesen – Darstellung Biegeplatten mit dem Symbol IX und X mit verschiedenen Randbedingungen, Modellskizzen, Problemskizzen, Maßstäben und Systemkonstanten und Variablen sowie Parameter und Größendimensionen

- **Äußere Einwirkungsgrößen** bei den Modellarten I, II, III und XI in der ersten Tafel.
- **Maßstabsgrößen** für die Variablen und äußeren Einwirkungen.
- Berechnete **Größen des Eigenverhaltens.**

Hervorzuheben sind in den letzten Zeilen der drei Übersichtstafeln die Symbole des elementeigenen Modellverhaltens in der Zeit (Symbole omega) der elf Modellarten in

Abhängigkeit von den jeweiligen Elementparametern. Diese elf Größen haben den gemeinsamen Namen **Eigenwert** als wichtigste Größe. Die aus Elementen aufgebaute **Gesamtstruktur** wird zahlenmäßig ausgedrückt in der Zeitdimension. Die anderen Verhaltensgrößen sind beim Modell VIII die zeitabhängige Massenverschiebung x(t), die Balkendurchbiegung w in Abhängigkeit von der Zeit und vom Abstand x jedes Balkenpunktes von der Stütze. Der dem Begriff Eigenwert zugeordnete Begriff **Eigenfrequenz** mit dem Symbol f(t) und mit der **Maßeinheit Hertz** wird bei der messtechnischen Ermittlung des Zeitverhaltens angewendet. Nachfolgend werden die elf Modelle in drei Artengruppen unterteilt.

2.3 Einmassenmodell und Modell des elektrischen Schwingkreises

In Abb. 2.1 ist in der ersten Spalte das **Einmassenmodell I** mit der Federaufhängung und des Dämpfers und der Krafteinwirkung F(t) in der Skizze dargestellt. Die **Symbole** der Masse m, der Federkonstanten c, und der Dämpfungskonstanten b sind in der Skizze mit eingetragen. Die Kraft F erzeugt Verschiebungen x der Masse, die in **Maßeinheiten** der Länge gemessen werden, zum Beispiel im internationalen metrischen Maßeinheitensystem mit der Maßeinheit Meter. Es gibt verschiedene Maßeinheiten in den Ländern. In Europa wird meist das metrische System angewandt, in englischsprachigen Ländern wird die Längeneinheit in yard bevorzugt. Von Langhaar wurde das internationale System der **Dimensionen** in der Technik eingeführt, siehe Quelle [4] im Literaturverzeichnis. Das Symbol für Längendimensionen ist dort L, siehe in der Übersicht beim Einmassenmodell. In der Mechanik und in der angewandten Physik gibt es drei Grunddimensionen mit den Symbolen T für die Zeitdimension, L für die Längen- und M für Massendimension. Bei dem elektrischen Schwingkreis ist noch das Symbol I für die Stromstärke des elektrischen Schwingkreises der Modellart XI in Abb. 2.1 eingetragen. Bei allen **Größen** der drei Tafelseiten Abb. 2.1, 2.2 und 2.3 werden zur Kennzeichnung die Dimensionen in eckige Klammern gesetzt. Nachfolgend sind die **Maßstabsgrößen** für die Zeitvariablen und für die äußeren Einwirkungen auf die Modelle mit ihren Dimensionssymbolen eingetragen. Schließlich sind darunter in der Übersicht auch die **Modellkonstanten** der Modellparameter zusammengestellt. Beispielsweise sind für das **Einmassenmodell I** bei der Federkonstanten c, b und m auch die zutreffenden Dimensionssymbole mit den Exponenten der Masse M und der Zeit T, der dimensionslosen Dämpfungszahl D (als Symbol für dimensionslose Größen gilt die Zahl 1 in eckigen Klammern) und für die Bezugskreisfrequenz omega mit der Zeitdimension eingetragen. Die **Eigenfrequenz** wird errechnet nach der Wurzel aus dem Quotienten der Federkonstanten c zur Massenkonstanten m. In der ersten Übersichtstafel Abb. 2.1 mit den vier Elementarmodellen der Mechanik und Elektrotechnik sind die **Problemgleichungen** zur Berechnung des Verhaltens der Elementarmodelle in dimensionslosen Größen formuliert als Differentialgleichungen. Auf der linken Seite wird das Modellverhalten der Modelle und auf der rechten Seite werden die äußeren

Einwirkungen beschrieben. Beispielsweise bedeutet beim Modell I der griechische Buchstabe ksi den Quotienten x der Massenverschiebung, geteilt durch die Verschiebung infolge des Eigengewichtes G = m × g (m ist die Modellmasse zum Beispiel gemessen in Tonnen und g ist die Erdbeschleunigung). Einzelheiten zur Berechnung der **Modelle II, III und XI** für Elementarmodelle mit äußeren Einwirkungen sind der **Dissertationsschrift** „Dynamische Modelle" zu entnehmen, siehe [5]: Im Band 1 sind die wissenschaftlichen Grundlagen mit Anwendungsbeispielen und vielen weiteren Quellen entnehmbar. Im Anlagenband ist das Schwingungsverhalten des Einmassenschwingers mit 124 Schrieben des **Analogrechners** endim 2000 und von linearen und nichtlinearen **Ein- und Mehrmassenmodellen** sowie von Ergebnissen der Berechnung von Eigenwerten und Eigenformen für **Biegeträger** mit einem bis 10 Stützfeldern mit einem **Ziffernrechner** enthalten. Weiter ist eine Anlage über Maßeinheiten und Dimensionen des internationalen **Metrischen Systems** mit der Umrechnung der Maßeinheiten vom und zum **Yard-Pound-System** enthalten und in Beispielen erläutert.

Nach der ersten Übersichtstafel Abb. 2.1 werden noch einachsige (Abb. 2.2) und zweiachsige (Abb. 2.3) Modelle behandelt.

Alle **elf Modellgrößen** der Abb. 2.1, 2.2 und 2.3 sind durch die Zeitgrößen berechneter **Eigenwerte** Omega, siehe letzte Zeilen der Bilder, vergleichbar wenn sie auf ihre Maßstabsgrößen bezogen werden.

2.4 Fünf einachsige Modelle der angewandten Physik und Mechanik

Die ausgewählten Modellarten IV, V, VI, VII und VIII (Abb. 2.2) dienen der Berechnung des **Eigenverhaltens** von technischen Konstruktionen in Zeit und Raum, wobei keine äußere Einwirkungen vorhanden sind, vergleiche die äußeren Einwirkungen auf die Modelle I, II, III und XI (Abb. 2.1). Beim **Modell IV** der technischen Physik ist die **Wellenausbreitung** in einem **Stab** mit der Stablänge l und dem Querschnitt A, der Materialdichte rho und dem Elastizitätsmodul E skizziert. Das Symbol der Längenabszisse ist x, zum Beispiel gemessen in Metern, und die Zeit ist symbolisiert mit t, zum Beispiel gemessen in Sekunden. Nachdem der **Eigenwert** der Wellenausbreitung berechnet wurde, mit Hilfe der dimensionslosen Problemgleichung für Vergleiche zwischen Stabvarianten, wird dieser Eigenwert (oder die zugehörige **Eigenfrequenz** in Hertz) durch den **Eigenwertmaßstab** des Anwendungsbeispiels geteilt und man erhält die Eigenwertmaßzahl zur Findung optimaler Stabparameter. Nach der Formel zur Berechnung von Eigenwertmaßstäben in der letzten Zeile der zweiten Übersichtstafel Abb. 2.2 ist der Eigenwertmaßstab abhängig von der Stablänge l, dem Elastizitätsmodul E und der Materialdichte rho.

Das **Modell V** einer **rotierenden Welle** in Maschinen bildet die Verdrehungen der Wellenquerschnitte einer Maschine ab. Die Wellenparameter sind in der Skizze mit eingetragen. Die Lösung der Differenzialgleichung ergibt zunächst den **dimensionslosen Eigenwert** des Zeit-Raumverhaltens der Welle. Damit kann man **Wellenvarianten** im Rahmen der Projektierung vergleichen. Die Eigenwerte der Varianten sind bei diesem Modell abhängig von der Wellenlänge l, dem Schubmodel G und der Materialdichte rho.

Das **Modell VI** eines **Motorzylinders**, der mit Gas gefüllt ist und in dem sich Kolben bewegen infolge der Einwirkung von Kolbenkräften F, ist in der Skizze mit den Parametersymbolen und der Verschiebungsvariablen der Fachliteratur des Maschinen- und Fahrzeugbaus entnommen. Hervorgehoben wird hier die Formel zur **Eigenwertberechnung** für Zwecke der optimalen Wahl von **Motorenkonstruktionen.** Danach hängt der Eigenwert ab von den in der letzten Zeile der Übersichtstafel Abb. 2.2 ersichtlichen Modellparametern.

Beim **Modell VII** von **Seildächern** und **Saiteninstrumenten** enthält die Modellskizze die Seilkräfte S der Dachaufhängung beziehungsweise einer Geigensaite mit ihren Durchbiegungsamplituden und mit den Symbolen der Parameter sowie den Dimensionen des Modellbeispiels. Die **dimensionslose Problemgleichung** kann man mit den **Differentialkoeffizienten** der maßstabsfrei gemachten Ableitungen ksi der **Durchbiegungen** w nach dem Quadrat der Zeitvariablen tau und der Durchbiegungen w nach dem Quadrat der Abszisse ksi des Seilquerschnittes x (ksi = x/l, wobei l die Seillänge ist) vergleichen mit der Differentialgleichung des einfeldrigen Biegeträgermodells VIII in der letzten Spalte der Übersichtstafel Abb. 2.2. Beim Seilmodell ist der **Eigenwert** abhängig von der Seillänge l, vom Elastizitätsmodul E, der Einheit der Seildehnung epsilon und der Materialdichte rho. Beim Biegeträgermodell ist der **Eigenwert** abhängig vom Quadrat der Trägerlänge, vom Elastizitätsmodul, der Biegesteifigkeit EI und von der Belegung der Eigenmasse mü des Trägers.

Das **Elementarmodell VIII** des Trägers auf zwei Stützen soll ausführlicher erläutert werden, weil es in Kap. 3, 4 und 5 als **Elementarmodell** des Brückenbaus und Hochbaus verwendet wird. Zu den **Grundstrukturen** werden dann **Einzelelemente** ergänzt durch konzentrierte **Einzelmassen** der Modellart I an denjenigen Elementen mit homogen über die Feldlängen verteilten Eigenmassen und Biegesteifigkeiten. Bei **Biegetragwerken** aus hochwertigen Baustoffen wie Stahl, Spannbeton und Stahlbeton mit geringer **Dämpfung** der Eigenverformungen und Bewegungen infolge äußerer Krafteinwirkungen kann im Allgemeinen die geringe Dämpfung vernachlässigt werden, wenn keine strukturbedingten **Resonanzerscheinungen** auftreten.

In Abb. 2.1 sind für die vier Modellarten I, II, III und XI die dimensionslosen **Dämpfungszahlen** D berücksichtigt, während sie bei den anderen Modellarten der Abb. 2.2 und 2.3 vernachlässigt sind. Bei der Modellart I des Einmassenschwingers ist die Formel zur Berechnung der Dämpfungszahl D angegeben, sie hängt ab von drei **Modellkonstanten.** Im Zähler der Modellkonstanten steht die Dämpfungskonstante b und im Nenner steht die Wurzel aus dem Produkt der Federkonstanten c × der Massenkonstanten m. Treten bei Biegetragwerken aus Elementen mit der Elementlänge und der gleichmäßig verteilten Eigenmasse sowie der Biegesteifigkeit an einzelnen Elementrändern konzentrierte Einzelmassen m auf, dann können mit Hilfe der nachfolgend angegebenen Dämpfungszahlen die maßstabsfreien **Eigenwertmaßzahlen** für Modellvergleiche berechnet werden. Für herkömmliche Konstruktionsarten des Brücken- und Hochbaus wurden folgende Dämpfungszahlen im Buch von Korenev veröffentlicht, siehe im Literaturverzeichnis die Quellenangabe [6].

Dämpfungszahlen D für ausgewählte **Konstruktionsarten** des Brücken- und Hochbaus:

Brücken aus Stahl, Spannbeton und Stahlbeton	D = 0,0135
Fertigteilbrücken aus Stahlbeton je Fugenart	D = 0,0180 bis 0,0410
Stahlbetonkonstruktionen im Hochbau	D = 0,0088
Stahlschornsteine	D = 0,0500
Stahlbetondecken in Hochbauten	D = 0,0350
Stahlbetonbalken	D = 0,0450
Stahlbetonrahmen	D = 0,0300
Mauerwerk aus Ziegeln und Steinen	D = 0,0190
Holzkonstruktionen	D = 0,0290 bis 0,0200

Es wird empfohlen, zusätzlich zur Berechnung der Eigenwerte und Eigenformen mit Anwendersoftware auch die **messtechnische Ermittlung der Eigenwerte** durchzuführen, weil bei Bauwerken mit kleinen Dämpfungszahlen die Gefahr des Auftretens von **Resonanzerscheinungen** besteht. Nach den Erfahrungen aus der Begutachtung vorhandener Tragwerke mit strukturbedingten Schäden und niedrigen Dämpfungszahlen unter 0,030 muss damit gerechnet werden, dass ein vorzeitiger Abriss der Tragwerke oder nachträgliche Strukturänderungen erfolgen müssen. In Kap. 6 über die Anwendung der angestrebten **„Kunst des Strukturierens"** in der Bautechnik erfolgt eine tabellarische Übersicht über die berechneten **Eigenwertmaßzahlen** zur Findung optimaler Tragwerkstrukturen, s. Abschn. 6.1.

2.5 Zwei Beispiele von Flächentragwerken als Elementarmodelle

In der dritten Übersichtstafel Abb. 2.3 räumlich zweidimensionaler Arten IX und X von Konstruktionselementen sind eine **Membrane** und eine biegesteife **Platte** skizziert. Die räumlichen Dimensionen wirken sich im Vergleich zu den einachsigen Tragwerken von Einfeld- und Durchlaufträgern entscheidend bei der Wahl **optimaler Tragwerkstrukturen** aus. In Abb. 2.3 sind in der Skizze eine rechteckige **Membrane** eines Daches mit den Seitenlängen a und b, die gleichmäßig verteilten **Randkräfte** infolge Eigenlasten (Materialdichte rho und Membranhöhe h) und die Membrankoordinaten x und y skizziert. Die **Membrandurchbiegungen** w werden an den Membranpunkten in Längeneinheiten gemessen, zum Beispiel im internationalen metrischen System in Zentimetern. Die Randkräfte H werden in Newton oder Megapond gemessen. Die **Zeitvariable** ist gleich der maßstabsfrei gemachten Zeitvariablen tau, geteilt durch den **Eigenfrequenzmaßstab** (Wurzel aus der Eigenkreisfrequenz omega).

Die rechte Seite der dimensionslosen Problemgleichung zur Berechnung des Eigenverhaltens ist Null. Das bedeutet, dass **äußere Krafteinwirkungen,** zum Beispiel infolge

Schnees, noch nicht berücksichtigt sind. Auf der linken Gleichungsseite wird der **Lösungsansatz** zur Berechnung des Eigenverhaltens in maßstabsfreien Größen formuliert: Der erste Differenzialgleichungskoeffizient besteht aus der zweiten Ableitung der maßstabsfrei gemachten Durchbiegung w nach der Zeitvariablen tau in der **Energiegleichung** zur Berechnung der kinetischen Energie. Die zweiten Ableitungen der Durchbiegungen in Richtung der x-Achse und der y-Achse erfassen die potentielle Energie. Beim Fehlen äußerer Einwirkungen muss die kinetische Energie gleich sein der potentiellen Energie, wenn man die Dämpfung vernachlässigt. Einzelheiten können dem Textband der Dissertationsschrift **Dynamische Modelle** [5] entnommen werden, siehe Gegenüberstellung der Elementarbeispiele I bis XI und inhaltliche Erweiterung des **Analogiegedankens** in der Dissertationsschrift. Unter der Problemgleichung der Abb. 2.3 sind die Maßstäbe der Zeit- und Raumgrößen und die **Berechnungsformeln** der Modellparameter mit den **Dimensionssymbolen** der Zeit (T), der Längen (L) und der Masse (M) der einzelnen Größen wiedergegeben. Die Erläuterung der Größen erfolgt beim Elementarmodell X der im Bauwesen am häufigsten Art von Plattenmodellen.

In Abb. 2.3 ist das rechteckige Modell X einer **Biegeplatte** mit drei Stützen und einer freien Ecke (ein räumlich festes Stützgelenk, eine Pendelstütze an der oberen Ecke und rechts unten ein Gelenk mit zwei Pendelstützen) dargestellt. Die **geometrischen Symbole** für die Randlängen a und b und für die Dicke der Platte sind zusammen mit den Symbolen der Längendimension L in Abb. 2.3 eingetragen. Das Verhältnis der Plattendicke h zu den Randlängen ist maßgebend für die Eigenverformungen und Eigenfrequenzen der Platte und damit auch für die **Resonanzempfindlichkeit.** Die Symbole für die **geometrischen Koordinaten** x und y sind an einer Plattenecke eingetragen. Damit die Varianten einer Plattenkonstruktion vergleichbar werden, sind alle Größen zur Berechnung des **Eigenverhaltens** durch die **Maßstabsgrößen** eines auszuwählenden Maßstabselementes der Gesamtkonstruktion eines Plattentragwerkes zu teilen. Dadurch erhält man maßstabsfreie **Eingabedaten** zur Berechnung der Anwendungsbeispiele. Für die geometrischen Eingabedaten der Randlängen wird in Abb. 2.3 die Randlänge als Maßstabslänge angegeben. In die Eingabeblätter zur Datenerfassung werden die beiden Quotienten alpha = 1,0000 und beta = b/a eingetragen (beim Seitenlängenverhältnis b/a = 2 Meter/1 Meter erhält man so das Eingabedatum 2,0000). So verfährt man bei der **Datenerfassung** aller Größen aller Elemente einer **Konstruktionsstruktur.** Unter der Skizze ist die dimensionslose **Problemgleichung** für das Elementarmodell von Biegeplattenkonstruktionen in maßstabsfreier Schreibweise formuliert, sie ist komplizierter als die Problemgleichung für das Membranmodell. Der erste Differentialkoeffizient zur Berechnung des Anteils an kinetischer Energie entspricht dem ersten Differentialkoeffizienten beim Membranmodell. Beim **Biegeplattenmodell** X sind in der Klammer drei Differentialkoeffizienten abgebildet, die zur Berechnung des Anteils der potentiellen Energie dienen. Die drei Differentialkoeffizienten sind vierte Ableitungen der Plattendurchbiegungen nach den Abszissen der Plattenpunkte. Bei **äußeren Krafteinwirkungen** F nach der Modellart I wäre auf der rechten Gleichungsseite die Kraftgröße F durch das Eigengewicht G der Masse m zu teilen, um die maßstabsfreie Formulierung des Lösungsansatzes zur Berechnung der **Eigenfrequenzen** und der zugehörigen Plattenverformungen zu erreichen. Unter dem Lösungsansatz sind die einzelnen Formeln der **Maßstabsgrößen** und der Plattenparameter angegeben. Die Einzelheiten sind der Dissertationsschrift [5] zu entnehmen.

Im Anlagenband von [5] sind die Ergebnisse der Berechnung von **Eigenlösungen** mit Hilfe von **Analogrechnern** und **Ziffernrechnern** bild- und zahlenmäßig veranschaulicht und erläutert. Ein gesonderter Abschnitt im Anlagenband behandelt die **Modellmaßstäbe** und **Dimensionen** technischer Größen. Hervorgehoben wird noch die Formel zur Berechnung der **Eigenwertmaßstäbe** omega, aus der die Maßstäbe der Eigenfrequenzen in Hertz berechnet werden können. Die Frequenzen können zur messtechnischen Kontrolle genutzt werden.

2.6 Analogien zwischen technischen Elementarmodellen

Es gibt nur einen **Begriff** des Zeitverhaltens verschiedenartiger technischer Elemente von Strukturen mit einem gemeinsamen **Namen.** Es ist der **Eigenwert** in den letzten Zeilen der Abbildungen Abb. 2.1, 2.2 und 2.3. Damit kann man alle verschiedenartigen Modelle vergleichen. Zum Vergleich muss man die zum Eigenwert zugehörigen Modellparameter betrachten, das drückt sich durch die verschiedenen Modellnamen aus. Das **Biegeträgermodell** mit homogener Verteilung der Eigenmasse und Steifigkeit über die Elementlänge wurde gewählt, siehe Modellart VIII, Abb. 2.2. Sind nicht alle Elementparameter gleichmäßig verteilt, dann werden an den Rändern konzentrierte Eigen- und Nutzmassen, elastisch nachgiebige Federn und Dämpfer angeordnet, siehe Modellart I des Einmassenschwingers, Abb. 2.1.

Die Berechnungsansätze gehen aus von der aufzubringenden **Energie** zur Erzeugung der Eigenverformungen, sie werden in Kap. 3 durch Programmierungsanweisungen, Formeln genannt, mit der dort beschriebenen Anwendersoftware **„Eigenwerte“** berechnet. Zusammen mit den maßstabsfrei formulierten Variablen, Parametern und Maßstäben werden zunächst die Energieanteile der Strukturelemente in **Elementmatrizen** (Strukturaufbaumatrizen, Massen- und Federmatrizen) erfasst und bewertet. Daraus werden die Konstruktionsmatrizen durch „Zusammenschachteln“ der Elementmatrizen berechnet. Neben den **Eingabedaten** der Elementparameter und der Strukturaufbauindizes erfolgte nach Erfahrungen aus etwa 1000 **Beispielstrukturen** die Vorgabe der Genauigkeit zur iterativen, numerischen Berechnung der Eigenlösungen.

Literatur

1. Pitloun R (1970) Schwingende Balken. Verlag für Bauwesen, Berlin (in Deutsch, 1971 in Englisch und Spanisch, 1973 in Französisch und Serbokroatisch)
2. Pitloun R (1975) Schwingende Rahmen und Türme. Verlag für Bauwesen, Berlin
3. VOB Vergabe und Vertragsordnung. Deutscher Taschenbuchverlag, 28. Ausgabe 2010 und Verordnung für Honorare für Architekten und Ingenieure

4. Langhaar HL (1964) Dimensional analysis and theory of models. Wiley, New York/London (London 1954)
5. Pitloun R (1975) Dynamische Modelle. Dissertation in zwei Bänden (393 S). Anlagenband über Beispielrechnungen mit Ziffern- und Analogrechnern, Technische Universität Dresden
6. Korenev BG, Rabinowitsch IM (1980) Handbuch Baudynamik. Verlag für Bauwesen, Berlin (Russische Originalausgabe, übersetzt in die deutsche Sprache)

Bewertung von Elementen und Aufbau von Strukturen

3

3.1 Definition und Berechnung von Eigenwerten und Eigenformen

3.1.1 Eigenwertdefinition und Berechnung von Einfeldträgern

Als **wissenschaftliche Grundlage** für die Vorbereitung und Anwendung einer „Kunst des Strukturierens“ für technische Disziplinen diente die Erarbeitung der **Dissertationsschrift** über „Dynamische Modelle“, die in der Technischen Universität Dresden verteidigt wurde [1]. Sie besteht aus einem **Textband** mit den wissenschaftlichen Grundlagen. Der **Anlagenband** enthält die Ergebnisse der Berechnung mit dem **Analogrechner** endim 2000 und Aufzeichnungen von 127 Schrieben des Schwingungsverhaltens von **Einmassenmodellen** mit linearen und nicht linearen Federkennlinien und Dämpferkennlinien der Aufhängung einer konzentrierten Einzelmasse in der Anlage 1 zur Dissertation. Die Anlage 2 besteht aus einer Zusammenstellung von linearen **Zweimassenmodellen** mit den berechneten und aufgezeichneten 111 Analogrechnerschrieben. Die Anlage 3 enthält die ersten, vom **Ziffernrechner** ZRA-1 berechneten Eigenwerte und Eigenformen mit Trägerskizzen, Tabellen und ausführlichen Erläuterungen sowie die Kontrolle der **Richtigkeit** der berechneten **Eigenwerte**. Die Anlage 4 stellt die **Maßeinheiten** für die Modelle sowohl für das internationale **metrische Dimensions- und Maßeinheitensystem** als auch für ein **Yard-Pound-System** mit den Definitionen dimensionsloser Größen der Mechanik, Physik und Elektrotechnik einschließlich der Umrechnung von Maßeinheiten des metrischen in Einheiten des Yard-Pound-Systems zusammen. Dazu wurden am Schluss 295 studierte **Quellen** aus der internationalen Literatur beschafft und für die Dissertationsschrift ausgewertet.

Als Beispiel für die Definition und Berechnung der **Eigenwerte** aus den Eigenformen der einzelnen technischen Modelle wird das **verformungsintensivste Modell** aller Einfeldträger ausgewählt, das allgemein als „Kragträger“ bezeichnet wird. Dieses

R. Pitloun, *Tragwerksstrukturen*, https://doi.org/10.1007/978-3-658-23125-5_3

Einfeldträgermodell ist in Abb. 3.1 skizziert. In der Abbildung oben sind die **Symbole** der Randbedingungen (elastische Einspannung und freier Rand), die Feld- und Randnummern, die Feldlänge l und die Biegesteifigkeit EI sowie die Massenbelegung mü definiert. Weiterhin sind oben die Symbole des ersten Eigenwertes Lambda und des **Eigenwertmaßstabes** omega, des Steifigkeitsmaßstabes, des Maßstabes für Massenbelegungen und des Längenmaßstabes zusammengestellt. Unter der Modellskizze ist die Formel zur Berechnung von **Eigenwertmaßstäben** wiedergegeben. Der Eigenwertmaßstab wird berechnet aus dem Quotienten der Biegesteifigkeit geteilt durch das Produkt der Massenbelegung und der vierten Potenz des Längenmaßstabes.

Im logarithmischen **Diagramm** wird die Abhängigkeit des **ersten Eigenwertes** vom Einspanngrad des Kragträgers im Wertebereich von 0,01 bis 100,0 veranschaulicht. Die auf den Eigenwertmaßstab bezogene **Eigenwertmaßzahl** Lambda nimmt von dem Einspanngrad 0,04 bis etwa 10,3 zu. Die 2. Eigenwertmaßzahl der Oberform liegt im Wertebereich 239,2 bis 494,0 und unterhalb des Diagramms ist die **Normierung der Randverformungen** auf den Betrag 1 wiedergegeben. Beim Kragträger gibt es vier Randverformungen (am linken Rand die Durchbiegung, Verdrehung und Krümmung und am rechten, freien Rand die Durchbiegung). Wegen der Verformungsempfindlichkeit ist mindestens ein Einspanngrad von etwa 10 zu wählen, dabei ist die 1. Eigenwertmaßzahl etwa 10, siehe Diagramm. Dazu ist das Modell des Kragträgers mit den **Elementparametern** der Elementlänge l, der Biegesteifigkeit EI und der Massenbelegung mü (Eigenmasse geteilt durch die Länge l) und der Drehfederkonstanten C der elastisch nachgiebigen Trägereinspannung am linken Trägerrand sowie des freien, rechte Randes skizziert. Das Quadrat des **Eigenwertmaßstabes** ist nach der Formel abhängig von dem Biegesteifigkeitsmaßstab EI im Nenner und dem Produkt der Massenbelegung mü mit der vierten Potenz der Trägerlänge l. Das bedeutet, dass der maßstabsbehaftete **Eigenwert** in erster Linie bestimmt ist durch die Elementlänge, weil sie mit der vierten Potenz eingeht! Die anderen Parameter EI, mü und C gehen nur linear ein. Da der Zweck der Berechnung von Eigenwerten die Findung der optimalen **Variantenstruktur** ist, die aus Vergleichen bei der Projektierung hervorgeht, werden alle Eingabedaten zur Berechnung in maßstabsfreie Zahlen umgewandelt. Dann sind auch die Ergebnisdaten maßstabsfrei. Die maßstabfreien Eigenwerte, symbolisiert mit dem griechischen Buchstaben Lambda, sollen bei den **Vorzugsvarianten** möglichst groß sein.

Im Diagramm der Abb. 3.1 ist der Betrag der **ersten Eigenfrequenz** des Kragträgers von der bezogenen Eispannkonstante veranschaulicht. Bei der Konstanten 0,01 ist die Eigenwertmaßzahl nur 0,0299, sie steigt nach Tab. 3.1 an bis zum Betrag 12,36 bei starrer Einspannung. Nach den Begutachtungserfahrungen sind Eigenwerte unter 1,00 unzulässig. Der **maximale Eigenwert** von 12,36 ist bei der Strukturwahl bei diesem Beispiel anzustreben. Nach Begutachtungserfahrungen werden bei der Projektierung von Brücken mit überkragenden Trägerenden Eigenwerte von 5,00 empfohlen. In Tab. 3.1 sind auch die berechneten **Eigenformzahlen** der Durchbiegung w, der Randverdrehung w' und der Randkrümmung w'' zusammengestellt für die maßgebende erste Eigenform. Nach den Bemessungsvorschriften sind neben den Durchbiegungen bei Biegetragwerken die **Krümmungen** maßgebend für die Tragwerksdimensionierung. **Biegemomente** werden

$\overline{\lambda}_1 = \left(\frac{\omega_1}{\omega_0}\right)^2$ mit dem Maßstab:

$\omega_0^2 = \frac{EI_0}{\mu_0 l_0^4}$ in $\left[T^{-2}\right]$ wobei

EI_0 Beigesteifigkeitsmaßstab

μ_0 Maßstab der Massenbelegung

l_0 Längenmaßstab bzw Bezugsträger

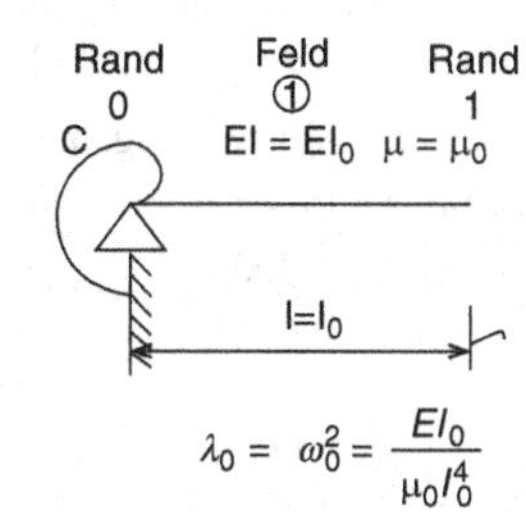

E Elastizitätsmodul

I Flächenträgheitsmoment

μ (grich.mü) Massenbelegung

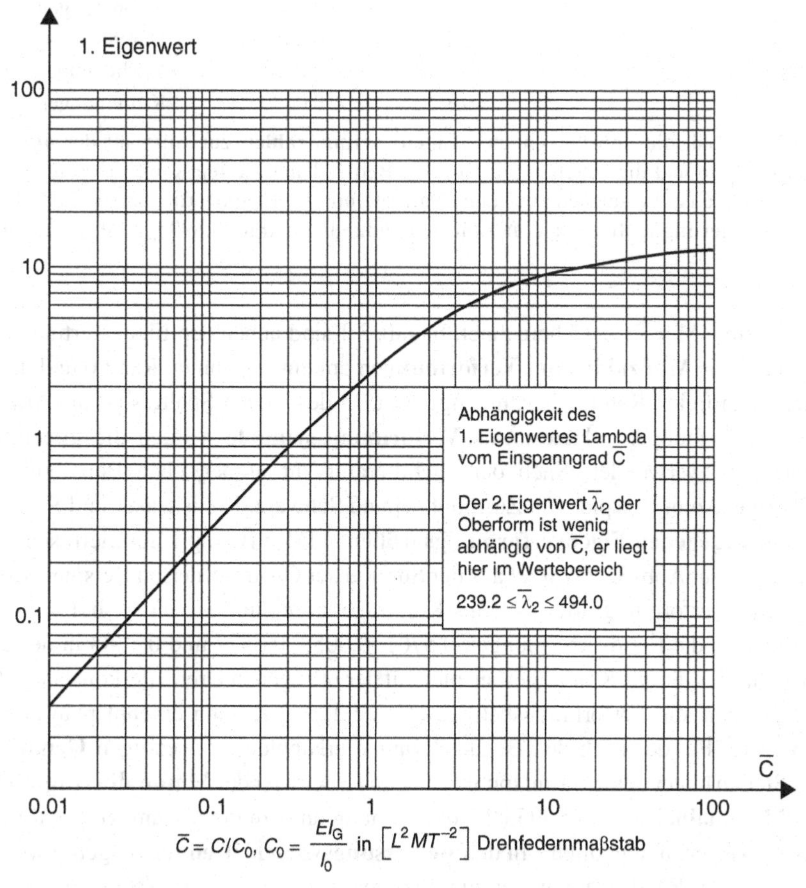

Alle errechneten Verformungen der Eigenlösungen im Tragwerkverhalten wurden einheitlich normiert auf den Betrag 1 des Eigenvektors, das heißt

z. B. $\sqrt{\eta_1^2 + \eta_2^2 + \eta_3^2 + \eta_4^2} = \sqrt{0.5761^2 + 0.0058^2 + 0.5777^2 + 0.5783^2} = 1$

beim Kragträger mit dem schwächsten Einspanngrad $C = 0.01\ C_0$.

Abb. 3.1 Kragträgermodell – Darstellung mit elastisch nachgiebigen Rand und freiem Rand. Über dem Nomogramm sind die Skizze, die Formelsymbole für den 1. **Eigenwert** Lambda, die Elementparameter mit den **Maßstäben** sowie die Normierung der Randverformungen entnehmbar. Im logarithmischen **Nomogramm** ist die Abhängigkeit des Eigenwertes vom **Einspanngrad** dargestellt. Das Kragträgermodell ist das verformungsempfindlichste Strukturmodell

Tab. 3.1 Drei ausgewählte Kragträgermodelle mit den Einspannkonstanten C = 1, 1,00 und starr eingespannt (beschrieben durch das mathematische Symbol für unendlich)

Maßzahlen	Maßzahlen	Verformungsmaßzahlen		Erläuterungen zu den
C	Eigenwerte Lambda	linker Rand 0	rechter Rand 1	Randverformungen
1,00	2,34	0,0000	0,5430	Durchbiegungen
		0,4235	0,5068	Verdrehungen
		0,4250	0,0000	Krümmungen
10,00	8,81	0,0000	0,3241	Durchbiegungen
		0,0849	0,4132	Verdrehungen
		0,8468	0,0000	Krümmungen
Starr eingespannt	12,36	0,0000	0,2568	Durchbiegungen
		0,0000	0,3535	Verdrehungen
		0,8995	0,0000	Krümmungen

Die Tabelle enthält die drei berechneten **Eigenwertmaßzahlen** zur Auswahl der **optimalen Strukturvariante** und die zugehörigen, auf den Betrag 1 normierten Randverformungen. Die optimale Variante ist die starr eingespannte Variante mit der Eigenwertmaßzahl 12,36. Die für die **Dimensionierung** maßgebende, normierte Krümmung beträgt 0,8995 in der letzten Tabellenzeile

nach der Formel M = EI × w″ berechnet. In Tab. 3.1 sind neben den Eigenwertmaßzahlen Lambda auch die **Maßzahlen der Verformungen** am eingespannten Rand 0 und die Verformungen am freien Rand 1 zusammengestellt. In der letzten Spalte sind die Arten der drei Randverformungen erläutert. Als **Verformungssymbole** wurden die griechischen Buchstaben eta verwendet. Nach der Fachliteratur zur numerischen Berechnung der Eigenlösungen, zum Beispiel von Zurmühl [2] und Schwarz, Rudishauser und Stiefel [3], werden alle **bezogenen Eigenverformungsgrößen** auf den Betrag 1 normiert, siehe auch Erläuterungen zur Abb. 3.2 (Wurzel aus der Summe der Quadrate der im Beispiel vorkommenden Eigenverformungsarten – beim Kragträgerarten sind es vier – sind = 1). Laut Tab. 3.1 sind es die Randverformungen 0,5761, 0,0058, 0,0577 und 0,5783 in der ersten Zeile der Tab. 3.1 für das Kragträgerbeispiel mit der bezogenen Drehfederkonstanten 0,01. Überschaut man alle Verformungsbeträge eta der Tab. 3.1, dann erkennt man auch die **Extremwerte**: Bei der nach den Begutachtungen erkannten, notwendigen **Genauigkeit** von vier Stellen hinter dem Dezimalpunkt ist beim Kragträger der **Minimalbetrag** = 0,0000 und der **Maximalbetrag** = 0,8995 (Randkrümmung an dem eingespannten Rand bei der Drehfederkonstanten unendlich). In den **Bemessungsvorschriften** für Biegetragwerke ist der Nachweis der Randverdrehungen nicht vorgeschrieben. Für den Nachweis des maximalen Biegemomentes beziehungsweise der **maximalen Randspannungen** ist der Betrag 0,8995 maßgebend bei der meist nicht erreichbaren vollen Einspannung. Daneben ist noch die **maximale Durchbiegung** nachzuweisen.

Abb. 3.2 zeigt die Durchbiegungsverläufe des Kragträgers bei starrer und sehr schwacher Einspannung (Einspannungsgrad ein Hundertstel der starren Einspannung). Die sehr starre Einspannung ist wegen extremer Verformungsempfindlichkeit zu vermeiden. Einen Überblick über die berechneten Eigenlösungen der Einfeldträgerarten bei unterschiedlichen Randbedingungen ohne und mit Nutzmassen gibt die Abb. 3.3.

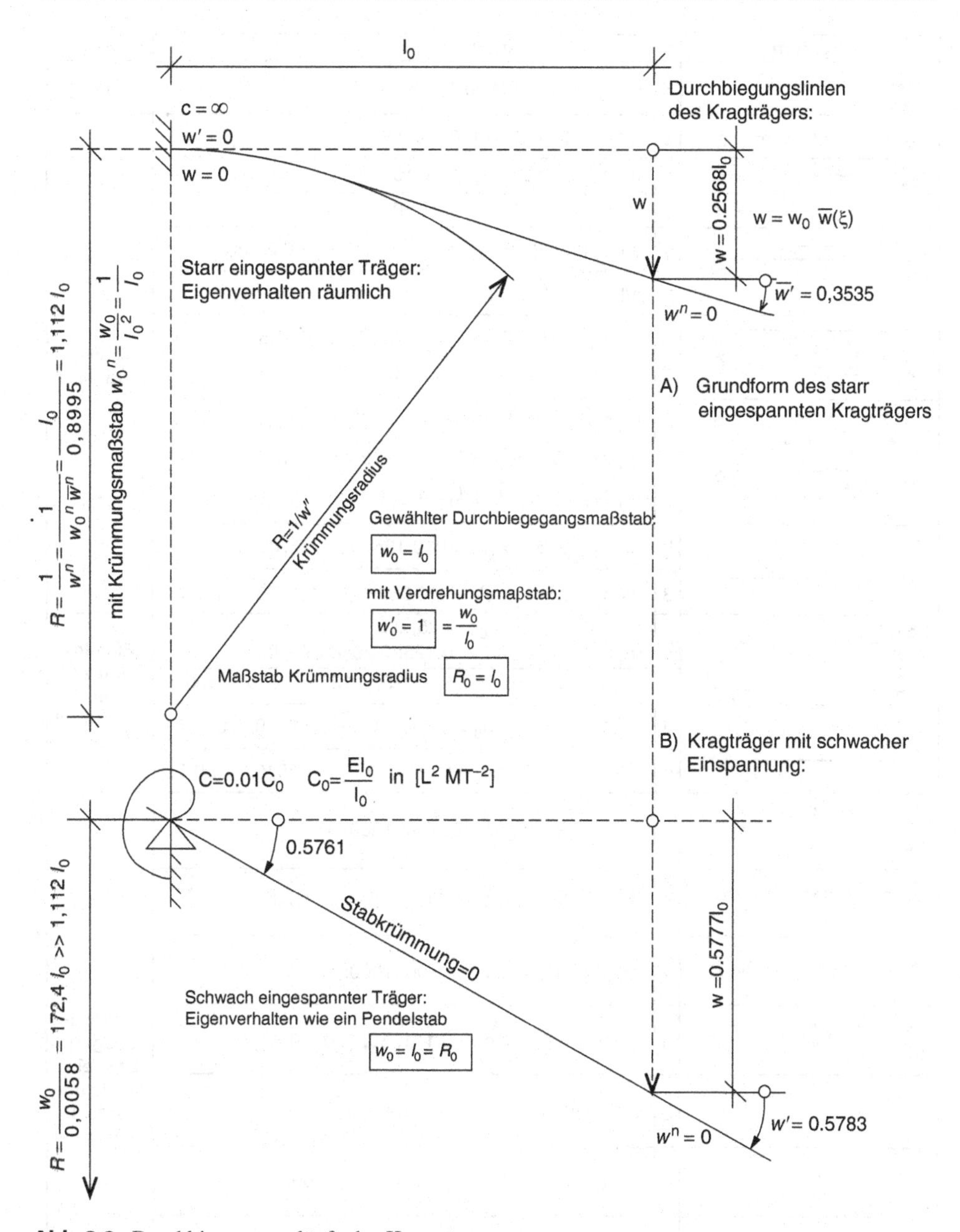

Abb. 3.2 Durchbiegungsverläufe des Kragträgers

Beim Kragträgermodell sind drei **Arten von Randverformungen,** nämlich die Randdurchbiegungen w, Verdrehungen w′ und Krümmungen w″ berücksichtigt. Allgemein reicht es bei **Biegetragwerken,** nur diese Verformungskomponenten bei der Berechnung des Eigenverhaltens ohne äußere Einwirkungen zu beachten. Bei verformungsempfindlichen **Hochbauten** und **turmartigen Bauten** kommen neben Durchbiegungen, Verdrehungen und

System	n	Parameter	Art
 C	2	$C/C_0 = 0.01; 0.05; 0.1; 0.5; 1; 10; \infty$	**Kragträger**
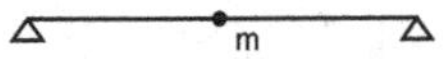 m	2	$m/m_0 = 0; 0.05; 0.1; 0.25; 0.5; 2.5; 5$	
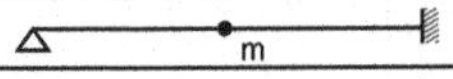 m	2	$m/m_0 = 0; 0.05; 0.5; 1; 5; 10$	
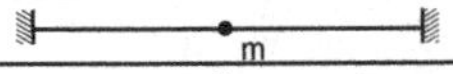 m	2	$m/m_0 = 0; 0.05; 0.5; 1; 5; 10$	
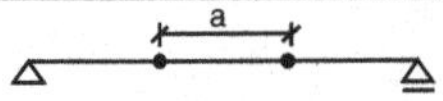 a	3	$a/l_0 = 0; 0.25; 0.5; 0.75; 0.875; 1, m_1 = 0.25\ m_0$	
	3	$a/l_0 = 0; 0.25; 0.5; 0.75; 0.875; 1, m_1 = 2.5\ m_0$	
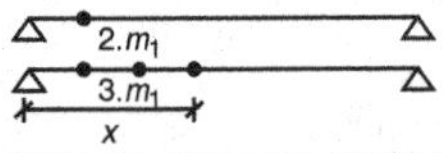 2.m_1 3.m_1 x	3	$m_1/m_0 = 0.0625 : x/l_0 = 2 . 0.125; 3 . 0.125$ $m_1/m_0 = 0.625 : x/l_0 = 2 . 0.125; 3 . 0.125$	**Einfeld-träger**
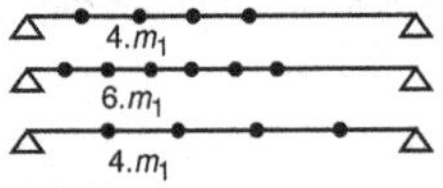 4.m_1 6.m_1 4.m_1	3	$m_1/m_0 = 0.0625 : x/l_0 = 4 . 0.125; 6 . 0.125$ $m_1/m_0 = 0.625 : x/l_0 = 4 . 0.125; 6 . 0.125$ $m_1/m_0 = 0.1; 1 : x/l_0 = 4 . 0.2$	
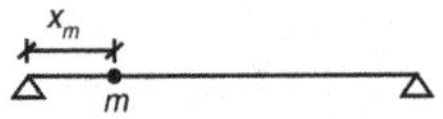 x_m m	3	$m/m_0 = 0.05 : x_m/l_0 = 0; 0.125; 0.25; 0.375; 0.5$	
	3	$m/m_0 = 0.5; 5: x_m/l_0 = 0; 0.0625; 0.125; 0.25; 0.375; 0.5$	
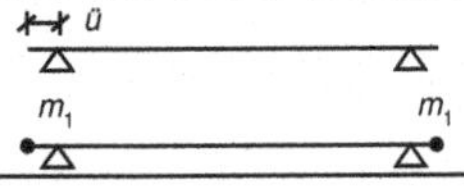 ü m_1 m_1	3	$m_1 = 0;$ $ü/l_0 = 0.25; 0.5$ $m_1/m_0 = 0.05;$ $ü/l_0 = 0.125; 0.25; 0.375; 0.5$	**Einfeld-träger mit Überstand (ü)**
	3	$m_1/m_0 = 0.5; 5 : ü/l_0 = 0.0625; 0.125; 0.25; 0.375; 0.5$	
ü m_1	3	$m/m_0 = 0.5; 5 : ü/l_0 = 0.0625; 0.125; 0.25; 0.375; 0.5$	
	3	$m/m_0 = 0.5; 5 : ü/l_0 = 0.0625; 0.125; 0.25; 0.375; 0.5$	
 c	2	$c/c_0 = 0.01; 0.1; 1; 10; 100; 1000; \infty$	
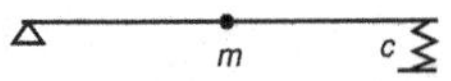 m c	3	$m/m_0 = 0.5; 5: c/c_0 = 0.1; 1; 10; 100; 1000; \infty$	
c c	2	$c/c_0 = 0.01; 0.1; 1; 10; 100; 1000; \infty$	
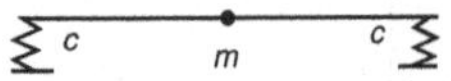 c m c	3	$m/m_0 = 0.5; 5: c/c_0 = 0.1; 1; 10; 100; 1000; \infty$	**Elastisch gelagerte bzw. ein-gespannte Einfeld-träger**
 C	2	$C/C_0 = 0; 0.1; 1; 10; 100; 1000; \infty$	
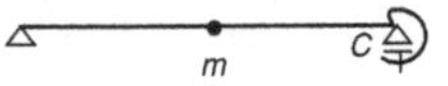 m C	3	$m/m_0 = 0.5; 5: C/C_0 = 0; 0.1; 1; 10; 100; \infty$	
 C C	2	$C/C_0 = 0; 0.1; 1; 10; 100; 1000; \infty$	
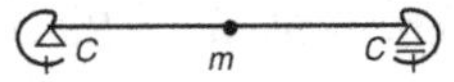 C m C	3	$m/m_0 = 0.5; 5: C/C_0 = 0; 0.1; 1; 10; 100; \infty$	

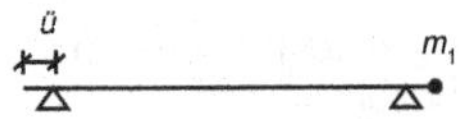

Abb. 3.3 Übersichtstafel über die berechneten Eigenlösungen von **Einfeldträgern**

Krümmungen auch Verformungen infolge von **Längskräften**, **Querkräften** oder in Einzelfällen auch von **Torsionsschwingungen** vor. Dann sind bei der Berechnung des Eigenverhaltens auch andere oder weitere Arten von Bewertungskriterien der Strukturelemente und **spezielle Anwendersoftware** erforderlich. Nach der ökonomischen Bewertung mit **minimalen Baupreisen** im Rahmen von Ausschreibungen zur Erlangung des Zuschlages sind also nicht nur die **Tragwerkstruktur und der Baupreis,** sondern auch andersartige **Entscheidungskriterien** für den Bauherrn und für die anderen Beteiligten bei der Planung von Baukonstruktionen anzuwenden.

Bei der Definition des **Eigenwertes als Zahl** und der dazu gehörenden Eigenverformungen wird schließlich der **Eigenwert als Begriff** definiert mit dem Ziel der **Verallgemeinerung** der Begriffsanwendung für Strukturierungsaufgaben. In den lexikalischen Werken der unbelebten Natur und der belebten Natur, insbesondere der **medizinischen Wissenschaften** sind folgende Definitionen der Wortfamilien um den Begriff **„eigen"** beschrieben:

Im **Meyers Konversationslexikon** von 1876 ist im siebten Band der Begriff **Eigenschaft** wie folgt formuliert: Unterscheidendes Merkmal einer Person oder Sache. Im dem deutschenglischen Lexikon des **Verlags Enzyklopädie Leipzig** 1969 wird der Begriff **Eigenwert** in die englische Sprache übersetzt mit **quality** und der Begriff **Eigenfrequenz** mit natural frequency. Im Lexikon **German – English Dictionary Lodis de Vries** des Verlages **Mac Graw Hill Book Company** 1965/1972 werden die Begriffe **eigen** ins Englische übersetzt mit **proper, one's own individual**. Der deutsche Begriff **Eigenwert** wird dort auch übersetzt mit eigenfrequency (das ist nicht korrekt, denn der Eigenwert ist gleich dem Quadrat der Eigenfrequenz, siehe Ausführungen in diesem Abschnitt über die zahlenmäßige Berechnung des Eigenwertes von Biegetragwerken). Im **Roche-Lexikon der Medizin des Verlages Urban & Fischer** 2003 findet man unter dem Begriff **eigen** die englischen Begriffe **auto, ipsi, self** sowie den Begriff **proprio** (mit der deutschen Erläuterung Propriorezeptoren, die für die Vermittlung der statischen und dynamischen Körpermechanik zuständig sind). Mit dieser Zuordnung dieses medizinischen Begriffs proprio der Körpermechanik des Menschen zum Begriff Eigenwert einer technischen Struktur erfolgt ein **Begriffsvergleich** für Strukturen der belebten Natur mit der unbelebten Natur, hier im Abschnitt zahlenmäßig beschrieben durch Berechnungsformeln für Baukonstruktionen als **Anwendungsbeispiel.** Weiterhin ist im Roche-Lexikon der medizinische Begriff **score** anhand eines Punktekataloges für **maßstabsfrei gemachte Eigenwertzahlen** für Patienten als „Bewertungskennziffern" des Befindenszustandes eines Menschen enthalten, zum Beispiel im Sinne eines „Schmerzscore" verwendet.

3.1.2 Einfeld- und Durchlaufträger mit Berechnung der Eigenwerte und Eigenformen

Die **Eingabedaten** bestehen aus Strukturaufbauindizes und aus den Parametern der Elemente.

Die **Struktur** eines Tragwerks wird erfasst durch maßstabsfrei zu machende **Eingabedaten** für den Vergleich und die Bewertung verschiedener Strukturvarianten. Die einfachste und im Bauwesen am häufigsten vorkommende Konstruktionsart ist der **Biegeträger.** Zunächst wird als Anwendungsbeispiel der Biegeträger auf zwei Stützgelenken mit gleichmäßig verteilter Eigenlast und der konzentrierten Einzelmasse einer Nutzmasse in Trägermitte gewählt, siehe Abb. 3.3 mit den Modellskizzen, Parametern und Trägerarten in der zweiten Zeile nach dem Kragträgermodell. Das Symbol für die **Einzelmasse** ist m. Diese Massengröße wird geteilt durch die gesamte, gleichmäßig verteilte Eigenmasse des Trägers, die als Maßstabsgröße dient. Die maßstabsfreien Quotienten wurden in den **Dateneingabeblättern** zwischen Null und 5,00 variiert, siehe Parameterspalte in Abb. 3.3 (0,00, 0,05, 0,10, 0,25, 0,50, 2,50 und 5,00). In der zweiten Spalte wurde die Anzahl n der zu berechnenden Eigenwerte eingetragen. Bei allen **Strukturvarianten** ist stets der erste Eigenwert nachzuweisen, er ist maßgebend für die Wahl der **Optimalvariante.** Bei Varianten mit vielen Elementen sind auch höhere Eigenwerte zu berechnen. Erfahrungsgemäß genügen 3 bis 5 Eigenwerte. Beim Balken auf zwei Stützen kommen als **Parameter** die Trägerlänge, die Biegesteifigkeit und die Eigenmasse vor. In Abb. 3.3 werden auch die elastische Randeinspannung (Symbol C), die elastische Randdurchbiegung (Symbol c), die Anzahl der Einzelmassen m, der Lastabstand x von der Stütze und der Überstand ü von der Stütze an den beiden Trägerenden variiert.

Die Strukturen der einzelnen Trägerbeispiele werden durch **Strukturaufbauindizes** erfasst. Sie ergeben sich aus der Durchnummerierung der **Randverformungen.** Bei Biegeträgern reicht es aus, die Randdurchbiegungen w, die Randverdrehungen w' und die Randkrümmungen w'' zu berücksichtigen. Die auf die Verformungsmaßstäbe bezogenen Randverformungen werden in der Literatur durch die griechischen Buchstaben eta symbolisiert. Dabei werden alle Randverformungskomponenten auf den Betrag 1 normiert, siehe Abb. 3.3 unten für das Kragträgermodell. Beim Träger auf zwei Stützen kommen 6 Randverformungen vor. Ist in Trägermitte eine Einzelmasse vorhanden, dann wird die Stützweite in zwei **Rechenfelder** unterteilt. Die Zusammenstellung aller Randverformungsindizes wird als **Indextafel** bezeichnet, siehe folgendes Beispiel für den Balken auf zwei Stützen mit den Indizes 0 bis 5:

Indextafelbeispiel des Biegeträgers auf zwei Stützgelenken mit Einzelmasse in Trägermitte:

Feldnummer	Rand 1 links			Rand 2 rechts		
	w	w'	w''	w	w'	w''
1	0	1	o	2	3	4
2	2	3	4	0	5	0

Erläuterung zur Aufstellung der Indextafel bei der Durchnummerierung der Komponenten:
Feld 1, linker Rand: Null eintragen wegen des vertikal unverschieblichen Stützgelenks, Index 1 eintragen, weil sich der linke Rand verdrehen kann am Gelenk, Null eintragen, weil sich am Gelenk keine Randkrümmung ergibt
Feld 2, rechter Rand: Am linken Rand sind die Indizes 2, 3 und 4 wie im Feld 1, am rechten Rand ist $w = 0$, w' erhält den Index 5 und $w'' = 0$

Im Rahmen der Erarbeitung der **Anwendersoftware** PITEIW auf der wissenschaftlichen Grundlage der Dissertation Dynamische Modelle, siehe Quelle [1] im Literaturverzeichnis und oben im Abschn. 3.1.1, wurde die Anwenderrichtlinie mit dem Formblatt der **Eingabedaten** anlässlich der Erteilung von Aufträgen von Projektierungsbetrieben und Verwaltungsbehörden herausgegeben zur Berechnung von **Eigenwerten und Eigenformen.**

Die erste Formblattseite enthält die **Tragwerkskizze** mit den Hauptparametern des Anwenderbeispiels, die Auftragsnummer und die **Anzahl der Strukturdaten**: Anzahl der zu berechnenden Eigenwerte, **Gesamtanzahl der Strukturdaten:** Strukturaufbaudaten, Parameter der Strukturelemente (Anzahl der Rechenfelder aller Strukturelemente und Anzahl der Einzelbausteine wie konzentrierte Nutzmassen sowie Anzahl der elastisch nachgiebigen Stützen und Einspannungen).

Die Folgeseiten der Formulare sind gegliedert in vier Datenblöcke, sie sind ausgelegt für Biegetragwerke. Für andere Tragwerksarten gelten spezielle Anwenderformulare. Der erste Datenblock enthält die **Strukturaufbaudaten,** die folgenden drei Datenblöcke enthalten die Parameter der bezogenen **Rechenfeldlängen,** der bezogenen **Massenbelegungen** und der bezogenen **Biegesteifigkeiten** (Ziffern mit Dezimalpunkt).

Die **Strukturaufbaudaten** für Biegetragwerke enthalten die Indizes der sechs Randverformungen w, w′ und w″ für die linken und rechten Ränder der Felder aller Strukturelemente.

In den drei folgenden Datenblöcken werden die bezogenen Feldlängen, Massenbelegungen und Biegesteifigkeiten eingetragen. Da das Anwendungsbeispiel nur aus einem Feld besteht, ist dieses Feld identisch mit dem **Maßstabsfeld.** Für alle bezogenen Parameter ergibt sich der Quotient der maßstabsbehafteten Ausgangsgrößen, geteilt durch die Maßstabsgrößen zu 1,0000. Im Allgemeinen genügt nach Erfahrungen eine Genauigkeit von vier Stellen hinter dem Dezimalpunkt. Nach den **Feldparametern** werden die Parameter der **Einzelbausteine** mit den **Indizes** derjenigen Randverformungen eingetragen, die elastisch nachgiebig sind: Zum Beispiel sind bei Einzelmasse die Indizes der Ränder mit Gummilagern oder Seilaufhängungen von Stützen einzutragen. Schließlich sind die geforderte **Genauigkeit** der iterativ zu berechnenden Eigenwerte und der **Name** des Ingenieurs, der die Formulare ausfüllt, sowie das **Eingabedatum** einzutragen. Beim Kragträgerbeispiel wurde die bezogene **Drehfederkonstante** variiert im Wertebereich 0,01 und unendlich (starre Einspannung).

Nach der Versendung der Anwenderrichtlinie mit den **Dateneingabeformularen** anlässlich der Erteilung des Auftrags zur **Begutachtung** von Neubauvorhaben oder vorhandener Tragwerke mit strukturbedingten Schäden und Mängeln füllte der Auftraggeber die Formulare aus.

Dann fand in der Regel eine Beratung im Sachverständigenbüro des Gutachters in Berlin statt, um die Einzelheiten und die Zielstellung des gewünschten Gutachtens zu beraten. Dabei wurden auch die eingetragenen Daten in den Formularen geprüft. Die **Strukturaufbauindizes** müssen absolut richtig sein. Die Elementparameter haben einen geringeren Einfluss auf die Genauigkeit der berechneten Eigenwerte. Nachfolgend ist die Tab. 3.1

über die Ergebnisse der Berechnung der **Eigenwerte und Eigenverformungen** des Kragträgerbeispiels mit acht bezogenen Einspannkonstanten C aus dem Buch „Schwingende Balken“ [4] wiedergegeben, siehe auch die Abb. 3.1 und 3.2 mit Erläuterungen dazu.

Bevor die Zusammenstellung aller berechneten Eigenwerte und Eigenformen für alle sieben Kragträgermodelle (C = 0,01 bis unendlich) mit variierten Drehfederkonstanten in der Tab. 3.1 erfolgt, wird das ausgefüllte **Dateneingabeblatt** zwischen dem starr eingespannten Rand und dem freien Rand wiedergegeben:

Eingabedatenbeispiel für das Kragträgerbeispiel mit hoher Verformungsempfindlichkeit:

Feld-Nr.	Strukturaufbauindizes						Elementparameter in bezogenen Maßzahlen		
	linker Rand			rechter Rand			Elementlänge	Massenbelegung	Biegesteifigkeit
	w	w′	w″	w	w′	w″	Maßzahl	Maßzahl	Maßzahl
1	0	0	1	2	3	0	1,0000	1,0000	1,0000

Bei den anderen Modellbeispielen der Abb. 3.3 mit elastisch nachgiebiger Randeinspannung erfolgt die **Indexierung** derjenigen Verformungskomponenten, die nicht Null sind, auf Grund der vorgegebenen Randbedingungen an den beiden Feldrändern durch die **Nummerierung** der zutreffenden Verformungskomponenten des jeweils zutreffenden Beispiels. Ist die Komponente nicht Null, dann wird weiter gezählt. Im obigen Kragträgerbeispiel ergibt sich die Indexfolge 0, 1, 2 und 3. Dazu sind die drei bezogenen Elementparameter 1,0000.

3.1.3 Einfeld- und Durchlaufträger mit Berechnung der Eigenwerte und Eigenformen

Einfeld- und Durchlaufträger sind die am häufigsten vorkommenden Tragwerksarten.

Die Abb. 3.3 gibt einen Überblick über die Arten der berechneten Konstruktionen von **Einfeldträgern** mit Modellskizzen und über die gewählten Parameter der Biegetragwerke. In der ersten Spalte sind die **Randbedingungen** und die **Lastverteilungen** skizziert. Die gleichmäßig verteilten **Eigenlasten** aller Einfeldträger sind durch Trägerstriche veranschaulicht und die Randbedingungen (Stützgelenke, Randeinspannungen und beim Kragträger der freie Rand) sind durch Symbole dargestellt. Die zusätzlichen **Einzelmassen** m von konzentrierten Nutzlasten sind durch Punkte gekennzeichnet. In der zweiten Spalte der Abb. 3.3 ist die Anzahl n der berechneten **Eigenwerte** je Modell eingetragen. Bei Biegeträgern ist jeweils der erste Eigenwert zur Erkennung der **optimalen Strukturvarianten** maßgebend. In der dritten Spalte sind die maßstabsfreien **Parameter** der Anwendungsbeispiele eingetragen. Insgesamt wurden für zweiundzwanzig Arten von Beispielen die Eigenwerte und Eigenformen berechnet. In der vierten Spalte wurden vier Gruppen von **Einfeldträgerarten** (Kragträger, einfache und am häufigsten vorkommende Arten von Trägern auf zwei Stützen, Einfeldträgerarten mit Überständen und elastisch nachgiebig gelagerte sowie elastisch eingespannte Einfeldträger) gebildet. Die detaillierte Beschreibung der **maßstabfreien Eingabedaten** wird für das verformungsintensive Kragträgermodell erläutert, siehe auch Abb. 3.1 und 3.2.

3.1.4 Berechnung der Eigenwerte und Eigenformen von Einfeldträgern

Als Ansatz zur Lösung von **Eigenwertaufgaben** wird eine Energiegleichung gewählt. Unter der Voraussetzung, dass hochwertige Baustoffe eingesetzt werden wie Stahl, Spannbeton und Stahlbeton mit geringen Dämpfungszahlen, kann man zur iterativen Berechnung der Eigenwerte und Eigenformen die **potentielle Energie** U der **kinetischen Energie** T gleichsetzen. Die kinetische Energie ist gleich dem Produkt des Eigenwertes Lambda multipliziert mit der Massenträgheit gegen Eigenverformungen infolge der Eigenlasten bei den berechneten Anwendungsbeispielen, siehe Abb. 3.4. Die potentielle Energie drückt den Verformungswiderstand aus. Der bezogene Betrag der potentiellen und kinetischen Energie ist = 1200 nach den unteren Formeln in Abb. 3.4. Beim Trägerbeispiel gibt es nur zwei Eigenformen.

In Abb. 3.4 sind oben die **Durchbiegungsfunktionen** w(x) der Grundform (auch 1. Eigenform genannt) und der zweiten Eigenform des **Biegeträgers auf zwei Stützen** skizziert. Dazu sind die Symbole der maßstabsfrei gemachten Größen und die **Randverformungsfunktionen** w, w′ sowie w″ mit den Maßstabsgrößen im oberen Bildteil wiedergegeben (Einzelheiten siehe Dissertationsschrift Dynamische Modelle [1]). Im unteren Bildteil sind die **Formeln** zur Berechnung der potentiellen Energie und der kinetischen Energie in Matrizenschreibweise wiedergegeben (siehe die beiden Quellen von Zurmühl [2] und Schwarz, Rudishauser und Stiefel [3]). Die bezogene Größe der **potentiellen Energie** ergibt sich aus den bezogenen Randverformungskomponenten eta und der Matrix **C** der vier Federkonstanten c der Durchbiegungswiderstände (192−108). Die Größe der **kinetischen Energie** ergibt sich aus dem Produkt des **Eigenwertes** Lambda, den bezogenen Verformungskomponenten und der Massenmatrix **M** der Bewegungsträgheiten (208 + 133).

Der **unsymmetrische Einfeldträger** mit einer Pendellagerung am linken Rand und mit einer starren Einspannung am rechten Rand zur Erläuterung des Eigenwertvergleichs hat folgende **Eingabedaten:**

Strukturaufbaudaten, erfasst durch folgende **Indizes** der Randverformungskomponenten:

Feld-Nr.	Randverformungen an den beiden Rändern des Biegeträgers					
	linker Rand			rechter Rand		
	Durchbiegung w	Verdrehung w′	Krümmung w″	w	w′	w″
1	0	1	0	0	0	2

Bezogene Parameter: Beim Einfeldträger sind die drei Elementparameter Maßstabsgrößen.

Bezogene Trägerlänge l = 1,0000, Biegesteifigkeit EI = 1000, Massenbelegung = 1,0000

Die mit der Software berechnete **Eigenwertmaßzahl** dient zum Vergleich von **Varianten** und zur Berechnung der Randverformungen für die Querschnittdimensionierung des Trägerquerschnitts sowie zur Berechnung der Durchbiegungen (in der Regel wird die Verdrehung nicht benötigt).

Die Berechnung der 1. Eigenwertmaßzahl ergab für den Träger mit Pendellager und der starren Einspannung den Betrag **238,5,** für den Vergleich mit starren Einspannungen an beiden Elementrändern den Betrag von **504,0** für den Vergleichszweck, also etwa den

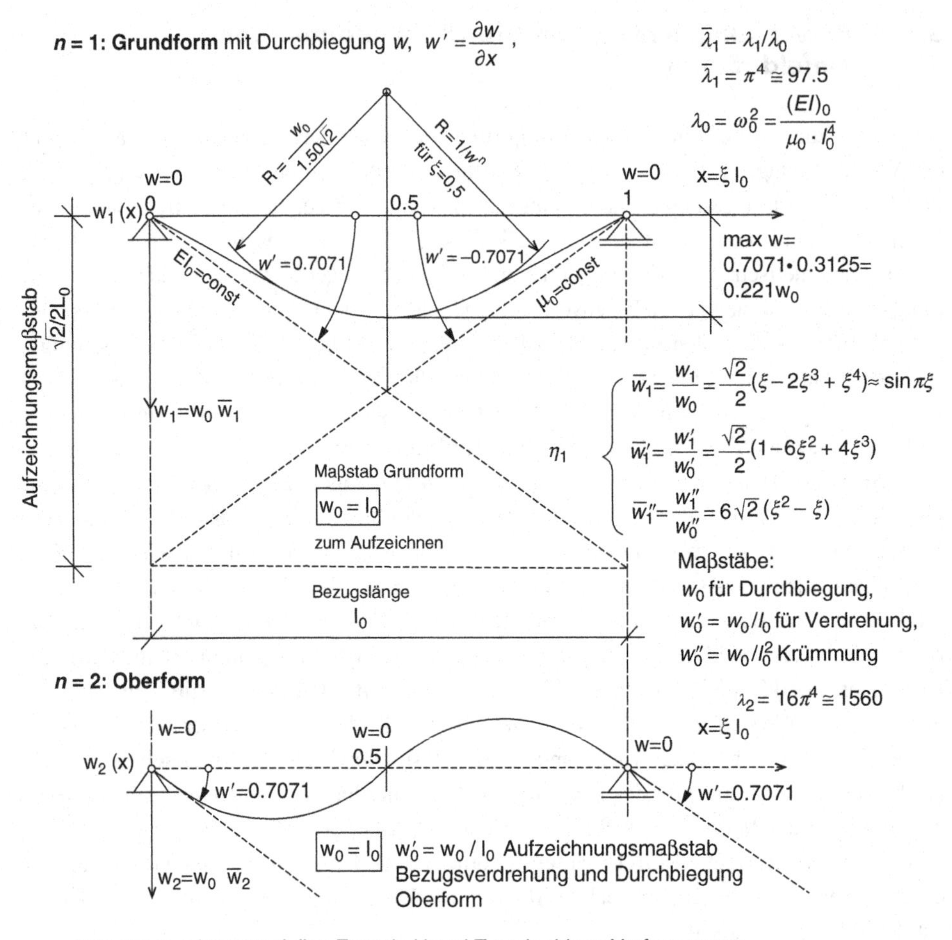

Berechnung der potentiellen Energie U und T nach obigen Verformungen

$$\eta_1 = \frac{\sqrt{2}}{2}\begin{pmatrix}1\\-1\end{pmatrix},\quad \bar{C} = \frac{1}{35}\begin{vmatrix}192 & 108\\108 & 192\end{vmatrix},\quad \bar{M} = \frac{1}{13860}\begin{vmatrix}208 & -133\\-133 & 208\end{vmatrix}$$

$$\bar{U}_1 = \frac{1}{2}\eta_1' C \eta_1 = \frac{1}{35}(192-108)\left(\frac{\sqrt{2}}{2}\right)^2 = \frac{6}{5},\quad \bar{U}_1 = U_1/U_0,\quad U_0 = c_0 \cdot w_0^2$$

$$\bar{T}_1 = \frac{\lambda_1}{2}\eta_1' M \eta_1 = \frac{97.5}{13860}(208+133)\left(\frac{\sqrt{2}}{2}\right)^2 = 1.200$$

$$U_{1hom} = T_{1hom} = \frac{\pi^4}{2}\left(\frac{5}{16}\cdot\frac{\sqrt{2}}{2}\right)^2 \int_0^1 \sin^2 \pi\xi \, d\xi = \frac{\pi^4}{2}\cdot\frac{25}{256} = 1.189$$

Abb. 3.4 Einfeldträger auf zwei Stützgelenken – Skizzen, Größen, Symbole und Maßstäbe sowie Lage- und Bewegungsenergie zur Berechnung der Eigenwerte und Eigenverformungen

doppelten Betrag. Das **Vergleichskriterium** für Varianten ist die Maximierung des ersten Eigenwertes. Also ist bei diesem Beispiel die Variante mit der starren Einspannung beider Ränder die **günstigste Variante** (ohne den Bauaufwand zu beachten).

Bezieht man in den Variantenvergleich noch den zweiten, berechneten Eigenwert mit den zugehörigen, normierten **Eigenformen** der beiderseitig starr eingespannten Ränder ein, dann erhält man die Datenbasis für die erweiterten Eigenformbeträge und Eigenwertmaßzahlen.

Erste und zweite Eigenwertmaßzahlen mit den dazugehörigen, normierten Randverformungskomponenten:

Feld-Nr.	Eigenwertmaßzahlen	normierte Randverformungen an beiden Rändern					
		linker Rand			rechter Rand		
		w	w′	w″	w	w′	w″
1	**1. Eigenwertmaßzahl 504,0**	0	0	0,7071	0	0	0,7071
	2. Eigenwertmaßzahl 3960,0	0	0	−0,7071	0	0	0,7071

Für die Vergleiche der Varianten und die Auswahl der **Optimalvariante** ist hier der errechnete Eigenwert zu wählen mit dem Ziel, einen **Maximalbetrag** zu erreichen. Beim Beispiel des Biegeträgers mit starren Einspannungen ist ein **größerer Bauaufwand** erforderlich, um die Unnachgiebigkeit der Fundamente zu erzwingen.

3.1.4.1 Einflusslinien der Laststellungen bei starr eingespannten Kragträgern

In der **Statik** der Tragwerke versteht man unter **Einflusslinien** die Berechnung der Dimensionierungsgrößen infolge ruhender Lasten bei Veränderung der Lastangriffspunkte. Nachfolgend werden am Beispiel des verformungsintensiven, starr eingespannten Kragträgers mit einer wandernden Nutzlast die Ergebnisse der Berechnung der **Eigenwerte** und **Eigenformen** dieses Kragträgers in **„dynamischen Einflusslinien“** wiedergegeben, um den Einfluss auf die **Tragwerksdimensionierung** infolge der Eigenlasten und Nutzlasten zu bewerten.

Bei verformungsintensiven Tragwerken müssen dazu **mehrere Eigenlösungen** berechnet werden. In Abb. 3.5 ist die Abhängigkeit der ersten drei Eigenwerte Lambda von der Laststellung x für den **Kragträger mit einer Einzelmasse** veranschaulicht. Neben der Laststellung x ist die bezogene Massengröße zwischen 0,00 und 10,00 variiert. Bei der ersten **Eigenwertmaßzahl** nimmt bei dem Massenbetrag 10,00 bei Zunahme des Lastabstandes vom Rand der Betrag Lambda ab auf den Betrag 0,3, siehe Buch „Schwingende Rahmen und Türme“ mit Einzelheiten [5]. Der zweite Eigenwert nimmt beim Massenbetrag 10,0 bis auf etwa 60,0 ab, siehe Diagramm der drei Eigenwertveränderungen in Abb. 3.5 und beim dritten Eigenwertdiagramm oben liegt beim Massenbetrag 10,0 Lambda etwa bei 1000,0. Also ist der dritte Eigenwert für Anwendungen uninteressant beim starr eingespannten Kragträger. Der 1. Eigenwert ist maßgebend für praktische Anwendungen beim eingespannten Trägermodell.

Allgemeines Ziel der **Strukturierung** ist es, **maximale, erste Eigenwertzahlen** zu erreichen. Ein Überblick soll für verschiedene Varianten von Biegetragwerken gegeben

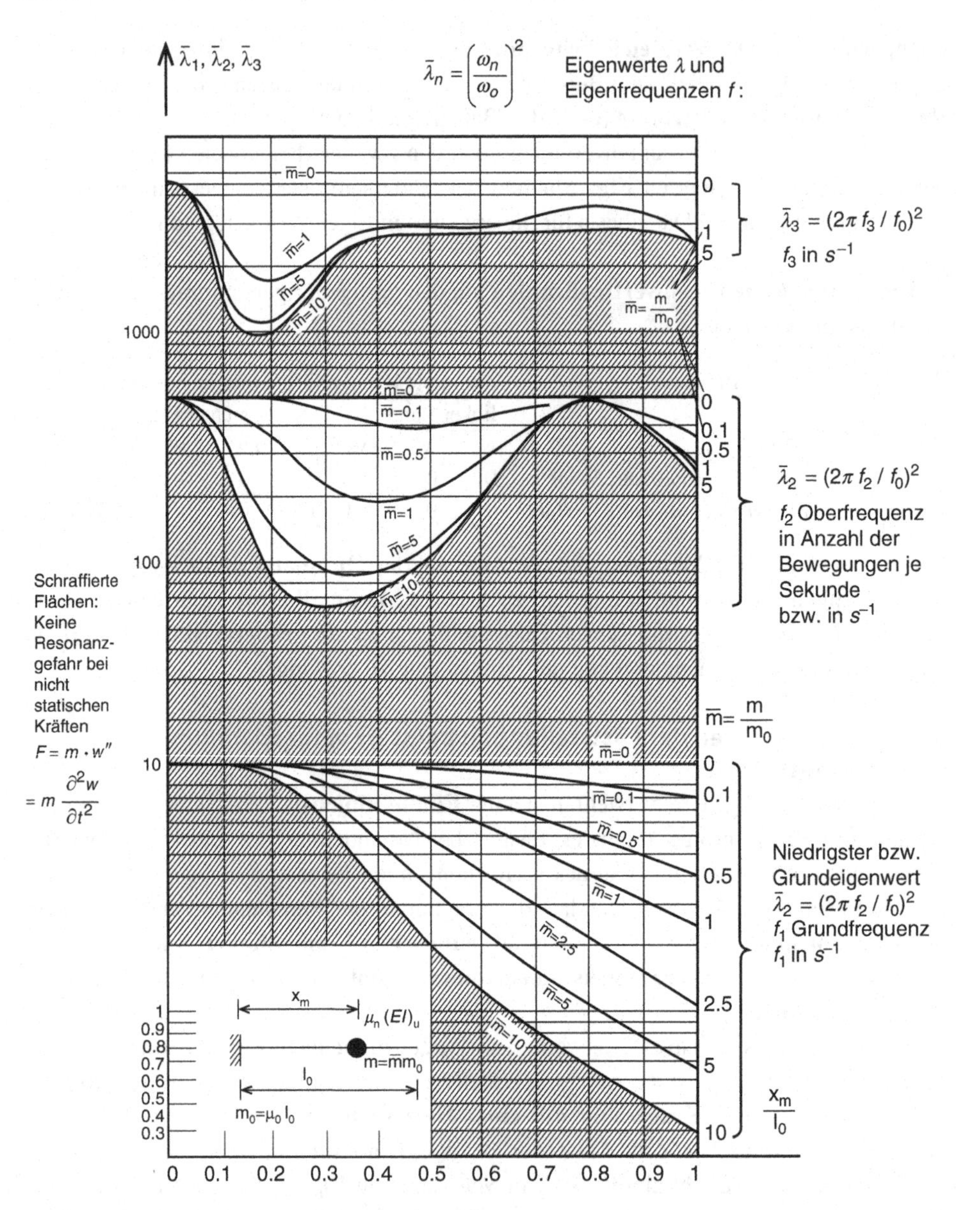

Abb. 3.5 **Einflusslinien** der Abhängigkeit der Eigenwerte Lambda von der Laststellung x einer Einzelmasse m auf dem starr eingespannten **Kragträger** für den maßgebenden ersten Eigenwert sowie für den zweiten und dritten Eigenwert

werden. Bei dem im Bauwesen am häufigsten vorkommenden **Biegeträger** auf zwei Stützen ist nach Abb. 3.4 die **erste Eigenwertmaßzahl** 97,5, beim Träger mit einem Stützgelenk und einer starren Einspannung ist die erste Eigenwertmaßzahl 238,5 sowie bei starrer Einspannung beider Ränder ist die erste Eigenwertmaßzahl 504.

Nach Abb. 4.2 liegen die Eigenwertmaßzahlen von **Rahmenecken** aus zwei Biegestäben zwischen 0,2130 und 469,2 (Ecken mit Einzelmassen sind ungeeignet). In Abb. 4.3 über **offene Rahmen** mit einem Riegel und zwei Stielen liegt der 1. Eigenwert zwischen 22,5 und 346,3, gesondert sind geschlossene **Rahmenzellen** mit ersten Eigenwerten zwischen 0,0334 bis 240,8 enthalten. Die Abb. 4.5 enthält **Fundamentrahmen** mit 3 bis 11 Stielen und einem durchgehenden Riegel zwischen 0,0329 bis 304,0, sowie in Abb. 4.6 sind besonders verformungsintensive **Rahmenhochbauten** mit nur 2 Stielen und 2 bis 10 Geschossen berechnet worden, die zu vermeiden sind. Bei Hochbauten werden in der Längs- und Querrichtung mehrere tragende Wände angeordnet, deren Tragwerkmodelle höhere Eigenwerte und kleinere Verformungen ergeben. Schließlich wurden gesondert **turmartige Tragwerte** berechnet, bei denen **homogen verteilte Baustoffe** in Richtung der Turmachse stetig verteilt sind. Es sind auch konzentrierte Massen berücksichtigt. Die Eigenwertmaßzahlen haben ein sehr großes Spektrum. Der berechnete **Maximalbetrag** ergab 140,7, die Minimalbeträge unterschreiten sogar die Maßzahl 1,0, besonders bei nachgiebigem Untergrund. Die **minimalen Maßzahlen** sollen den Wertebereich der 1. Eigenmaßzahlen von 10,0 bis 5,0 erreichen. Ziel aller Berechnungen über **optimale Strukturvarianten** ist der zahlenmäßige Nachweis maximaler Eigenwerte und bei verformungsintensiven Modellen auch unzulässiger Verformungen.

3.1.4.2 Berechnete Eigenwerte und Eigenformen des Einfeldträgers mit einer Nutzmasse

In der Übersicht der Abb. 3.3 über die Arten der berechneten Trägerbeispiele ist nach dem Kragträgerbeispiel der **Einfeldträger mit einer Einzelmasse** m in Trägermitte verzeichnet. Der maßstabsfreie Quotient dieser Masse wird geteilt durch die gleichmäßig verteilte Eigenmasse des Trägers. Dieser Quotient wird bei den sieben Einzelbeispielen variiert zwischen Null (keine Einzelmasse) und dem Betrag 5,0 beim letzten Beispiel, siehe Tab. 3.2 mit den berechneten, maßstabsfreien **Eigenwerten und Eigenverformungen.**

Im Tabellenkopf der Tab. 3.2 ist das **Biegeträgermodell** skizziert mit zwei Rechenfeldern. Die erste Tabellenspalte gibt die bezogenen Massenparameter der sieben Beispiele an, die in das Dateneingabeblatt zur Berechnung mit Hilfe der Anwendersoftware mit eingetragen worden sind. Die zweite Spalte gibt die Anzahl n der berechneten Eigenlösungen an. Der Index 1 bezeichnet den maßgebenden **Grundeigenwert** mit den zugehörigen Randverformungen. Dieser maßstabsfreie, erste Eigenwert dient zur Findung der **optimalen Strukturvariante** und zur Dimensionierung des Tragwerkes. In der dritten Spalte sind die beiden berechneten Eigenwertmaßzahlen je Beispielvariante angegeben. Der Wertebereich des 1. Eigenwertes liegt zwischen 97,5 und 8,75 und der 2. Eigenwert 1560,0 ist bei allen sieben Beispielen gleich. In den Spalten unter der Modellskizze sind die berechneten **Verformungskomponenten** w, w′ und w″ an den Rändern 0, 1 und 2 zu entnehmen. In den letzten zwei Tabellenspalten sind die Durchbiegungsknoten $w = 0$ (Knotennummer rho und Randabszisse ksi). Die Verformungskomponenten sind auf den Betrag 1 normiert, siehe Erläuterung in Abb. 3.1. Der zweite Eigenwert 1560,0 ist bei diesem Beispiel nicht maßgebend.

Die normierten Komponenten hängen ab von den bezogenen Eingabedaten der Einzelmasse in der ersten Tabellenspalte. Die ausgedruckten Komponenten in den drei Spalten unter der Skizze liegen zwischen den folgenden **Extrembeträgen** der Grundeigenwerte.

Randdurchbiegungen: Minimalbetrag 0,0794, Maximalbetrag 0,0908 (alle positiv),
Randverdrehungen: Minimalbetrag 0,7071, Maximalbetrag 0,2392 (positiv und negativ),
Randkrümmungen: Minimalbetrag 0,9113, Maximalbetrag 0,9377 (alle negativ).

Die Vorzeichen der drei Komponenten sind bei der Eintragung in das Dateneingabeblatt einheitlich zu definieren (zum Beispiel für Durchbiegungen gilt das fortgelassene Plus für alle Durchbiegungen nach unten und das eingetragene Minus für Durchbiegungen nach oben).

Die **optimale Strukturvariante** ergibt sich nach der ersten Eigenwertmaßzahl **97,5**, wenn die Massenmaßzahl Null ist, also beim Träger ohne konzentrierte Nutzmasse, wie zu erwarten. Bei der Massenmaßzahl 5,0 mit der kleinsten, ausgedruckten Eigenwertmaßzahl 8,75 erfolgt dann die **Dimensionierung** des Trägerquerschnitts mit der Wahl der Baustoffart. Bei Biegetragwerken ist in der Regel die maximale Krümmung maßgebend. Multipliziert man die berechnete Krümmung mit der Biegesteifigkeit EI, dann erhält man für die Bemessung des Biegeträgers das **Biegemoment** (mit E Elastizitätsmodul des Baustoffs und I Flächenträgheitsmoment).

Zahlenmäßiger Ausdruck für die **optimale Struktur** einer Variante ist die größte Eigenwertmaßzahl Lambda 97,5 nach dem Vergleich mit den anderen Maßzahlen der sieben Varianten. Das gilt auch für andere Trägervarianten wie Durchlaufträger, siehe Abschn. 3.2, 3.3, und 3.4.

Nach der Definition der Eigenwerte und Eigenformen wurde auf der Grundlage der Dissertationsschrift „Dynamische Modelle" [1] die **Anwendersoftware** „Eigenwerte" zur Berechnung des Eigenverhaltens (neben den Grundlagen zur statischen Berechnung der Tragwerke) erarbeitet und zur Berechnung des strukturellen Verhaltens von **Biegetragwerken** angewandt, zum Beispiel zur **Begutachtung** vorhandener Tragwerke und von Neubauprojekten. Es erfolgte die Auswahl eines **Systems von Tragwerken** mit verschiedenen Randbedingungen und Berechnungsmodellen für den Träger bei einer Einzellast in der Tab. 3.2.

Mit Hilfe des **Lösungsansatzes** „Lageenergie = Bewegungsenergie", siehe Abb. 3.4 am Beispiel des Einfeldträgers für die 1. Eigenform, wird die erste **Eigenwertmaßzahl** Lambda berechnet. Vorausgesetzt werden hochwertige Baustoffe. Dazu sind in Abb. 3.4 die Funktionen der Randverformungen eta und die Wahl der Paramater dargestellt:

Für **Biegeträger** auf zwei Stützen mit einer **Einzellast** in Feldmitte erfolgt in Tab. 3.2 eine tabellarische Übersicht über die errechneten **Eigenwerte und Eigenformen** für sieben Modellvarianten in Abhängigkeit einer bezogenen Einzelmasse. Bei der ersten Variante ohne Masse ergibt sich die erste **Eigenwertmaßzahl** 97,5 als Kriterium zum Vergleich mit den anderen sechs Modellvarianten. Wird der Träger noch mit einer Einzelmasse

Tab. 3.2 Eigenwerte und Eigenformen des **Einfeldträgers** mit gleichmäßig verteilter Eigenmasse und einer konzentrierten Nutzmasse m in der Feldmitte

			l = l₀; l/2; m; ① ; ②				$w = 0$:	
$\frac{m}{m_0}$	n	$\overline{\lambda}_n$		0	1	2	ρ	ξ_ρ
0	1	97,5	$\overline{w}$	0	–	0	1	0
			$\overline{w}'$	0,7071		−0,7071	2	1
			$\overline{w}''$	0		0		
	2	1560	$\overline{w}$	0	–	0	1	0
			$\overline{w}'$	0,7071		0,7071	2	0
			$\overline{w}''$	0		0	2	1
0,05	1	88,5	$\overline{w}$	0	0,0908	0	1	0
			$\overline{w}'$	0,2840	0	−0,2840	2	1
			$\overline{w}''$	0	−0,9113	0		
	2	1560	$\overline{w}$	0	0	0	1	0
			$\overline{w}'$	0,5774	−0,5774	0,5774	2	0
			$\overline{w}''$	0	0	0	2	1
0,1	1	81,1	$\overline{w}$	0	0,0896	0	1	0
			$\overline{w}'$	0,2793	0	−0,2793	2	1
			$\overline{w}''$	0	−0,9143	0		
	2	1560	$\overline{w}$	0	0	0	1	0
			$\overline{w}'$	0,5774	−0,5774	0,5774	2	0
			$\overline{w}''$	0	0	0	2	1
0,25	1	64,8	$\overline{w}$	0	0,0871	0	1	0
			$\overline{w}'$	0,2694	0	−0,2694	2	1
			$\overline{w}''$	0	−0,9205	0		
	2	1560	$\overline{w}$	0	0	0	1	0
			$\overline{w}'$	0,5774	−0,5774	0,5774	2	0
			$\overline{w}''$	0	0	0	2	1

(Fortsetzung)

Tab. 3.2 (Fortsetzung)

$\frac{m}{m_0}$	n	$\bar{\lambda}_n$	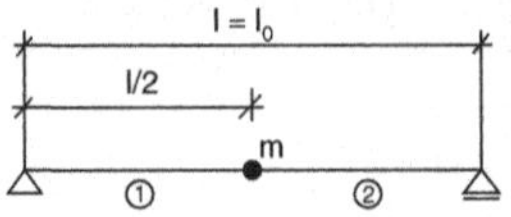	l = l_0; l/2; m; ①; ②			$w = 0$:	
				0	1	2	ρ	ξ_ρ
0,5	1	48,5	$\bar{w}$	0	0,0847	0	1	0
			$\bar{w}'$	0,2600	0	−0,2600	2	1
			$\bar{w}''$	0	−0,9261	0		
	2	1560	$\bar{w}$	0	0	0	1	0
			$\bar{w}'$	0,5774	−0,5774	0,5774	2	0
			$\bar{w}''$	0	0	0	2	1
2,5	1	16,07	$\bar{w}$	0	0,0803	0	1	0
			$\bar{w}'$	0,2428	0	−0,2428	2	1
			$\bar{w}''$	0	−0,9358	0		
	2	1560	$\bar{w}$	0	0	0	1	0
			$\bar{w}'$	0,5774	−0,5774	0,5774	2	0
			$\bar{w}''$	0	0	0	2	1
5,0	1	8,75	$\bar{w}$	0	0,0794	0	1	0
			$\bar{w}'$	0,2392	0	−0,2392	2	1
			$\bar{w}''$	0	−0,9377	0		
	2	1560	$\bar{w}$	0	0	0	1	0
			$\bar{w}'$	0,5774	−0,5774	0,5774	2	0
			$\bar{w}''$	0	0	0	2	1

belastet, dann sind aus Gründen der **Dimensionierung** die Randkrümmungen w″ erforderlich. Bei der letzten Modellvariante ist in Tab. 3.2 der bezogene Massenbetrag 5,0 zur Berechnung des maximalen Biegemomentes M = EI × w″ (EI ist das Symbol der Biegesteifigkeit). Nach den Dimensionierungsvorschriften wird noch der Extrembetrag der Durchbiegung w nachgewiesen, die Maßzahl ist laut Tab. 3.2 0,0974, wobei als Längenmaßstab die Stützweite gewählt wird, siehe Skizze im Tabellenkopf Tab. 3.2. Vergleicht man die **Eigenwertmaßzahl** und die **Krümmungsmaßzahl** der ersten Variante mit der siebten Variante, dann ergibt sich, dass die Eigenwertmaßzahl 97,5 auf den Betrag 8,75 sinkt, und die bezogenen Krümmungen nehmen zu von 0,9113 auf die Krümmungsmaßzahl 0,9377 als Vergleichsbeispiel.

Die Abb. 3.3 gibt eine Übersicht über alle berechneten **Einfeldträgerbeispiele.** Maßgebend für die Variantenwahl sind die ersten Eigenwertmaßzahlen Lambda (97,5 ohne Einzelmasse bis zur siebten Variante bei der bezogenen Masse 5,0 und Lambda 8,75). Die zweite Eigenwertmaßzahl ist bei allen Varianten 1560,0, sie hat keine Bedeutung für die Dimensionierung. Neben den 1. Eigenwerten werden die Beträge der normierten **Randkrümmungen** w'' für die Querschnittbemessung benötigt (Wertebereiche 0,9113 bis 0,9370). Berechnet wurden fünf **Arten von Biegeträgervarianten:**

- **Kragträger** mit gleichmäßiger Parameterverteilung und Variation der Einspannkonstanten C,
- **Einfeldträger** mit Einzelmasse bei Variation der Randbedingungen und der Einzelmasse m,
- **Träger mit zwei Massen** bei Variation des Massenabstandes und der Massenbeträge,
- **Träger mit 1 bis 6 Massen** bei Variation der Abstände und der Massenbeträge und
- **Träger mit einer Masse** bei Variation der Masse und des Abstandes vom linken Trägerrand.

Wegen des großen Einflusses von **Trägerüberständen** an den Rändern auf die Eigenwerte wurden noch drei Modellvarianten berechnet (Trägerüberstände sollen kurz sein).

Bei der Gruppe von Trägerarten mit elastischer Nachgiebigkeit der Stützen wurden die Federkonstanten c und die Drehfederkonstanten C variiert. Weiterhin werden Modellarten ohne und mit Einzelmassen m in Trägermitte gewählt:

- Träger mit einem festen Stützgelenk und einer Stützfeder mit der Konstanten c,
- Träger mit einem Gelenk, einer Federstütze und einer variierten Masse m,
- beidseitig elastisch gelagerte Träger mit Variation der Federkonstanten c,
- beidseitig elastisch gelagerte Träger mit Variation der Konstanten c und der Masse m,
- Träger mit festem Gelenk und einer nachgiebigen Einspannung mit der Konstanten C,
- Träger mit einem Gelenk und einer Einspannung mit der Konstanten C und der Masse m,
- beidseitig elastisch nachgiebige Einspannung mit der Drehfederkonstanten C sowie
- beidseitig nachgiebige Einspannung mit der Konstanten C und der Masse m in Feldmitte.

Die Wertebereiche der Eingabedaten für die **maßstabsfrei gemachten Parameter** der Strukturmodelle sind in Abb. 3.3 zusammen mit den anderen Eingabedaten angegeben. Die berechneten, **maßstabsfreien Eigenwerte** und **Eigenformen** sind im Buch „Schwingende Balken" [4] mit Erläuterungen in vier Sprachen veröffentlicht.

Nachfolgend werden **Besonderheiten der Strukturmodelle** und Erfahrungen aus der Projektierung von Neubauten und aus den Begutachtungen über strukturbedingte Schäden an vorhandenen Konstruktionen hervorgehoben. Maßgebend für den Vergleich von **Strukturvarianten** möglichst optimaler Konstruktionsstrukturen sind die maßstabsfreien Eigenwerte. Da nicht nur die berechneten Eigenlösungen, sondern auch die Anwendererfahrungen mit eingehen sollen, wird das Vorgehen an ausgewählten, einfachen Beispielen erläutert.

Eine Art Idealfall ist das in Abb. 3.3 enthaltene **Biegeträgermodell** mit beidseitig starren Einspannungen (die nur mit erhöhtem konstruktivem Aufwand erreicht werden können). Diese Art des Biegeträgermodells kommt im **Brückenbau** und im **Hochbau** vor, zum Beispiel bei orthogonalen Rahmen aus biegesteifen Stabelementen in horizontaler und vertikaler Richtung. Die **Indextafel** zum Strukturaufbau enthält für alle sechs Randverformungskomponenten der **Durchbiegung** w, der **Verdrehung** w′ und der **Krümmung** w″ an beiden Rändern Null, dazu können noch **Horizontalverschiebungen** der Stabachse auftreten. Neben den Eingabedaten der Elementparameter sind die Indizes zum Strukturaufbau die wichtigsten Daten.

Indextafel der Randverformungen beim starr eingespannten Einfeldträger:

Rechenfeldnummer 1	am linken Rand			am rechten Rand		
Verformungssymbol	w	w′	w″	w	w′	w″
Verformungsindex	0	0	0	0	0	0

Besteht die Struktur nur aus einem Feld, dann sind die Parametergrößen gleichzeitig auch **Maßstabsgrößen**. Für die Berechnung der **Eigenwerte** und **Eigenformen** werden die Indizes und die Elementlänge durch die Maßstabslänge, die Biegesteifigkeit durch den Steifigkeitsmaßstab und die Massenbelegung durch den Belegungsmaßstab geteilt, um die Strukturvarianten vergleichbar machen zu können. Das Ergebnis der Berechnung des **maßstabsfreien Grundeigenwertes** für den beidseitig eingespannten Einfeldträger ist der überhaupt mögliche **Maximalbetrag** 504,0 (beim Träger auf zwei Stützen ergibt sich 97,5, siehe Abb. 3.4).

Das allgemeine Ziel ist, die Wahl einer **Optimalstruktur** mit Hilfe des zahlenmäßigen Nachweises der Eigenwertmaßzahl zu belegen. Multipliziert man diesen Betrag für ein Anwendungsbeispiel mit dem Eigenwertmaßstab dieses Beispiels, siehe Abb. 3.4, dann ergeben sich der **maßstabsbehaftete Eigenwert** für den Vergleich der Strukturvarianten und die **Eigenfrequenz** in Hertz zur messtechnischen Kontrolle der rechnerisch ermittelten Eigenwerte.

Tritt beim beidseitig starr eingespannten Träger eine **konzentrierte Nutzlast** auf, dann nimmt der **Eigenwert** stark ab. Beträgt die **Nutzmasse** m der konzentrierten Last die Hälfte der gleichmäßig verteilten Eigenmasse, dann ist der erste Eigenwert nur 37,5 (siehe [4]). Laut [4] sind für die Einfeldträgermodelle die Grundeigenwerte, auch erste Eigenwerte genannt, maßgebend für die **Tragwerksdimensionierung.** Weiter sind noch die zweiten und dritten Eigenwerte enthalten zur Information, sie sind höher als die ersten Eigenwerte. Die höheren Eigenwerte erhalten erst Bedeutung, wenn mehr als fünf Tragwerksfelder vorhanden sind. In weiteren Tabellen wurden auch die Eigenlösungen für **mehrere Einzellasten** und für **Lastenzüge** veröffentlicht.

Da bei der Erfassung der **Eingabedaten** Fehler in den **Strukturaufbaudaten** zu vermeiden sind, wird eine **Indextafel** für ein Trägermodell mit sieben Rechenfeldern und sechs Einzelmassen eines Lastenzuges wiedergegeben. Dieses Beispiel kann für den Buchanwender, der noch nicht vertraut ist mit der **Indexierung,** zur anfänglichen Kontrolle der Richtigkeit dienen. Als Anwendungsbeispiel wird aus [4] ein Träger auf zwei Stützen mit sechs **Achsmassen** m ausgewählt. Die Achsabstände sind gleich. Als **Eingabedaten** der Indizes zur Berechnung der Eigenwerte und Eigenformen werden neben den maßstabsfreien Parametern der Rechenfeldlängen, Biegesteifigkeiten und gleichmäßig verteilten Eigenmassen die **Indizes der Randverformungen** je Feld wiedergegeben.

Feld-Nr.	Indizes der Randverformungen	am linken Feldrand			Indizes am rechten Rand		
		w	w′	w″	w	w′	w″
1		0	1	0	2	3	4
2		2	3	4	5	6	7
3		5	6	7	8	9	10
4		8	9	10	11	13	14
5		11	12	13	14	15	16
6		14	15	16	17	18	19
7		17	18	19	0	20	0

Also ergibt die Durchnummerierung der zu berechnenden Randverformungen die Zahl 20.

Während **Fehler** bei der Eingabe von Elementparametern nur einen relativ kleinen Einfluss auf die Richtigkeit der berechneten **Eigenwerte** und Verformungen haben, können falsche Indexzahlen große Auswirkungen ergeben. Im Extremfall kann sich das in **negativen Eigenwerten** ausdrücken. Eigenwerte sind Quadrate von natürlichen Zahlen, siehe Abb. 2.1, 2.2 und 2.3 im Kap. 2, sie drücken die Anzahl der Eigenbewegungen der verschiedenen Strukturarten aus, die in den Bildern dargestellt sind. Bei der Messung und Berechnung des **zeitlichen Eigenverhaltens** werden die Eigenfrequenzen in Hertz gemessen werden, zum Beispiel im metrischen **Maßeinheitensystem** durch die Anzahl Sekunden je Eigenverformung. Da in den Dateneingabeblättern zur Berechnung der Eigenlösungen auch **Genauigkeitsangaben** einzutragen sind, können die Berechnungsfehler erkannt und korrigiert werden.

Nach den Erläuterungen des Eigenverhaltens für Kragträger und Biegeträger auf zwei Stützen wird nachfolgend das Eigenverhalten von **Einfeldträgern mit Überständen an den Trägerenden** erläutert. Da besonders bei Brückentragwerken die Eigenwerte durch Überstände ohne und mit Einzellasten abnehmen, werden diese Einflüsse auf das Strukturverhalten bewertet. Maßgebend für die **Tragwerksdimensionierung** sind die Maßzahlen für die Grundeigenwerte, die auf die Maßstabsgrößen des Trägers auf zwei Stützen bezogen sind. Variiert werden die Überstandslänge und die Massenbeträge der Einzellasten an den Tragwerksenden.

Träger auf zwei Stützen mit beidseitigen **Überständen ohne Einzelmassen** an den Enden:

Bezogene Einzelmassen	Bezogene Überstandslängen	Bezogene Grundeigenwerte
0,00	0,250	79,9
0,00	0,500	30,0

Träger auf zwei Stützen mit beidseitigen **Überständen und mit Einzelmassen** an den Enden:

Bezogene Einzelmassen	Bezogene Überstandslängen	Bezogene Grundeigenwerte
0,05	0,1250	92,2
0,05	0,2500	71,4
0,05	0,3750	43,8
0,05	0,500	24,2
5,00	0,0625	51,9
5,00	0,1250	19,7
5,00	0,2500	5,20
5,00	0,3750	2,19
5,00	0,5000	1,16

Aus den variierten Wertebereichen der Einzelmassen und Überstandslängen erkennt man, wie sich die **Eigenwertmaßzahlen** vermindern. Beim Träger mit beidseitigen Überständen ohne Einzelmassen nimmt die Maßzahl auf 30,0 ab, wenn die Überstandslänge halbiert wird. Beim Träger mit Überständen und Einzelmassen nimmt die Eigenwertmaßzahl auf den Betrag 1,16 ab. AUs den Erfahrungen bei der Begutachtung von Tragwerken mit Berechnung und Messung der Eigenwerte sind besonders bei großen Überstandslängen Verformungsempfindlichkeiten der Srukturvarianten zu bemerken. Nach der obigen Tabelle ergibt sich bei Einzelmassen, die das Fünffache der Masse des Trägers ohne Überstände betragen, mit Überstandslängen vom Fünffachen der Trägerstützweite eine nicht mehr zulässige **Verminderung der Eigenwertmaßzahl.** Die Formeln zur Berechnung des maßgebenden, ersten Eigenwertes von Biegeträgerelementen sind in Abb. 3.1 am Beispiel des verformungsintensivsten Kragträgerelementes wiedergegeben und veranschaulicht. Ausführlich werden alle **Begriffe** von Eigenwertaufgaben im Abschn. 3.1.1 definiert und erläutert. Fasst man die **Erfahrungen** aus der Begutachtung von Projekten und strukturbedingten Schäden an vorhandenen Tragwerken zusammen, dann kann man **Eigenwertmaßzahlen** in der Größenordnung von 1 als unzulässig erklären. Zu empfehlen sind Mindesteigenwerte von 5 und mehr. Die **Konstruktionsmodelle** mit festen Stützen und verformungsempfindlichen Überständen erfassen nur die Beziehungen zwischen Verformungen infolge Eigenlasten und Nutzlasten. Nachfolgend werden noch die **Randbedingungen** der Konstruktionen variiert.

Einfeldträger mit einem festen Stützgelenk und einer elastisch nachgiebigen Stütze nach dem Tabellenwerk Schwingende Balken [4]:

In frühen Planungsphasen setzt man in der Regel unnachgiebige Randbedingungen voraus. Es gibt zum Beispiel beim Entwurf von Maschinenhallen Erfahrungen über die Berücksichtigung der **Nachgiebigkeit des Untergrundes** bei der Tragwerksdimensionierung. Zunächst sollen nur Konstruktionsmodelle von Einfeldträgern betrachtet werden. Die Erfahrungen und Eingabedaten zur Berechnung des Eigenverhaltens kann man dann auf Modelle von **Durchlaufträgern und Rahmenkonstruktionen** mit vielen Strukturelementen übertragen. Alle Arten von Nachgiebigkeiten wirken sich so aus, dass sich die berechneten **Eigenwerte** abmindern und dass sich bestimmte **Verformungen** vergrößern und räumlich verlagern. Für Vergleiche der Tragwerksvarianten zur Bewertung von optimalen Strukturen der Konstruktionen sind stets die auf Variantenmaßstäbe bezogenen **Eigenwertmaßzahlen** notwendig. In der Tab. 3.3 sind die berechneten Grundeigenwerte mit den zugehörigen Eigenformen bei Variation einer elastisch nachgiebigen Stütze wiedergegeben.

Die **elastische Nachgiebigkeit** wird zahlenmäßig erfasst durch die **Federkonstante** c (Stützkraft, geteilt durch die Randdurchbiegung w unter der Kraft). In der ersten Tabellenspalte der Tab. 3.3 sind die Quotienten dieser Konstanten bezogen auf die Konstante des Lagers, zum Beispiel eines Gummischichtenlagers für ein Brückenbauwerk, eingetragen. Diese bezogenen Maßzahlen wurden variiert zwischen 0,01 und unendlich (Variante des Einfeldträgers mit beiden unnachgiebigen Stützgelenken). Mit Hilfe der Anwendersoftware wurden die **Eigenwerte und Verformungen** aller sieben Modellvarianten berechnet. Für die Eigenwertmaßzahlen Lambda ergab sich der Wertebereich von 0,3000 bis 97,5 (beim Einfeldträger auf zwei festen Stützen).

Tab. 3.3 zeigt einen Biegeträger auf einem Stützgelenk und einer elastisch nachgiebigen Stütze mit Variation der Stützfederzahl c und Ergebnissen der Berechnung der ersten Eigenwertmaßzahlen Lambda und der auf den Betrag 1 normierten Randverformungen mit Skizzen.

Tab. 3.3 Biegeträger auf einem Stützgelenk

$\frac{c}{c_0}$	1. Eigenwert $\bar{\lambda}_1 = \lambda_1 / \lambda_0$	Randverformungen			Skizze des Verformungsverlaufs zwischen den Stützen
		Art	links	rechts	
0,01	0,3000	w	0	0,5774	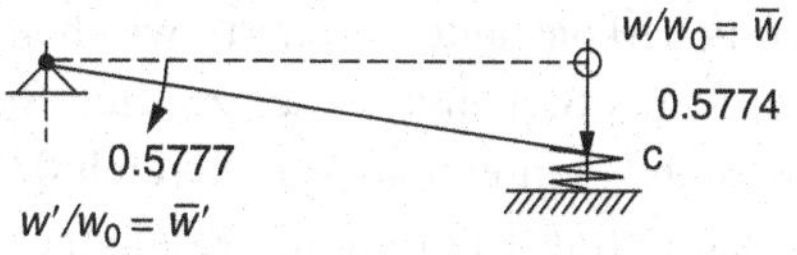 $w/w_0 = \bar{w}$; 0.5774; 0.5777; c; $w'/w_0 = \bar{w}'$
		w'	0,5777	0,5777	
		w''	0	0	
0,1	0,299	w	0	0,5775	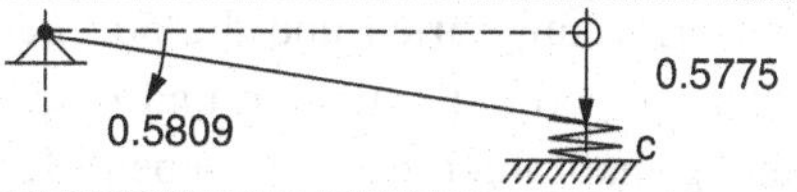 0.5775; 0.5809; c
		w'	0,5809	0,5737	
		w''	0	0	
1,0	2,94	w	0	0,5782	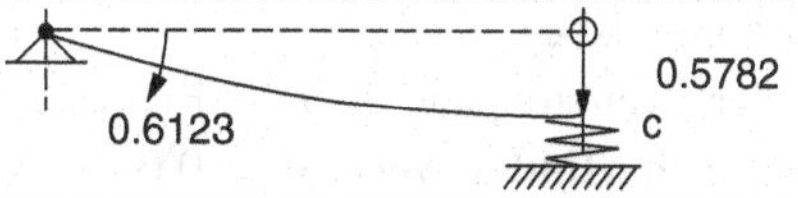 0.5782; 0.6123; c
		w'	0,6123	0,5392	
		w''	0	0	
10,0	24,8	w	0	0,5116	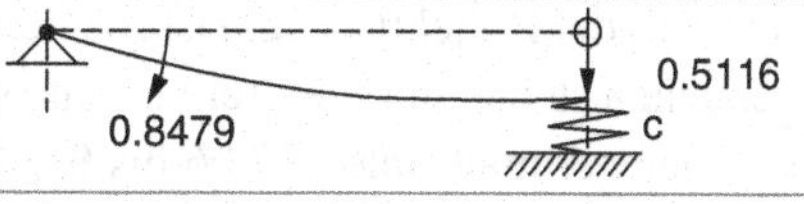 0.5116; 0.8479; c
		w'	0,8479	0,1395	
		w''	0	0	
100,0	79,8	w	0	0,0766	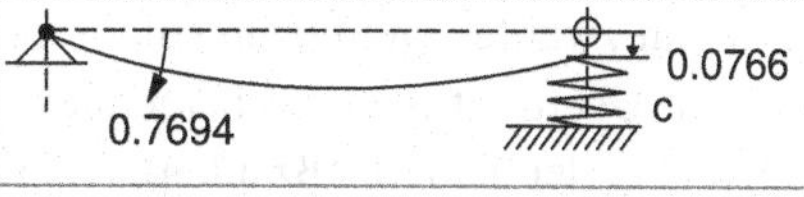 0.0766; 0.7694; c
		w'	0,7694	−0,6341	
		w''	0	0	
1000,0	95,6	w	0	0,0070	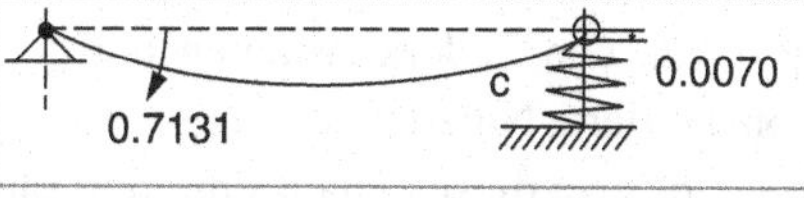 0.0070; 0.7131; c
		w'	0,7131	−0,7011	
		w''	0	0	
∞	97,5	w	0	0	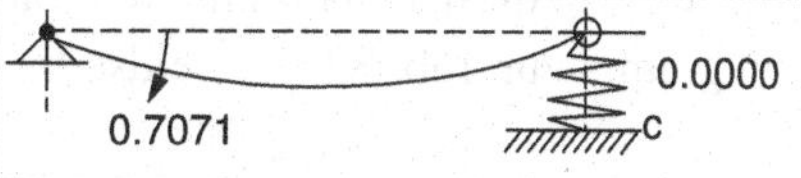 0.0000; 0.7071; c
		w'	0,7071	−0,7071	
		w''	0	0	

In den folgenden Spalten sind die jeweils auf den Betrag 1 normierten **Randverformungen** w, w′, w″ angegeben sowie die Durchbiegungsverläufe zwischen den Rändern veranschaulicht. Überblickt man die Biegelinien für alle sieben Modellvarianten, dann erkennt man, dass bei der ersten Variante mit der kleinsten Federkonstanten der Verlauf praktisch eine Gerade ohne Krümmung des Biegeträgers ist. Die **Eigenwertmaßzahlen** der ersten drei Varianten liegen unter dem aus Begutachtungen gefundenen **Mindestbetrag** von 5,0 und bedeuten eine hohe Verformungsempfindlichkeit sowie Nichtausnutzung der Biegesteifigkeit. Deshalb sollten bei der Tragwerksdimensionierung die folgenden vier Varianten mit Federzahlen von 10,0 bis unendlich (beim Träger auf zwei festen Stützen) gewählt werden.

Die Ergebnisse der Eigenwertberechnungen für Varianten mit unterschiedlicher Nachgiebigkeit der Stützen kann man in **Diagrammen** veranschaulichen, wie es im Buch [4] erfolgt ist. Beim Einfeldträger wurden dann für das Biegeträgermodell mit **beidseitig nachgiebigen Stützen** eine zusätzliche **konzentrierte Masse** in Feldmitte variiert, siehe Folgetabellen. Diese Modellart ist für Anwender des Hochbaus und des Brückenbaus bei **Rahmenkonstruktionen** von Bedeutung. Bei Stockwerkrahmen kommen im Hochbau neben den Elementdurchbiegungen, Verdrehungen und Krümmungen noch die horizontalen **Biegestabverschiebungen** in den einzelnen Etagen vor, siehe Kap. 5.

In Tab. 3.4 sind zunächst nur die **Federkonstanten an beiden Trägerrändern** variiert. Die Tabelle enthält sieben Einfeldträgervarianten. In der ersten Spalte sind die bezogenen Federkonstanten variiert zwischen 0,01 und unendlich (für den Einfeldträger auf zwei festen Stützen). In der zweiten Spalte sind die berechneten **Eigenwertmaßzahlen** Lambda mit einem Wertebereich 0,01 bis 97,5 zusammengestellt. In der Spalte der auf den Betrag 1 normierten Komponenten der **Randverformungen** sind die Symbole der Verformungsarten und die normierten Verformungsmaßzahlen am linken und am rechten Trägerrand enthalten und in der letzten Spalte sind die Veränderungen der Verformungsmaßzahlen bei den sieben Modellvarianten erläutert (das Symbol der Federkonstanten ist c).

Aus der zweiten Spalte über die Eigenwerte ist zu ersehen, dass die ersten drei **Varianten** unter dem **Mindestwert** von 5,0 (siehe Begründung oben) liegen und deshalb für die Anwendung in der Projektierung ausscheiden. Bei beidseitig elastisch gestützten Einfeldträgerelementen stehen nur die drei Varianten mit bezogenen Federzahlen 10,0 bis 1000,0 und den Eigenwertmaßzahlen 17,06 bis 93,8 zur Verfügung. Die letzte Variante des Einfeldträgers auf zwei festen Stützen stimmt praktisch zahlenmäßig mit der vorletzten Variante überein. Überträgt man die berechneten Eigenwerte in ein **Diagramm** (Eigenwertmaßzahlen über den Federmaßzahlen), dann erkennt man, dass die Eigenwerte sehr stark abhängen von den Federkonstanten bei dem beidseitig elastisch nachgiebigen Stützen ohne konzentrierte Nutzmassen.

Vergleicht man dieses Diagramm der Tab. 3.4 für nachgiebige Stützen mit dem analogen Diagramm zur Tab. 3.5 für beidseitig elastisch nachgiebige Randeinspannungen,

Tab. 3.4 Grundeigenwerte und Eigenverformungen des Einfeldträgers mit beidseitig elastisch nachgiebigen Stützen bei Variation der bezogenen Federkonstanten

Federkonstante	1. Eigenwerte	Randverformungen			Verformungsverläufe
		Art	links	rechts	Beschreibung der Verformungen
		w	0,7071	0,7071	Durchbiegungen extrem groß
0,001	0,0200	w′	0,0006	−0,0006	Verdrehungen extrem klein
		w″	0,0000	0,0000	Krümmungen durchgehend Null
		w	0,7071	0,7071	Durchbiegungen extrem groß
0,10	0,1997	w′	0,0589	−0,0589	Verdrehungen sehr klein
		w″	0,0000	0,0000	Krümmungen **zwischen den Rändern** sehr klein
		w	0,5357	0,5357	Durchbiegungen nehmen ab
10,0	17,06	w′	0,4615	−0,4615	Verdrehungen nehmen deutlich zu
		w″	0,0000	0,0000	Krümmungen nehmen deutlich zu
		w	0,0733	0,0733	Durchbiegungen nehmen sehr ab
100,0	68,5	w′	0,7033	−0,7033	Verdrehungen nehmen extrem zu
		w″	0,0000	0,0000	Krümmungen nehmen sehr zu
		w	0,0070	0,0070	Durchbiegungen sehr klein
1000,0	93,8	w′	0,7071	−0,7071	Verdrehungen extrem klein
		w″	0,0000	0,0000	Feldkrümmungen maximal
		w	0,0000	0,0000	Durchbiegungen sinusförmig
feste Stützen	97,5	w′	0,7071	−0,7071	Verdrehungen cosinusförmig
		w″	0,0000	0,0000	Krümmungsverlauf sinusförmig

so erkennt man, dass die Eigenwerte wenig abhängig sind von den **Drehfederkonstanten** C. Im Buch [4] wird noch der Einfluss **konzentrierter Massen** m berücksichtigt.

Nachfolgend wird das Eigenverhalten von **Einfeldträgern mit elastisch nachgiebigen Randeinspannungen** beschrieben, wobei vorausgesetzt wird, dass die Randdurchbiegungen Null sind. Sind die Einfeldträger Elemente von orthogonalen Rahmenstrukturen, dann sind gesondert noch die Verschiebungen der Elementachsen zu beachten.

Tab. 3.5 enthält die maßgebenden ersten Eigenwerte und Eigenverformungen und erläutert analog das Verformungsverhalten wie in Tab. 3.4. Die erste Modellvariante der Tabelle beginnt mit dem Einfeldträger auf zwei festen Stützen ohne Einspannungen. Die weiteren sechs Varianten in der Tabellenspalte sind analog unterteilt durch **bezogene Einspanngrade** zwischen 0,10 und unendlich bei starren Einspannungen.

Nach diesen Darlegungen über das Eigenverhalten von Einfeldträgern wird übergegangen auf Durchlaufträger mit **mehreren Strukturelementen** und auf die Definition der Strukturwahl mit dem Ziel der optimalen Dimensionierung von Konstruktionen aus struktureller Sicht bei der Ausschreibung von Baumaßnahmen nach maximalen Eigenwerten und minimalen Baupreisen.

Tab. 3.5 Grundeigenwerte und Eigenverformungen des Einfeldträgers mit elastisch eingespannten Trägerenden an beiden Seiten bei Variation der bezogenen Drehfederkonstanten in sieben Modellvarianten zwischen dem gelenkig gestützten Einfeldträger und dem starr eingespannten Biegeträger

Bezogene	1. Eigenwerte	Randverformungen			Verformungsverläufe
Konstanten		Art	links	rechts	Allgemeines Berechnungsverfahren
		w	0,0000	0,0000	**Lösungsansatz** zur Berechnung der potenziellen und kinetischen Energie aus den sechs Randverformungen w, w′ und w″, definiert als Hermitepolynom mit den dynamischen Verläufen zwischen den Elementrändern. Die **Lösungsgleichung** zur **Begleichung** lautet: Federmatrix × Verformungskomponenten = Eigenwertmaßzahl × Massenmatrixparameter × Verformungskomponenten. Für das **Anwendungsbeispiel** des elastisch eingespannten Biegeträgers mit den Randbedingungen und den **Eingabedaten** zum Strukturaufbau und den Elementparametern ergeben sich die berechneten **Eigenwertmaßzahlen** mit den bezogenen Verformungskomponenten und damit auch die **dynamischen Verformungsabläufe** als Berechnungsergebnisse. Die Folgezeilen gelten für starre Einspannungen mit der unendlich starren Einspannkonstanten und der **größten Eigenwertmaßzahl**.
0,00	97,5	w′	0,7071	−0,7071	
		w″	0,0000	0,0000	
		w	0,0000	0,0000	
0,10	101,4	w′	0,6833	−0,6833	
		w″	0,1820	0,1820	
		w	0,0000	0,0000	
1,0	133,6	w′	0,4428	−0,4428	
		w″	0,5513	0,5513	
		w	0,0000	0,0000	
10,0	299,1	w′	0,0633	−0,0633	
		w″	0,7043	0,7043	
		w	0,0000	0,0000	
100,0	466,8	w′	0,0064	−0,0064	
		w″	0,7071	0,7071	
		w	0,0000	0,0000	
1000,0	500	w′	0,0006	−0,0006	
		w″	0,7071	0,7071	
		w	0,0000	0,0000	
unendlich	500,4	w′	0,0000	0,0000	
		w″	0,7071	0,7071	

3.2 Durchlaufträger und Definition der Strukturwahl

Zunächst erfolgt die **Definition der Strukturwahl** zur Auswahl **optimaler Tragwerke** mit Hilfe von Berechnungsbefehlen nach **„Formeln“**, insbesondere nach der Dissertationsschrift „Dynamische Modelle“ [1]. Im Mittelpunkt steht die **Definition der Eigenwerte** und der dazugehörigen **Eigenformen.**

Als Beispielmodell wird das verformungsintensivste Konstruktionsmodell des in Abb. 3.1 skizzierten Modells eines einseitig eingespannten **Kragträgers** mit freiem Rand gewählt. Oben sind alle Symbole der **Eigenwertmaßzahl** Lambda mit den Parametermaßstäben angegeben. Darunter ist in einem logarithmischen Diagramm die Abhängigkeit der ersten Maßzahl Lambda von der bezogenen Drehfederkonstanten C dargestellt. Die Abszisse des Nomogramms reicht von 0,01 bis 100,0 und die Eigenvektorordinate 0,01 bis 100,0 und unter dem Diagramm ist die Berechnung des auf den Betrag 1 aus den vier

Randverformungskomponenten (0,5761, 0,0058, 0,5777 und 0,5783) bezogenen ??? wiedergegeben. Dazu gehören die Tab. 3.2 mit der ausführlichen Berechnung der **Eigenwerte** und **Eigenformen** und der Überblick über alle ausgewählten **Einfeldträgermodelle,** die in der Bautechnik am häufigsten vorkommen.

Im Mittelpunkt der **Bewertung von Elementen** von Biegetragwerken stehen die Trägerlängen, die Biegesteifigkeiten und die Eigenmassen je Längeneinheit. In den folgenden Arbeitsschritten werden dann die **Strukturaufbaudaten** je Feldrand mit Hilfe von **„Indizes“** der Verformungen an den einzelnen Feldrändern erfasst. Dazu wird die Gesamtheit der in der Bautechnik vorkommenden **Tragwerksarten** unterteilt in **Brückenbauten, Hochbauten** und **turmartige Tragwerke**:

- **Einfeldträger und Durchlaufträger** von Brücken und Hochbauten mit 2 bis 10 Feldern,
- **Rahmentragwerke** aus Biegestäben mit ein bis zehn Stockwerken und
- **turmartige Tragwerke** mit Variation der Baustoffverteilungen und Randbedingungen.

Die **Berechnungsalgorithmen** mit den einzelnen Berechnungsbefehlen, kurz **„Formeln“** der Anwendersoftware „Eigenwerte“ genannt, dienen dem **Programmierer** als Arbeitsschritte. Der Autor konzentriert sich auf die eigenen Erfahrungen und Erkenntnisse aus der **Begutachtung** ausgewählter Neubauprojekte und vorhandener Bauwerke mit strukturellen Schäden und Konstruktionsmängeln. Daraus entstand die Formulierung der **„Kunst des Strukturierens“,** zunächst für die Technik mit Anregungen für andersartige Disziplinen.

Die **Formel (1)** definiert den **Eigenwert** Lambda als Produkt der Eigenwertmaßzahl und dem Maßstab nach den Titeln [1, 2, 4] und [5] des Literaturverzeichnisses. Maßgebend ist die **erste Eigenwertmaßzahl** bei der Auswahl **optimaler Strukturen** und der Tragwerkdimensionierung. Bei vielen Elementen können fünf bis zehn Eigenwerte für die Dimensionierung maßgebend sein, wie die Erfahrungen zeigen.

Der Eigenwert ist eine **Zeitgröße**, sie kann messtechnisch durch die Eigenfrequenz überprüft werden mit der Maßeinheit der **Eigenfrequenz** in Anzahl der Eigenbewegungen je Sekunde.

Die **Formel (2)** zur Definition des **Eigenwertmaßstabes** für ein Anwendungsbeispiel ist ein Quotient, siehe Formel in Abb. 3.1 mit Beispielskizze. Im Zähler steht der Bewertungsparameter EI, wobei E der **Elastizitätsmodul** des Baustoffes ist und I das **Flächenträgheitsmoment** des Trägerquerschnitts. Im Nenner steht das Produkt der **Massenbelegung** mü mit der vierten Potenz der **Rechenfeldlänge**. Das bedeutet, dass der Längenparameter maßgebend ist bei **Variantenvergleichen**, wenn die Steifigkeit und Massenbelegung über die Feldlänge gleichmäßig verteilt sind. Treten Querschnittänderungen und konzentrierte Massen auf, müssen die Stützlängen in Rechenfeldlängen unterteilt werden.

In der **Formel (3)** wird der erste Eigenwert hervorgehoben, weil er stets rechnerisch bei der Auswahl einer **Optimalvariante** aus der Gesamtmenge konkurrierender Varianten zahlenmäßig nachzuweisen ist.

Mit der **Formel (4)** wird die Berechnung der **maßstabsfreien Eigenwertmaßzahl** – siehe Formel (1) – als Quotient definiert. Im Zähler steht die Matrix **C** aller **Federkonstanten** c, die durch die Maßstabskonstanten der Krafteinheiten je Einheit der sechs ausgewählten Verformungskomponenten (Durchbiegungen w, Verdrehungen w′ und Krümmungen w″ an beiden Elementrändern) geteilt werden, um maßstabsfreie Größen in der Matrix zu erhalten. Diese Federmaßzahlen werden multipliziert mit den maßstabsfrei gemachten und auf den Betrag 1 normierten **Verformungskomponenten** eta (siehe Abb. 3.1). Als Maßstabsdurchbiegung wird oft 1 Zentimeter gewählt, daraus ergeben sich auch die Maßstabsverdrehung und die Maßstabskrümmung. Im Nenner wird analog die Matrix **M** der **Massenträgheiten** m bezogen auf die Eigenmasse des Maßstabselementes der Modellstruktur und analog multipliziert mit den normierten Verformungskomponenten. Der Quotient drückt die **potentielle Energie** zur Erzeugung der Eigenverformungen im Rhythmus der Eigenfrequenz aus. Die **Gesamtstruktur** besteht aus n Strukturelementen. Die potentielle Energie wird bei Konstruktionen mit geringer Dämpfungszahl von hochwertigen Baustoffen wie Stahl, Spannbeton und Stahlbeton gleichgesetzt mit dem **Eigenwert.** Theoretisch gibt es so viele Eigenwerte wie Strukturelemente. Bei Einfeldträgern genügt es, die ersten drei Eigenwerte zu berechnen. Mit zunehmender Anzahl von **Strukturelementen** steigt die Anzahl der für Variantenvergleiche notwendigen Eigenwerte. Die Begutachtungserfahrungen zeigen, dass maximal zehn Eigenwerte ausreichen. Noch nicht berücksichtigt sind dabei **konzentrierte Nutzlasten** und **elastisch nachgiebige** Stützen. Nach der Erarbeitung der Matrizen **C** und **M** werden diese **Einzelbausteine** dadurch berücksichtigt, dass in den Hauptdiagonalen die Konstanten c und m hinzugefügt werden. Damit kann der **Lösungsansatz** „potentielle Energie = kinetische Energie" zur numerischen Berechnung der **Eigenwerte und Eigenverformungen** für Vergleiche von Strukturvarianten angewandt werden.

Die **Formel (5)** ist das **allgemeine Auswahlkriterium** zur Findung optimaler Strukturvarianten, formuliert durch den ersten Eigenwert nach der Formel (1): **Der erste Eigenwert soll ein Maximum erreichen!** Diese Formel zur Berechnung der Eigenwerte und Eigenformen von Anwendungsbeispielen fasst alle **Arbeitsschritte,** angefangen von der Erfassung der Strukturaufbaudaten und Elementparameter sowie der „Bausteindaten" (konzentrierte Lasten und Daten der elastisch nachgiebigen Stützen sowie der elastisch nachgiebigen Randeinspannungen) zusammen. Der Aufbau von Strukturen aus Elementen erfolgt mit Hilfe von **Federmatrizen** und **Massenmatrizen** zur iterativen Berechnung der Eigenwerte und -formen unter Vorgabe der Genauigkeit im Erfassungsformular. Die **Hauptformel (5)** wird untergliedert in den nachfolgenden Formeln für die einzelnen Arbeitsschritte. Als Formelsymbole wird die Zahl 5 ergänzt durch Buchstaben.

Die **Formel (5a)** hebt aus der Gesamtmenge der theoretisch möglichen Eigenwerte den **Grundeigenwert** hervor, auch 1. Eigenwert genannt, der stets bei der Berechnung und Auswahl von **Optimalvarianten** zahlenmäßig auszuweisen ist. Bei Tragwerken mit einer geringen Anzahl von Strukturelementen (drei bis zehn Elemente) reicht es aus, die ersten drei Eigenwerte bei der Elementdimensionierung nachzuweisen. Für **größere Strukturmodelle** sind in den Veröffentlichungen [4] und [5] mindestens vier Eigenwerte ausgewiesen. In der Regel betreffen höhere Eigenwerte verformungsintensive Tragwerksmodelle, bei denen die Eigenwertmaßzahlen auffallend klein und möglichst zu vermeiden sind.

Die **Formel (5b)** beschreibt **Eigenwertanalogien** von Einzelelementen. Dazu werden in Kap. 2 elf unterschiedliche Arten von Modellen der Mechanik, der angewandten Physik und der Elektrotechnik ausgewählt. In Abb. 2.1 sind eine Auswahl von drei **Elementarmodellen** der Mechanik mit drei **Grunddimensionen** der Zeit, der Länge und der Modellmasse und das Modell des **elektrischen Schwingkreises** mit den drei mechanischen Grunddimensionen und der Stärke des elektrischen Stroms skizziert und die Größensymbole mit eingetragen. Aus der letzten Tabellenzeile der Abb. 2.1 sind die **Eigenfrequenz** und die Modellparameter entnehmbar. In der Eigenwertmaßzahl der Formel (4) für mechanische Modelle kommen die Federkonstante c und die Massenkonstante m vor. In Abb. 2.2 sind fünf räumlich **einachsige Modelle** der Wellenausbreitung, des Maschinen- und Motorbaus, der Seildächer und von Saiteninstrumenten sowie des **Biegeträgers auf zwei Stützen** ausgewählt. Schließlich sind in Abb. 2.3 zwei **rechteckige Flächentragwerke** des Hochbaus angefügt. Aus Flächentragwerken kann man räumliche Konstruktionen aufbauen.

Diese Analogien für **technische Strukturen** gestatten Verallgemeinerungen für den Aufbau sowie die Bewertung von **Strukturelementen der belebten Natur.** Dabei können aus den Erfahrungen aus dem Aufbau von Strukturen und der Bewertung technischer Gesamtstrukturen aus Elementen sowie aus der Bewertung der Elementparameter Anregungen für die Strukturierung der belebten Natur abgeleitet werden. Beispielsweise kann man zunächst das **Patientenbefinden** des gesunden Menschen mit dem Vorzeichen + und des kranken Patienten mit dem Vorzeichen – versehen sowie durch Ziffern zwischen +4 bis −4 bewertet werden. Dazu müssten auch die **Behandlungsziele** quantifiziert werden, um den gesunden Patienten numerisch mit Zahlen dokumentieren zu können (zum Beispiel +2, +1).

Zum **Aufbau von Strukturen aus Elementen** wird das Modell einer **Industriehalle** aus einem horizontalen Dachträger und den beiden vertikalen Wandträgern ausgewählt. Da nur drei Elemente vorhanden sind, ist der **erste Eigenwert** maßgebend für die Wahl der Tragwerkstruktur unter Beachtung des nachgiebigen Untergrundes. Für die beiden vertikalen Rahmenstiele und den horizontalen Rahmenriegel wird vereinfachend angenommen, dass die **Elementparameter** gleich sind: Die Biegesteifigkeiten EI und die über die Stablängen gleichmäßig verteilten Eigenmassen je Längeneinheit werden durch den griechischen Buchstaben mü symbolisiert. Zur Berücksichtigung der horizontalen Verschiebungen und der Vertikalverschiebungen der beiden Stiele werden im **Strukturmodell** durch die drei Einzelmassen m im Dateneingabeblatt erfasst. Weiterhin werden zur Erfassung der elastisch nachgiebigen Fundamente die Federkonstanten c eingegeben.

Eine **Vergleichbarkeit** der Beispielstrukturen ist nur möglich, wenn alle **Eingabedaten** maßstabsfrei gemacht werden. Dazu sind je Anwendungsbeispiel **Maßstabsgrößen** festzulegen. Alle drei Modellparameter sind durch die Maßstäbe zu teilen, um maßstabsfreie Eingabedaten zu erhalten. Die Indizes der Randverformungen w, w' und w'' zum

Strukturaufbau sind ohnehin maßstabsfrei. Die Randverformungen sind auf den Betrag 1 normiert. Der Inhalt der **Eingabeformulare** zur Berechnung des Eigenverhaltens gliedert sich wie folgt:

- **Nummern der Strukturelemente** mit der Gesamtanzahl n (im Beispiel n = 3),
- **Elementparameter** l, EI und mü bezogen auf die Maßstabsgrößen des Beispiels,
- **Indizes** i der Verformungskomponenten je Element der Art w, w′ und w″ je Elementrand,
- **Indizes** der bezogenen Federzahlen c sowie der bezogenen Massezahlen m des Beispiels,
- **Anzahl der zu berechnenden Eigenwerte und -formen** des Modells und
- **Genauigkeit** der Eigenwerte und -formen (Beispiel: vier Stellen hinter dem Dezimalpunkt).

Im Ergebnis der **Berechnung des Eigenverhaltens** ergab sich die erste **Eigenwertmaßzahl** Lambda = 1,1760, wobei nach Begutachtungserfahrungen mindesten 10,0 erreicht werden soll. Den größten Einfluss übt beim Beispiel die Federzahl c aus. Also muss das **Fundament** so ausgebildet werden, dass sich der **Extremwert** 10,0 ergibt.

Nach der **Formel (5c) zum Strukturaufbau nach Arbeitsschritten** wurde die Anwendersoftware „Eigenwerte" erarbeitet, um Strukturvarianten zu berechnen und vergleichen zu können mit dem Ziel, optimale Varianten nach dem Kriterium einer möglichst großen Eigenwertmaßzahl zu erreichen. Der Einfluss der Parameter EI und mü ist relativ klein. Beim Beispiel der Industriehalle übt neben der Federzahl c allgemein die Wahl der **Längenparameter** der Elemente Einfluss aus, weil nach der Berechnungsformel für Eigenwerte die Länge mit der vierten Potenz eingeht, während die Steifigkeiten und Massenbelegungen nur linear eingehen.

Die **Formeln (5d) und (5e)** beschreiben die **Erfassung und den Aufbau** der Anwendungsbeispiele. Als Hauptquellen sind im Literaturverzeichnis die Quellen [1–8] zitiert. Die Grundlagen und die Lösung von Eigenwertaufgaben sind aus den Veröffentlichungen von Zurmühl [2] und dem Buch von Schwarz, Rudishauser und Stiefel [3] entnommen.

Die Demonstrationsbeispiele sind **Biegetragwerke** (Träger, Rahmen und Türme) (Abb. 3.6).

Mit Hilfe von **Einheitsbiegelinien** je Strukturelement des Hermitepolynomansatzes H nach sechs Koeffizienten a je Elementrand der Strukturelemente ist mit der **Formel (5e)** nach der Quelle [2] von Zurmühl der Lösungsansatz zur Berechnung der Eigenwerte und Eigenformen von Tragwerken aus hochwertigen Baustoffen wie Stahl, Spannbeton und Stahlbeton mit kleinen Dämpfungszahlen definiert. Die iterative Berechnung der Eigenwerte und -formen wird im Buch [3] von Schwarz, Rudishauser und Stiefel beschrieben.

Die **Formel (5e)** ist eine Gleichung. Auf der linken Gleichungsseite steht das Produkt des transponierten Verformungsvektors **eta** × Matrix **C** der maßstabsfrei gemachten Federkonstanten c (sechs elastische Widerstände gegen Durchbiegungen w, Verdrehungen w′

Seite 1

EIGENWERTE UND EIGENFORMEN BERECHNET NACH SCHEMATISIERTEN VERFAHREN VON ZUMUEHL
BIEGETRAGWERK BEISPIEL NR. 102 STRASSENBRUECKE CALAU-BRONKOW SYSTEM I.1

EINGABE

ZAHL DER GEWUENSCHTEN EIGENWERTE M=4
ORDNUNG DER SYSTEMMATRITZEN N= 56
ZAHL DER RECHENFELDER MIT KONSTANTER VERTEILUNG VON MASSE UND ELASTIZITAET R=19
GESAMTANZAHL DER EINZELBAUSTEINE P=0

EINZELBAUSTEINE NICHT VORHANDEN

Seite 2

FELDER MIT KONSTANTER VERTEILUNG VON MASSE UND ELASTIZITAET
INDEXTAFEL

LINKER RAND					RECHTER RAND			BEZOGENE FELDKONSTANTEN FELDLAENGE	MASSENBELEGUNG	BIEGESTEIFIGKEIT
1.	FELD	1	2	0	3	4	5	.11484	.77248	.24669
2.	FELD	3	4	5	6	7	8	.11484	.95782	.84396
3.	FELD	6	7	8	9	10	11	.11484	1.14317	1.99255
4.	FELD	9	10	11	12	13	14	.06855	1.34240	3.42591
5.	FELD	12	13	14	0	15	16	.04629	1.65427	5.29553
6.	FELD	0	15	16	17	18	19	.04629	1.65427	5.29553
7.	FELD	17	18	19	20	21	22	.07871	1.35072	3.51242
8.	FELD	20	21	22	23	24	25	.12500	1.17037	2.17136
9.	FELD	23	24	25	26	27	28	.12500	1.06548	1.36796
10.	FELD	26	27	28	29	30	31	.25000	1.00000	1.00000
11.	FELD	29	30	31	32	33	34	.12500	1.06548	1.36796
12.	FELD	32	33	34	35	36	37	.12500	1.17037	2.17114
13.	FELD	35	36	37	38	39	40	.07871	1.35072	3.51248
14.	FELD	38	39	40	0	41	42	.04629	1.65427	5.29553
15.	FELD	0	41	42	43	44	45	.04629	1.65427	5.29553
16.	FELD	43	44	45	46	47	48	.06855	1.34240	3.42591
17.	FELD	46	47	48	49	50	51	.11484	1.14317	1.99255
18.	FELD	49	50	51	52	53	54	.11484	.95782	.84396
19.	FELD	52	53	54	55	56	0	.11484	.77248	.24669

VORGEGEBENE GENAUIGKEIT EPS1 = 1.00000e-08

AUSGABE

Seite 3

NUMMER N	EIGENWERTE LAMBDA	ENERGIE U,T POT.	KINET.	RANDGROESSE LINKS, RECHTS	VERFORMUNG AM RAND MIT DER NUMMER					
					0	1	2	3	4	5	6
1	5,747,239		.06747	DURCHB, L	-0.692750	-0.510660	-0.033346	-0.016317	-0.006501	0.000000	0.006403
			.06747	VERDRE, L	0.159239	0.156633	0.151086	0.144912	0.141400	0.139440	0.137120
				KRUEMM, L	0.000000	-0.401380	-0.050893	-0.058984	-0.468990	-0.042996	-0.064367
				KEINE NULLSTELLEN DER DURCHBIEGUNG INNERHALB DER FELDRAENDER							
					7	8	9	10	11	12	13
				DURCHB, L	0.016930	0.031821	0.425960	0.042596	0.031821	0.016930	0.006403
				VERDRE, L	0.129945	0.106954	0.063464	-0.063464	-0.106954	-0.129945	-0.137120
				KRUEMM, L	-0.127029	-0.245530	-0.459914	-0.459914	-0.245530	-0.127029	-0.064367
					14	15	16	17	18	19	
				DURCHB, L	0.000000	-0.006501	-0.016317	-0.033346	-0.051066	-0.069275	
				VERDRE, L	-0.139440	-0.141400	-0.144912	-0.151086	-0.156633	-0.159239	
				KRUEMM, L	-0.042996	-0.046899	-0.058084	-0.050893	-0.050893	0.000000	
					0	1	2	3	4	5	6
2	336.46795		.09000	DURCHB, L	0.480150	0.032562	0.019040	0.008182	0.003014	0.000000	-0.002669
			.09000	VERDRE, L	-0.137281	-0.126886	-0.105247	-0.081786	-0.068687	-0.061449	-0.053853
				KRUEMM, L	0.000000	0.158473	0.195892	0.217932	0.173637	0.158864	0.191465
				KEINE NULLSTELLEN DER DURCHBIEGUNG INNERHALB DER FELDRAENDER							
					7	8	9	10	11	12	13
				DURCHB, L	-0.006219	-0.008430	-0.005978	0.005978	0.008430	0.006819	0.002669
				VERDRE, L	-0.036316	-0.000189	0.036474	0.036474	-0.000189	-0.036312	-0.053853
				KRUEMM, L	0.267500	0.301983	0.252011	-0.252011	-0.301983	-0.267500	-0.191465
				KEINE NULLSTELLEN DER DURCHBIEGUNG INNERHALB DER FELDRAENDER							
								0.5000			
					14	15	16	17	18	19	
				DURCHB, L	0.000000	-0.003014	-0.008182	-0.019040	-0.032562	-0.048015	
				VERDRE, L	-0.061449	-0.068687	-0.081786	-0.105247	-0.126886	-0.137281	
				KRUEMM, L	-0.158864	-0.173637	-0.217932	-0.195892	-0.158473	0.000000	
				KEINE NULLSTELLEN DER DURCHBIEGUNG INNERHALB DER FELDRAENDER							
					0	1	2	3	4	5	6
3	1042.37987		.09985	DURCHB, L	-0.025363	-0.013954	-0.055150	-0.000942	-0.000007	0.000000	-0.000427
			.09985	VERDRE, L	0.103665	0.087295	0.054973	0.022183	0.004780	-0.004568	-0.013705
				KRUEMM, L	0.000000	-0.243616	-0.282951	-0.294370	-0.226383	-0.203503	-0.217046
				KEINE NULLSTELLEN DER DURCHBIEGUNG INNERHALB DER FELDRAENDER							
								.0343			
					7	8	9	10	11	12	13
				DURCHB, L	-0.002213	-0.007539	-0.013621	-0.013621	-0.007539	-0.002213	-0.000427
				VERDRE, L	-0.038090	-0.501480	-0.041520	0.041530	0.050148	0.030809	0.013705
				KRUEMM, L	-0.223821	-0.069944	0.225299	0.225299	-0.699440	-0.223821	-0.217046
				KEINE NULLSTELLEN DER DURCHBIEGUNG INNERHALB DER FELDRAENDER							
					14	15	16	17	18	19	
				DURCHB, L	0.000000	-0.000007	-0.000942	-0.005515	-0.013954	-0.025363	
				VERDRE, L	0.004568	-0.004780	-0.022183	-0.549730	-0.087295	-0.103665	
				KRUEMM, L	-0.203503	-0.226383	-0.294370	-0.282951	-0.243616		
				KEINE NULLSTELLEN DER DURCHBIEGUNG INNERHALB DER FELDRAENDER							
					.9657						
					0	1	2	3	4	5	6
4	383,006,880		.07869	DURCHB, L	-0.010387	-0.002337	0.001983	0.002368	0.001186	0.000000	-0.001407
			.07869	VERDRE, L	0.760880	0.053988	0.017270	-0.011284	-0.022973	-0.028221	-0.032215
				KRUEMM, L	0.000000	-0.305082	-0.283184	-0.216523	-0.135460	-0.106474	-0.764370
				KEINE NULLSTELLEN DER DURCHBIEGUNG INNERHALB DER FELDRAENDER							
						.4230					
					7	8	9	10	11	12	13
				DURCHB, L	-0.004085	-0.007400	-0.006311	0.006311	0.007400	0.004085	0.001407
				VERDRE, L	-0.034140	-0.014459	0.031807	0.031807	-0.014459	-0.034314	-0.032215
				KRUEMM, L	0.031359	0.280115	0.388260	-0.388260	-0.280119	-0.031359	0.076437
				KEINE NULLSTELLEN DER DURCHBIEGUNG INNERHALB DER FELDRAENDER							
					14	15	16	17	18	19	
				DURCHB, L	0.000000	-0.001186	-0.002368	-0.001983	0.002337	0.010387	
				VERDRE, L	-0.028214	-0.022973	-0.011284	0.017270	0.053988	0.076088	
				KRUEMM, L	0.106474	0.135460	0.216523	0.283184	0.305082	0.000000	
				KEINE NULLSTELLEN DER DURCHBIEGUNG INNERHALB DER FELDRAENDER							
								.5770			

Anzahl der Iterationen = 116

Abb. 3.6 Rechnerausdruck Calau-Bronkow – Darstellung mit Eingabedaten und Eigenlösungen zur Formel (5c)

und w″ eines Elementes) × Verformungsvektor **eta.** Auf der rechten Formelseite steht das Produkt der **Eigenwertmaßzahl** (Eigenwert geteilt durch Eigenwertmaßstab) × transponierten Eigenvektor **eta** × Massenmatrix **M** der bezogenen Eigenmassenbeträge m × Eigenvektor **eta** (analog ermittelt wie das Vektor-Matrix-Produkt auf der linken Seite).

Zu den Gleichungen sind noch die Symbole der **Größendimensionen** angegeben (Länge L, Masse M und Zeit). In der Quelle [2] sind von Zurmühl noch die Berechnung der **Energiepotenziale** U (potenzielle Energie) und T (kinetische Energie) als Integralansätze mit den Elementparametern l, der Biegesteifigkeiten EI und der Massenbelegung mü sowie mit den Biegemomentenlinien M(x) und den Durchbiegungslinien w(x) angegeben. Unter den **Einheitsbiegelinien** versteht man den jeweiligen Verlauf der Durchbiegungen entlang der Biegestabsachsen x zwischen den Elementrändern. Dabei hat in den sechs Hermitefunktionen eine bezogene Verformungskomponente der Art w, w′ und w″ an den beiden Elementrändern den Betrag 1 und alle übrigen Komponenten sind Null.

Zunächst wird für die **Gesamtstruktur** eines Tragwerkes ein Grundmodell gebildet, das bei Biegetragwerken nur aus n **Rechenfeldern** mit gleichmäßig über die Feldlänge verteilten Biegesteifigkeiten und Massenbelegungen besteht (zum Beispiel infolge Eigengewicht). Dafür hat Zurmühl die **Formeln (5f)** für die bezogene **Federmatrix** und die bezogene **Massenmatrix** ein für alle Mal berechnet und veröffentlicht. In den Formeln sind für alle Matrizenfaktoren **Symbole** der Ausgangsparameter in Maßeinheiten für die Längen l, die Biegesteifigkeiten EI und die Massenbelegungen mü mit einem Querbalken versehen. Die einzelnen 36 **Matrixelemente** je Matrix enthalten bezogene Elementlängen mit Zahlen. Die Exponenten der Zahlen sind unterschiedlich, sie liegen zwischen Null und 4, daraus wird deutlich, wie groß der Einfluss der Längen auf die einzelnen **Energiegrößen** zur Erzeugung der Elementverformungen und Elementbewegungen ist. Den größten Einfluss auf das Eigenverhalten haben also die **Elementlängen** und damit auch die Eigenwerte der Gesamtstruktur zur Auswahl **optimaler Strukturvarianten.**

Zurmühl hat dann die **Strukturaufbauformel (5g)** aus den Matrizen **C** und **M**, den Inzidenzmatrizen **K** und den Verformungsvektoren **eta** sowie den **Eigenwertmaßzahlen** Lambda zur Berechnung der potenziellen U und der kinetischen Energie T formuliert. Als Anwendungsbeispiel wird eine dreistäbige **Industriehalle** als Modell aus dem horizontalen Dachträger und den beiden vertikalen Wandträgern mit elastisch nachgiebigem Untergrund beschrieben.

Ermittlung der sechs **Einheitsbiegelinien** je Strukturelement beim Beispiel eines Biegetragwerkes nach dem französischen Mathematiker Charles Hermite (1822–1901): Dieses Beispiel gilt, wenn die Randdurchbiegungen w, Verdrehungen w′ und Krümmungen w″ maßgebend sind bei der Auswahl von **Optimalvarianten** (Längskraft- und Querkraftverformungen sind klein). Für die auf Maßstäbe bezogenen sechs Arten von Randverformungen w, w′ und w″ je Element mit den bezogenen Elementlängen, Biegesteifigkeiten und Massenbelegungen und den sechs **Verformungskomponenten** beschreibt die **Formel (5d)** als Funktion w des Durchbiegungsverlaufs und die Hermitefunktion H mit Parabelfunktionen H und Koeffizienten a. Die Bezüge auf Maßstäbe aller Einflussgrößen sind deshalb erforderlich, weil das Ziel der Berechnung des **Eigenverhaltens** der Variantenvergleich konkurrierender

Tragwerksmodelle und die Auswahl der strukturgerechten **Optimalvariante** von Biegeträgerkonstruktionen ist. Dazu gehört auch die Festlegung einheitlicher **Maßstäbe** für die Dimensionierung der Projekte und vorhandenen Bauwerke mit Schäden. Die **Hermitekoeffizienten** a der **Matrix** weisen an, dass jede Verformungskomponente eta = 1 ist mit eta = Null der anderen Komponenten. Die Formel (5d) der bezogenen Durchbiegung w in Abhängigkeit von der bezogenen Abszisse ksi summiert die sechs Produkte der Einzelverformungen mit den bezogenen Elementlängen und den sechs Koeffizienten des Polynomansatzes, s. Abb. 3.7. Die **Indizes** der Koeffizienten der Matrix (5d) sind Null, positive oder negative Zahlen, sie steuern die Bewertung der sechs Summanden in der Formel (5d).

Je Strukturelement gibt es **sechs Einheitsbiegelinien,** bei denen jeweils eine Verformungskomponente den Betrag 1 hat und die anderen Randverformungen Null sind. Die Biegelinien zwischen den Rändern werden durch **Hermitepolynome** H der Elementverformungen in Abhängigkeit von der auf die Elementlänge l bezogenen Abszisse ksi beschrieben. Auf der linken Seite der drei Skizzen der Abb. 3.8 sind die Einheitsbiegelinien mit maßstabsfreien Parabelfunktionen der Durchbiegungen, der Verdrehungen und Krümmungen infolge der Randverformungen **eta** = 1 bei gleichzeitiger Nullsetzung der anderen Randverformungen beschrieben. Dazu sind rechts die drei Einheitsbiegelinien des **Durchbiegungsverlaufs,** des **Verdrehungsverlaufs** und des **Krümmungsverlaufs** für die drei Verformungskomponenten des linken Elementrandes skizziert.

Nach der Definition der Einheitsbiegelinien wird in der **Formel (5e)** zur Berechnung der Eigenwerte Lambda als Energiegleichung mit Hilfe von **Eigenformvektoren y, der Federmatrix C und der Massenmatrix M** formuliert. Auf der linken Gleichungsseite steht die Hälfte des Produktes vom transponierten Verformungsvektor **y**′ × Federmatrix

$$\overline{w}_\zeta(\xi_\zeta) = \sum_{i=1}^{bis6} = \overline{w}_{\zeta-1}H_1 + \overline{l}_\zeta \overline{w}'_{\zeta-1}H_2 + \overline{l}_\zeta^2 \overline{w}''_{\zeta-1}H_3 + \overline{w}_\zeta H_4 + \overline{l}_\zeta \overline{w}'_\zeta H_5 + \overline{l}_\zeta^2 \overline{w}''_\zeta H_6$$

mit dem allgemeinen Polynomansatz

$$H_s(\xi_\zeta) = a_0 + a_1\xi_\zeta + a_2\xi_\zeta^2 + a_3\xi_\zeta^3 + a_4\xi_\zeta^4 + a_5\xi_\zeta^5,$$

mit den Koeffizienten a_s je Hermitepolynom:

$H_s(\xi_\zeta)$	a_0	a_1	a_2	a_3	a_4	a_5	Rand	$\eta_i = 1$ mit $\eta_k = 0$
H_1	1	0	0	-10	15	-6		$\overline{w}_{\zeta-1} = 1$
H_2	0	1	0	-6	8	-3	$\zeta-1$	$\overline{w}'_{\zeta-1} = 1$
H_3	0	0	1/2	-3/2	3/2	-1/2		$\overline{w}''_{\zeta-1} = 1$
H_4	0	0	0	10	-15	6		$\overline{w}_\zeta = 1$
H_5	0	0	0	-4	7	-3	ζ	$\overline{w}'_\zeta = 1$
H_6	0	0	0	1/2	-1	1/2		$\overline{w}''_\zeta = 1$

Abb. 3.7 Berechnung der **Einheitsbiegelinien** mit Größensymbolen und dem Polynomansatz

Einheitsbiegelinien

Beschreibung der Einheitsbiegelinien durch Hermitepolynome H

$H_1(\xi_\zeta) = 1 - 10\xi_\zeta^3 + 15\xi_\zeta^4 - 6\xi_\zeta^5$

infolge $\eta_1 = w_{\zeta-1} = 1$

bei $\eta_2 = \eta_3 = \eta_4 = \eta_5 = \eta_6 = 0$

$H_2(\xi_\zeta) = \xi_\zeta - 6\xi_\zeta^3 + 8\xi_\zeta^4 - 3\xi_\zeta^5$

infolge $\eta_2 = \overline{w}'_{\zeta-1} = 1$

bei $\eta_1 = \eta_3 = \eta_4 = \eta_5 = \eta_6 = 0$

$H_3(\xi_\zeta) = 1/2\,(\xi_\zeta^2 - 3\xi_\zeta^3 + 3\xi_\zeta^4 - \xi_\zeta^5)$

infolge $\eta_3 = \overline{w}''_\zeta = 1$

bei $\eta_1 = \eta_2 = \eta_4 = \eta_5 = \eta_6 = 0$

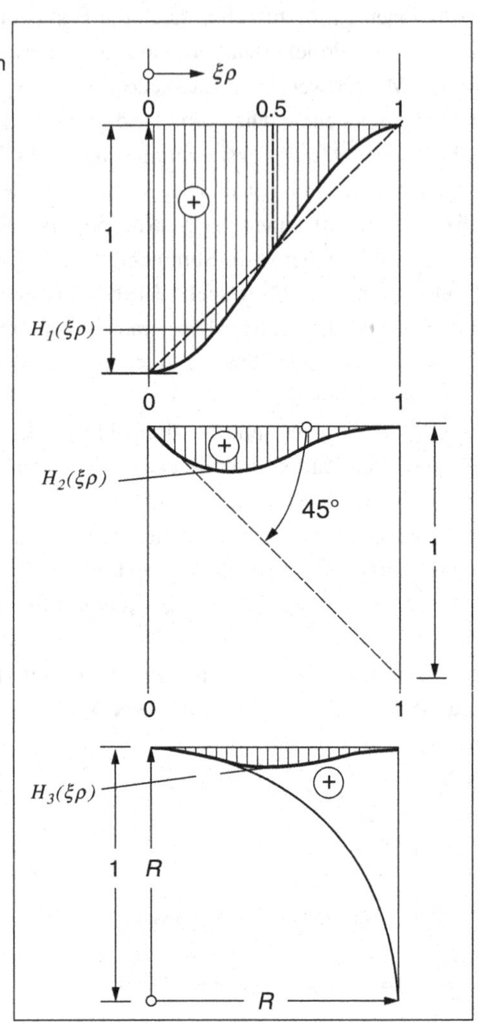

Abb. 3.8 Einheitsbiegelinien

C × Verformungsvektor **y** = der Hälfte des Eigenwertes Lambda × transponierten Verformungsvektors **y**′ × Massenmatrix **M** × Verformungsvektor **y** unter Angabe der **Dimensionen** der Länge L, der Masse M und der Zeit T in Energieeinheiten. Für ein bestimmtes Anwenderland gelten die gesetzlichen **Maßeinheiten** (zum Beispiel in Europa die Längeneinheiten in Metern, die Masseneinheit in Tonnen und die Zeiteinheit in Sekunden). Dabei bedeuten die **Formelsymbole** in der Formelgleichung:

- **y Eigenvektor** beim Biegeträgerelement aus den sechs Komponenten mit Randverformungen der Durchbiegung w, der Querschnittverdrehung w′ und der Krümmung w″ (siehe Erläuterungen zur Formel (5d) über die Einheitsbiegelinien), geschrieben als Zeilenvektor,

- y' **transponierter Eigenvektor,** Spaltenvektor, erzeugt durch die Zeilenvektorspiegelung,
- **C** Matrix der Federkonstanten c mit sechs Zeilen und sechs Spalten eines Strukturelementes,
- **M** Matrix der Massenkonstanten m mit sechs Zeilen und sechs Spalten.

Potentielle Energie = kinetische Energie (bei hochwertigen Baustoffen der Tragwerke):

$$\mathbf{1/2y'Cy = \lambda_n / 2\,y'My \;\; in\left[L^2MT^{-2}\right]}$$

Bevor die Energiegleichung berechnet werden kann, müssen die Verformungskomponenten aller Strukturelemente durchnummeriert werden und als Indizes in der **Inzidenzmatrix K** erfasst werden. Die Matrizen **C** und **M** der einzelnen Strukturelemente enthalten 6 Zeilen und 6 Spalten, also 36 Verformungskomponenten, von denen einige Null sind. Diejenigen Komponenten, die nicht Null sind, werden in der Reihenfolge der Feldelemente indexiert.

Das Ergebnis ist die Inzidenzmatrix **K** der **Gesamtstruktur** aus allen Strukturelementen. Jedes Feld hat 6 Elemente. Zieht man die Anzahl der Verformungskomponenten je Feld, die Null sind, ab, dann erhält man die **Anzahl r der Indizes** der betrachteten Gesamtstruktur des Anwendungsbeispiels, also $r < n$. Das Anwendungsbeispiel einer **Industriehalle** mit drei Biegestäben des Rahmentragwerkes dient zur **Erläuterung des Strukturaufbaus.** Bei diesem Beispiel ergibt sich die Anzahl der Verformungskomponenten 9, also ist $r = 9$ eine Inzidenzmatrix mit 6 Spalten und 9 Zeilen für den Aufbau der Rahmengesamtstruktur aus drei Strukturelementen mit ihren drei **Elementmatrizen** der drei Rahmenstäbe.

Wenn wie im Beispiel mit 3 Feldern (mit gleichmäßig verteilten Biegesteifigkeiten EI und Massenbelegungen mü) auch noch **„Einzelbausteine“** (elastisch nachgiebige Gründung mit zwei Federkonstanten c an den Stielfüßen und drei konzentrierte Massen m des Rahmenriegels und der beiden Rahmenstiele) vorkommen, dann werden die Konstanten c und m in der **Hauptdiagonale der Systemmatrix** aus $9 \times 9 = 81$ Elementen zu den Matrixelementen in der Hauptdiagonale hinzu addiert, die sich aus der Biegesteifigkeit und Massenbelegung der drei Biegestäbe mit den Einzelbausteinen des Grundmodells ergeben haben.

Um die Gesamtstruktur der **Tragwerkmatrix** aus 81 Matrixelementen beim Rahmenbeispiel aus drei Biegestäben mit Einzelbausteinen (zwei Federn und drei konzentrierte Massen) aufbauen zu können, müssen die einzelnen **Energieanteile** zur Erzeugung der Eigenformen berechnet werden. Zunächst wird ein Biegestab als **Maßstabsfeld** mit der Maßstabslänge l, der Biegesteifigkeit EI und der Massenbelegung mü ausgewählt. Auf diese Maßstabsparameter werden alle Größen der drei Rahmenfelder sowie die Federkonstanten und Einzelmassen bezogen. Beim **Anwendungsbeispiel** einer Industriehalle aus drei Stäben sind die Symbole der Beispielgrößen und Maßstäbe erläutert. Die einzelnen Beispielelemente mit den Indizes $i = 81$ und $k = 1$ bis 81 der **potenziellen Energie** und **kinetischen Energie** sind aus der Berechnung der Einheitsbiegelinien ersichtlich. Die

Formeln zur Berechnung der **maßstabsbehafteten Energiegrößen** U und T gehen aus den nachfolgenden Integralansätzen über die jeweiligen Elementlängen l und Abszissen x der Elementachsen innerhalb der Elementlängen hervor. Beispielsweise hängt die kinetische Energie T von der **Eigenwertmaßzahl** Lambda, von der Massenbelegung mü und vom Durchbiegungsverlauf w(x) innerhalb der Elemente ab. Das Symbol für die bezogene Feldabszisse x/l ist ksi. Analog ergibt sich die potenzielle Energie U aus der Biegesteifigkeit und den Biegemomentenlinien.

Die von **Maßstäben** befreiten **Feldmatrixelemente** können der Literatur entnommen werden. Zurmühl [2] gibt die bezogenen **Federkonstanten** und **Massenkonstanten** je bezogene Feldlänge. Diese **„Systemkonstanten"** wurden ein für alle Mal wie folgt berechnet. Die **numerische Berechnung** des Strukturaufbaus erfolgt mit maßstabsfrei gemachten Eingabedaten mit Hilfe der **Anwendersoftware „Eigenwerte".**

Potentielle Energie $U_{lk} = \frac{1}{2(EI)_\zeta} \cdot \int_0^{l_\zeta} M_l(x_\zeta) \cdot M_k(x_\zeta)\, dx_\zeta$ in $[L^2MT^{-2}]$ mit den Symbolen M_l und M_k für die **Biegemomentenlinien** des betrachteten Feldes ζ der Länge l_ζ.

Kinetische Energie $T_{lk} = \frac{\lambda_n \cdot \mu_\zeta}{2} \cdot \int_0^{l_\zeta} w_l(x_\zeta) \cdot w_k(x_\zeta)\, dx_\zeta$ in $[L^2MT^{-2}]$ mit den Symbolen w_l und w_k für die **Biegelinien** mit den Einheitsgrößen am linken und rechten Feldrand.

Die **Formeln (5f)** geben die von Zurmühl, siehe [2] im Literaturverzeichnis, ein für alle Mal berechnete **Federmatrix** in maßstabsfreier Schreibweise und analog die **Massenmatrix** wieder. Sie enthalten einen Matrixfaktor und die Matrizen mit sechs Zeilen und sechs Spalten für das **Grundmodell** der Tragwerkstruktur ohne die **Einzelbausteine** (Federkonstanten c elastisch nachgiebiger Feldränder und konzentrierter Massen m). Die Symbole sind mit **Querbalken** versehen. Sie bedeuten, dass die Faktoren vor den Matrizen und die Elementlängen l in den Matrizen maßstabsfrei sind. Der Faktor vor der **Federmatrix** ist linear abhängig von der Biegesteifigkeit EI, der Nenner des Faktors ist das Siebzigfache der dritten Potenz der bezogenen Feldlänge l. Die 6 × 6 = 36 bezogenen Federkonstanten je Randverformung sind Konstanten ohne oder mit Längenmaßzahlen, die symmetrisch zur **Hauptdiagonalen** sind. In der Diagonalen ist zum Beispiel die größte Maßzahl 1200 und die kleinste Maßzahl 6 enthalten. Die Maßzahlen können positiv oder negativ sein. Ähnlich ist die **Massenmatrix** aufgebaut: Der Matrixfaktor enthält im Zähler die bezogene Eigenmasse des Elements (Massenbelegung × Elementlänge), geteilt durch den Faktor 55440. Die größte Massenkonstante in der Hauptdiagonale ist 21720 und die kleinste Konstante ist 6. Aus den Matrizenelementen (Konstanten × bezogene Längen) mit verschiedenen Exponenten ist ersichtlich, dass bei der Berechnung der **Eigenwerte und Eigenformen** die Längenmaßzahlen richtig sein müssen. Fehler in den Eingabedaten der Biegesteifigkeiten EI und der Massenbelegungen mü bei der **Tragwerksdimensionierung** haben einen relativ geringen Einfluss auf die berechneten Eigenwerte und Eigenformen

als Kriterium zur Auswahl **optimaler Tragwerkstrukturen** bei der Planung von Neubauten oder Begutachtung der Schäden vorhandener Konstruktionen. Sind auch **Einzelbausteine** wie beim Anwendungsbeispiel eines Rahmens aus drei Biegestäben mit elastisch nachgiebigen Stützen und konzentrierten Massen vorhanden, dann müssen in der Federmatrix und in der Massenmatrix die bezogenen Federkonstanten der beiden vertikalen Stäbe und des horizontalen Rahmenriegels zu den oben beschriebenen **Konstanten der Hauptdiagonalen** addiert werden, wie für das Beispiel der **Industriehalle** aus drei Stäben beschrieben ist.

Die **Formeln (5f)** zur Berechnung der einzelnen **Feder- und Massenkonstanten** ergeben sich aus Integralen zur Berechnung der potenziellen und kinetischen Energie aus Hermitepolynomen H (mit Konstanten c der Federkonstanten der Krümmungsverläufe H″ je Feld und mit Konstanten m der Durchbiegungsverläufe H je Feld). Drei Einheitsbiegelinien der Einheitsbiegelinien H zur Formel (5d) wurden dazu skizziert und erläutert.

$$\left(\bar{c}_{lk}\right)_\zeta = \frac{\left(\overline{EI}\right)_\zeta}{l_\zeta^3} \cdot \int_0^1 H_1'' \cdot H_k'' d\xi_\zeta \quad \text{in}[1]\,\text{und}$$

$$\left(\bar{m}_{lk}\right)_\zeta = \bar{\mu}_\zeta \cdot \overline{l_\zeta} \cdot \int_0^1 H_1 \cdot H_k d\xi_\zeta \quad \text{in}[1]\,\text{mit dem Ergebnis:}$$

Ergebnis der Berechnung der Federmatrix und der Massenmatrix für jedes Element einer Tragwerkstruktur ohne Einzelbausteine c und m, die vor dem Strukturaufbau noch in den Hauptdiagonalen einzufügen sind:

Federmatrix

$$\bar{C}_\zeta = \frac{\overline{EI}}{\bar{l}_\zeta^3}\frac{C_\zeta}{c_0} = \frac{\overline{EI}}{70\bar{l}_\zeta^3}$$

1200	600 $\bar{l}_\zeta$	30 $\bar{l}_\zeta^2$	−1200	600 $\bar{l}_\zeta$	−30 $\bar{l}_\zeta^2$
600 $\bar{l}_\zeta$	384 $\bar{l}_\zeta^2$	22 $\bar{l}_\zeta^3$	−600 $\bar{l}_\zeta$	216 $\bar{l}_\zeta^2$	−8 $\bar{l}_\zeta^3$
30 $\bar{l}_\zeta^2$	22 $\bar{l}_\zeta^3$	6 $\bar{l}_\zeta^4$	−30 $\bar{l}_\zeta^2$	8 $\bar{l}_\zeta^3$	$\bar{l}_\zeta^4$
−1200	−600 $\bar{l}_\zeta$	−30 $\bar{l}_\zeta^2$	1200	−600 $\bar{l}_\zeta$	−30 $\bar{l}_\zeta^2$
600 $\bar{l}_\zeta$	216 $\bar{l}_\zeta^2$	8 $\bar{l}_\zeta^3$	−600 $\bar{l}_\zeta$	384 $\bar{l}_\zeta^2$	−22 $\bar{l}_\zeta^3$
−30 $\bar{l}_\zeta^2$	−8 $\bar{l}_\zeta^3$	$\bar{l}_\zeta^4$	30 $\bar{l}_\zeta^2$	−22 $\bar{l}_\zeta^3$	6 $\bar{l}_\zeta^4$

Massenmatrix

$$\bar{M}_\zeta = \bar{\mu} l_\zeta \frac{M_\zeta}{m_0} = \frac{\bar{\mu}\bar{l}_\zeta}{55440}$$

21720	3732 $\bar{l}_\zeta$	281 $\bar{l}_\zeta^2$	6000	−1812 $\bar{l}_\zeta$	181 $\bar{l}_\zeta^2$
3732 $\bar{l}_\zeta$	832 $\bar{l}_\zeta^2$	69 $\bar{l}_\zeta^3$	1812 $\bar{l}_\zeta$	−532 $\bar{l}_\zeta^2$	52 $\bar{l}_\zeta^3$
281 $\bar{l}_\zeta^2$	69 $\bar{l}_\zeta^3$	6 $\bar{l}_\zeta^4$	181 $\bar{l}_\zeta^2$	−52 $\bar{l}_\zeta^3$	5 $\bar{l}_\zeta^4$
600	1812 $\bar{l}_\zeta$	181 $\bar{l}_\zeta^2$	21720	−3732 $\bar{l}_\zeta$	281 $\bar{l}_\zeta^2$
−1812 $\bar{l}_\zeta$	−532 $\bar{l}_\zeta^2$	−52 $\bar{l}_\zeta^3$	−3732 $\bar{l}_\zeta$	832 $\bar{l}_\zeta^2$	−69 $\bar{l}_\zeta^3$
181 $\bar{l}_\zeta^2$	52 $\bar{l}_\zeta^3$	5 $\bar{l}_\zeta^4$	281 $\bar{l}_\zeta^2$	−69 $\bar{l}_\zeta^3$	6 $\bar{l}_\zeta^4$

Der **Berechnungsweg** soll am einfachsten Anwendungsbeispiel des **Einfeldträgers** auf zwei gelenkigen Stützen erläutert werden.

Erfassung der **Eingabedaten** zur Berechnung der **Eigenwerte und Eigenformen** mit Hilfe der Anwendersoftware „Eigenwerte" im Dateneingabeformular mit maßstabsfrei gemachten Ausgangsdaten: Beim Einfeldträger gibt es zwei **Eigenlösungen.**

Feld-Nr.	Strukturaufbauindizes						Maßstabsfreie Elementparameter der Art		
	linker Rand			rechter Rand			Elementlänge l	Biegesteifigkeit EI	Massenbelegung
1	0	1	0	0	2	0	1,0000	1,0000	1,0000

Eigenlösungen, Federmatrix, Massenmatrix, potenzielle Energie U, kinetische Energie T:

Modus	Eigenwerete	Vektorkomponenten	$\eta \neq 0$, Verformungsart	
$n = 1$	$\bar{\lambda}_1 = \pi^4 = 97{,}5$	$\eta_1 = \sqrt{2}/2 = 0{,}7071$	$\eta_2 = -0{,}7071$	Verdrehung $\bar{w}'$
$n = 2$	$\bar{\lambda}_2 = 1560{,}0$	$\eta_1 = 0{,}7071$	$\eta_2 = 0{,}7071$	

Energiebeträge ergeben sich somit

$$\bar{\boldsymbol{C}} = \frac{\overline{EI}}{70\bar{l}^3}\begin{vmatrix}384 & 216\\216 & 384\end{vmatrix}, \bar{\boldsymbol{M}} = \frac{\bar{\mu}\cdot\bar{l}}{55440}\begin{vmatrix}832 & -532\\-532 & 832\end{vmatrix} \cdot \bar{U}_1 = U_1/U_0 = \frac{1}{70}(384-216) = 6/5 = 1{,}20,$$

$$\bar{T}_1 = T_1/T_0 = \frac{97.5}{55440}(832+532) = 1{,}20.$$

Zurmühl [2] hat dann die **Strukturaufbauformel (5g)** entwickelt. Das Beispielmodell des **Einfeldträgers** ist im Abschn. 3.1 beschrieben. Die Abb. 3.4 enthält die Skizzen der beiden **Eimengenformen** und der beiden **Eigenwertmaßzahlen** 97,5 und 1560,0 sowie die Funktionen des Durchbiegungsverlaufs w, des Verlaufes der Querschnittverdrehungen w′ und des Krümmungsverlaufes w″ in bezogenen Größen mit Veranschaulichung der berechneten **Randverformungen** und **Maßstabsgrößen**. Die Strukturaufbauformel aus Elementen wurde im Rahmen von Neubauentwürfen und Begutachtungen für vorhandene Bauwerke auf etwa 1000 **Tragwerkstrukturen** angewandt und veröffentlicht, siehe **Bücher** über „Schwingende Balken" [4] und „Rahmen und Türme" [5]. Die Federmatrizen **C** und Massenmatrizen **M** wurden aus den Auftragsunterlagen abgeleitet und für die Berechnung der Eigenlösungen mit Hilfe der **Anwendersoftware** „Eigenwerte" genutzt.

Für die Erfassung der **Anwendungsbeispiele** nach der **Formel (5g)** sind neben den Parametermatrizen **C** und **M** für den Strukturaufbau **Indextafeln in** Tab. 3.6 erfasst worden. Die Randdurchbiegungen w und die Randkrümmungen w″ sind beim Einfeldträger Null. Beim Beispiel einer **Industriehalle** ist das Modell aus einem Dachträger und zwei Wandträgern mit elastisch nachgiebigen Stützen gebildet worden. Maßgebend ist für die Berechnung der **erste Eigenwert** mit der zugehörigen ersten Eigenform. Zunächst werden drei **Indextafeln** erfasst. Für alle drei Biegestäbe ergeben sich 9 Indizes mit Vorzeichen (die erste Tafel enthält den Index +2 für die Durchbiegung des rechten Rahmenstiels oben). Beim dritten Stab ist die Durchbiegungsrichtung des oberen Randes entgegengesetzt, dafür wird der Index −2 erfasst. Aus den drei Indextafeln wurden drei **Inzidenzmatrizen K**

Tab. 3.6 Indextafeln

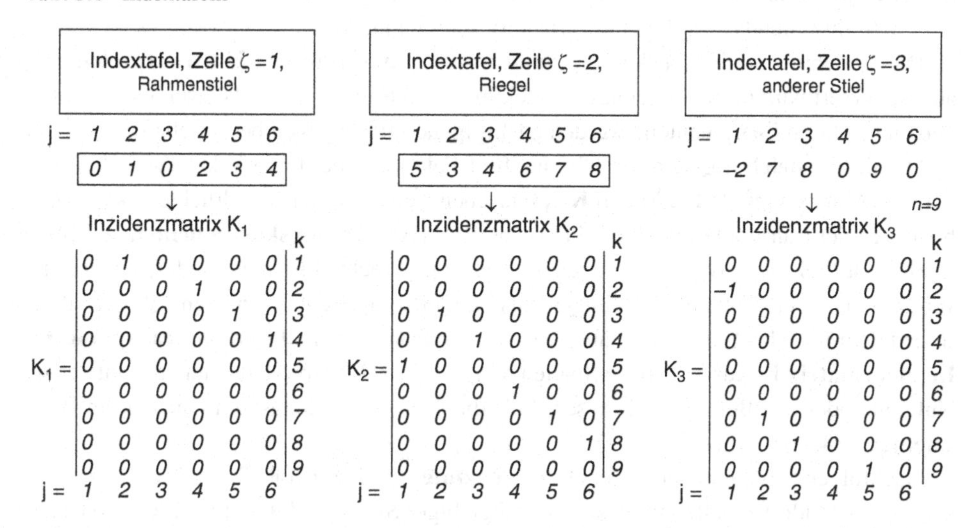

abgeleitet für den Aufbau der **Gesamtstruktur** mit positiven und einem negativen Indexvorzeichen. Daraus erhält man drei Rechteckmatrizen **K** aus 6 Spalten und 9 Zeilen zum **Strukturaufbau** nach der **Formel (5g),** die den **Transport der Elementparameter** steuern (Elementlängen, Biegesteifigkeiten und Massenbelegungen).

3.3 Der Aufbau von Systemmatrizen für Biegetragwerke

Nach der Definition der Algorithmen zur Auswahl optimaler Tragwerke im Abschn. 3.2 erfolgt nun die Formulierung des **Lösungsalgorithmus** in Matrizenschreibweise zur Berechnung der **Eigenwerte und Eigenformen** nach dem Kriterium der aufzubringenden Energie zum Vergleich von Optimierungsvarianten nach der maßgebenden, ersten Eigenlösung.

Als **Lösungsansatz** für Konstruktionen aus hochwertigen Baustoffen wird in der **Formel (5g)** die potenzielle Energie gleichgesetzt mit der kinetischen Energie, formuliert in maßstabsfreien Größen:

Amplitude der **potentiellen Energie** gleich Amplitude der **kinetischen Energie:**

$$\sum_{\zeta=1}^{r} \eta' \boldsymbol{K}'_{\zeta} \overline{\boldsymbol{C}}_{\zeta} \boldsymbol{K}_{\zeta} \eta = \overline{\lambda}_n \sum_{\zeta=1}^{r} \eta' \boldsymbol{K}'_{\zeta} \overline{\boldsymbol{M}}_{\zeta} \boldsymbol{K}_{\zeta} \eta \text{ in } [1]$$

mit den **Aufbaualgorithmen** der **Systemmatrizen**

Systemfedermatrix $\overline{\boldsymbol{C}} = \sum_{\zeta=1}^{r} \boldsymbol{K}'_{\zeta} \overline{\boldsymbol{C}}_{\zeta} \boldsymbol{K}_{\zeta}$ in [1], das heiβt dimen-

Systemmassenmatrix $\overline{\boldsymbol{M}} = \sum_{\zeta=1}^{r} \boldsymbol{K}'_{\zeta} \overline{\boldsymbol{M}}_{\zeta} \boldsymbol{K}_{\zeta}$ in [1] sionslos

Zur **Interpretation** für Anwender der Energiegleichung „Potentielle Energie = Eigenwertmaßzahl Lambda“ erfolgt eine verbale Beschreibung.

Die Gleichungsseiten drücken die Summen der **Energieanteile je Strukturelement** aus, summiert wird im Anwendungsbeispiel über r = 3 Rahmenstäbe als Strukturelemente. Die elementaren Energieanteile werden nachfolgend im Einzelnen beschrieben.

Die **linke Gleichungsseite** besteht aus fünf Faktoren, die durch Vektorsymbole (eta) und drei Matrixsymbole **K′, M** und **K** beschrieben werden. Das fett gedruckte Vektorsymbol eta ist der transponierte Vektor aller sechs **Randverformungskomponenten** je Strukturelement (bezogene Durchbiegungen am linken und rechten Elementrand, Querschnittverdrehungen und Randkrümmungen als Zeilenkomponenten in den obigen drei Indextafeln j = 0 bis 9 der drei Stäbe). Der zweite Faktor symbolisiert die **transponierte Inzidenzmatrix K′** aus j = 1 bis 6 Spalten und k = 1 bis 9 Matrixelementen, die entweder Null sind oder den Betrag 1 ausweisen, falls die Randverformungskomponenten im Beispieltragwerk vorkommen.

Nachfolgend sollen die erfasste, **erste Indextafel** für den in Tab. 3.6 vertikalen Biegestabes 1 der Industriehalle mit elastisch nachgiebiger Stütze und der oberen Rahmenecke und die erste **Inzidenzmatrix** ausführlich erläutert werden. Die erste Indextafel definiert die Indizes der sechs maßstabsfreien **Eigenvektorkomponenten** des Biegestabes 1 und die Durchnummerierung der vier Randverformungen, die nicht Null sind: Die Verdrehung am linken Rand erhält die Nummer 1, die horizontale Durchbiegung an der oberen Rahmenecke erhält die Nummer 2, die Verdrehung der Rahmenecke erhält die Nummer 3 und die Krümmung des 1. Biegestabes an der Rahmenecke erhält die Nummer 4 (die nächste Indextafel des Riegelstabes beginnt mit der Nummer 5).

Aus den definierten drei **Indextafeln** der drei **Strukturelemente** des Rahmenbeispiels, veranschaulicht in Tab. 3.6, werden die **Inzidenzmatrizen K** der **Gesamtstruktur** abgeleitet, die die **räumliche Lage** der einzelnen Elementverformungen zur Aufstellung der Energiegleichung (5g) zahlenmäßig erfassen. Die **Bewertung** der Anteile der potentiellen Energie erfolgt durch die **Federmatrix C** (infolge der Verformungswiderstände c der Strukturelemente auf der linken Gleichungsseite und der Bewegungswiderstände m auf der rechten Gleichungsseite).

Der **Lösungsansatz** zur numerischen Berechnung der **Eigenwerte** und der zugehörigen **Eigenverformungen** mit Hilfe der Anwendersoftware **„Eigenwerte“** setzt die Erfassung und Bewertung folgender Matrizen voraus:

Die **Systemfedermatrix C** nach der Formel in dimensionslosen Größen (Symbol 1 in eckigen Klammern) ergibt sich aus der Summe über r = 3 Elemente, berechnet aus drei Produkten, nämlich aus der transponierten Inzidenzmatrix **K′** × Matrix **C** × Inzidenzmatrix **K.**

Die **Matrix M** ergibt sich analog aus den Matrizen der transponierten Inzidenzmatrix **K′** × Massenmatrix **M** × Inzidenzmatrix **K.**

Bevor die Berechnung der Systemfedermatrix für das Anwendungsbeispiel aus drei Biegestäben mit gleichmäßiger Verteilung Biegesteifigkeit und der Massenbelegung über die Elementlängen erfolgt, müssen noch die **Einzelbausteine** (zwei Federkonstanten c der elastisch nachgiebigen Stützen) in der Diagonale der Federmatrix hinzuaddiert werden. Analog müssen auch die drei konzentrierten Massen m der beiden Stiele und des Riegels in der Diagonale der Massenmatrix addiert werden.

Mit dieser Bewertungsmatrix **C** und der Bewertungsmatrix **M** kann nun der **Aufbau der Gesamtstruktur** des Beispieltragwerkes beginnen. Dazu erfolgt die Berechnung der Energiegleichung **Potentielle Energie** = Eigenwertmaßzahl × **kinetische Energie:**

Summe über r = 3 Felder des Produktes aus dem **transponierten Vektor eta** × Systemmatrix **C** × **Vektor eta** der Randverformungskomponenten = Eigenwertmaßzahl **Lambda** × Summe des Produktes aus dem **transponierten Vektor eta** × Systemmatrix **M** × **Vektor eta.**

Der Strukturaufbaualgorithmus ist allgemein die folgende Signumfunktion:

$$\text{sign } i = \begin{vmatrix} +1 \text{ für } i > 0 \\ 0 \text{ für } i = 0 \\ -1 \text{ für } i < 0 \end{vmatrix}$$

Für **Anwendungsbeispiele** der in der Bautechnik am häufigsten vorkommenden Biegetragwerke wird der nachfolgende **spezielle Strukturaufbaualgorithmus** in der **Formel (5h)** definiert.

Die **Eigenverformungen** der Strukturelemente werden zunächst durch die **Parameter** der Biegesteifigkeiten und die **Eigenbewegungen** durch die Massenträgheit bewertet. Aus den elastischen Verformungswiderständen werden im speziellen Algorithmus die **Federkonstanten** c der einzelnen Strukturelemente und die **Massenkonstanten** m berechnet. Die auf die Feder- und Massenmaßstäbe bezogenen Konstanten (symbolisiert durch Querbalken über den Konstanten) ergeben sich aus der Summe der Konstanten und dem Produkt des Signums i in den Indextafeln der Einzelelemente (für die sechs Verformungskomponenten j = 1 bis j = 6) × Signum i der Inzidenzmatrizen **K** (beim Rahmenbeispiel gibt es drei Inzidenzmatrizen **K**), siehe unten Matrizenmultiplikation zur Tragwerkstrukturierung am Beispiel des Aufbaus der **Systemfedermatrix C** aus den drei Inzidenzmatrizen je Feld (Symbole für die drei Elemente rho = 1 bis rho = 3 bei der Gesamtanzahl der sechs Elemente r = 3). Jede Elementfedermatrix **C** hat in der Hauptdiagonale s = sechs Zeilen und sechs Spalten der Inzidenzmatrizen. Außerhalb der drei Matrizen in der Hauptdiagonalen sind noch im Schema sechs „Nullmatrizen" mit den Symbolen **0** (alle Federkonstanten c sind Null) vorhanden. Bevor der Aufbau der Strukturmatrix erfolgt, die als „Grundmodell der Beispielstruktur" nur Parameter der gleichmäßig verteilten Biegesteifigkeiten und Massenbelegungen innerhalb der Elementlängen erfasst, sind noch in den Hauptdiagonalen der Feder- und Massenmatrizen die Federkonstanten c und Massenkonstanten m der **Einzelbausteine** zu addieren (im Beispiel zwei Federkonstanten c der elastisch nachgiebig gestützten Stielgelenke und drei Massenkonstanten m der beiden Stiele und des Rahmenriegels). Im Aufbauschema für die Federmatrix **C** ergibt sich für die **Gesamtstruktur** die Summation der drei Produkte aus den Matrixprodukten transponierte Inzidenzmatrix **K′** × Elementmatrix **C** × Inzidenzmatrix **K** für alle drei Elemente.

In der Anwendersoftware **„Eigenwerte"** wurde als Symbol der **Indexoperationen** „ergibt sich aus" in den nachfolgenden Formeln verwandt.

Die beiden **Formeln (5h) für den Strukturaufbau** sind:

$$\bar{c}_{|i_j|\cdot|i_k|} := \bar{c}_{|i_j|\cdot|i_k|} + sgn\left(i_j\right)\cdot sgn\left(i_k\right)\cdot \bar{c}_{jk}^{\zeta}$$

$$\bar{m}_{|i_j|\cdot|i_k|} := \bar{m}_{|i_j|\cdot|i_k|} + sgn\left(i_j\right)\cdot sgn\left(i_k\right)\cdot \bar{m}_{jk}^{\zeta}$$

Das **Veranschaulichungsschema für den Aufbau der Gesamtstruktur** mit Hilfe von Inzidenzmatrizen am Beispiel einer Systemfedermatrix **C** wird im Einzelnen erläutert und ergänzt durch ein weiteres Schema, das den **Datentransport** veranschaulicht, es wird auch als **„Zusammenschachteln"** von Elementdaten zu Strukturdaten bezeichnet.

Das **Anwendungsbeispiel** einer **Industriehalle** wird modelliert aus drei Biegestäben mit dem Rahmenriegel des Dachträgers und zwei vertikalen Wandträgern. Hauptaufgabe ist die Wahl einer möglichst **optimalen Struktur** des Anwendungsbeispiels.

Der **Biegestab 1** ist vertikal elastisch nachgiebig gestützt und oben in der linken Rahmenecke eingespannt in den Riegelträger. Der horizontale **Riegelstab 2** verbindet die beiden Rahmenecken. In der rechten Rahmenecke ist der dritte, vertikale **Biegestab 3** eingespannt und am unteren Rand befindet sich das andere vertikal elastische Stützgelenk.

Die **Parameter** aller drei Strukturelemente sind gleich (Stablängen, Biegesteifigkeiten und Massenbelegungen), sie werden als **Maßstabsgrößen** gewählt. Die **Eingabedaten** zur Berechnung der **Eigenwerte** Lambda und der auf den Betrag 1 normierten **Randverformungen** eta werden nummeriert und als **Strukturaufbaudaten** genutzt. Die Erfassung der Aufbaudaten erfolgt durch **Indizes** i, bei dem Modell der Industriehalle ergeben sich insgesamt neun Indizes. Die 1. **Eigenwertmaßzahl** Lambda 1,176 wurde berechnet, diese Maßzahl soll möglichst groß sein. Zur **Dimensionierung** der Strukturelemente nach den Bemessungsvorschriften werden im Allgemeinen bei Biegetragwerken die **Extremwerte** Biegemomente (berechnet aus dem Produkt der Krümmungen mit der Biegesteifigkeit) und die maximalen Durchbiegungen nachgewiesen.

Nachfolgend werden Einzelheiten je Stab und Stabrand mit **Maßzahlen** der Parameter und normierten Randverformungen sowie **Indizes** der Krümmungen, der Verdrehungen und Verschiebungen wiedergegeben, die zum Aufbau von **Tragwerkstrukturen** erforderlich sind. Die Wiedergabe und Erläuterung der **Indexdaten** mit Vorzeichen erfolgt für die Randverformungen der beiden Ränder nachfolgend beim Biegestab 3.

Biegestab 1 je Rand links und rechts

Die horizontale Verschiebung der rechten Rahmenecke, also die normierte Randverformung, beträgt −0,3835 sowie die Durchbiegung des rechten Randes ist = −0,0896 infolge der elastischen Nachgiebigkeit des Lagers. Die Stabrandverdrehung an der oberen Rahmenecke beträgt +0,2433 im Uhrzeigersinn. Die für die Dimensionierung des Rahmens maßgebende Stabrandkrümmung hinsichtlich extremer Biegemomente an der Rahmenecke beträgt −0,3869, vergleiche Krümmung an der rechten Ecke.

Biegestab 2 des Rahmenriegels

Die Randverformungen haben bei der Erläuterung der **Inzidenzmatrizen K** zum Strukturaufbau des Anwendungsbeispiels der Industriehalle eine besondere Bedeutung, weil sie sechs Matrixelemente 1 enthalten. Die Anzahl dieser Matrixelemente von den Stäben 1 und 3 sind nur vier. Überblickt man alle Randverformungen der Industriehalle, dann kommen die **maximalen Randkrümmungen** mit den Maßzahlbeträgen 0,3869 zweimal vor und zwar an den beiden Riegelecken. Neben den Krümmungen sind bei der Dimensionierung noch die **horizontalen Verschiebungen** zu beachten. Die berechnete Verschiebungsmaßzahl ist 0,3835, siehe auch Biegestab 1 oben. Die Durchbiegungsbeträge der beiden elastisch **nachgiebigen Stützgelenke** betragen 0,0896, sie sind das Kriterium für die Gestaltung der beiden möglichst unnachgiebigen Fundamente der Industriehalle. Bei der **statischen Berechnung** von Biegetragwerken erfolgt die **Dimensionierung** der Elementquerschnitte in erster Linie nach den zulässigen Randspannungen, in zweiter Linie nach zulässigen Durchbiegungen und Verschiebungen. Die **Randspannungen** werden berechnet aus dem Produkt des Elastizitätsmoduls E und der Randfaserdehnung epsilon. Das Vorzeichen + wird bei Randdehnungen vergeben, wenn sich die Fasern verlängern. Bei Stauchungen wird das negative Vorzeichen vergeben. Die Randspannungen Sigma werden berechnet aus dem Produkt der Dehnungen × **Biegesteifigkeit** EI, wobei I das Flächenträgheitsmoment ist. Die erforderliche Biegesteifigkeit ergibt sich aus dem **Biegemoment** $M = EI \times w''$, wobei sich die **Krümmungen** w'' der Elementränder infolge der Eigen- und Nutzlasten ergeben. In der Regel sind die **Biegespannungen** maßgebend bei der Dimensionierung.

Die Grundkenntnisse sind allen Statikern bekannt. Die **Statik** ist die Lehre der Ruhe. Sie wird in der **Baudynamik,** bei zeitlich abhängigen Verformungen und **Schnittkräften,** analog angewandt. Bewegungsvorgänge sind abhängig von **Lastannahmen** laut Vorschriften und berechneten oder gemessenen **Elementverformungen.** Zum Beispiel sind bei **Brücken** zulässige Fahrzeuggeschwindigkeiten einzuhalten. Nach den Grundlagen der **Dynamik** von Isaak Newton werden dynamische Kräfte aus dem Produkt **Masse × Beschleunigung** berechnet. Nach der Theorie ist für jedes Strukturelement eines Tragwerkes die Masse m mit der Elementbeschleunigung zu multiplizieren, die sich aus der zweiten Ableitung nach der Zeit ergibt. Für die **Gesamtstruktur** wird das Eigenverhalten mit Hilfe der **Anwendersoftware** „Eigenwerte" berechnet. Aus den normierten **Randverformungsmaßzahlen** eta werden die Eigenwertmaßzahlen Lambda berechnet, um Strukturvarianten vergleichen zu können.

Biegestab 3 beim Rahmenbeispiel mit Indexdaten und Daten der Verformungsmaßzahlen

Rahmenstiel an der oberen Ecke, jeweils mit Index und Randverformung: Horizontalverschiebungsindex 2 und normierte Randverschiebung −0,3855, Index 7 und Randverdrehung +0,2433 sowie Index 8 und Randkrümmung −0,3869. Elastisch nachgiebiges Stützgelenk am unteren Stabende mit Index 1 wie beim unteren Gelenk des Stabes 1 mit der Vertikalverschiebung +0,0896, Index 9 der Stabverdrehung +0,4578 im Uhrzeigersinn und schließlich Randkrümmung am Gelenk = Null. Insgesamt gibt es 9 Rahmenindizes.

Die Erfassung der **Eingabedaten zum Strukturaufbau** des Beispiels für die maßgebende erste Eigenlösung erfolgt zusammen mit den bezogenen **Elementparametern** der Stablängen, Biegesteifigkeiten und Massenbelegungen. Aus den drei Indextafeln der Rahmenstäbe (Tab. 3.6) erkennt man, dass die beiden Indextafeln der Stäbe 1 und 2 acht positive Indizes der 1 bis 8 Indizes enthalten. Die Indextafel 3 mit dem negativen Index 2 und die positiven Indizes 7, 8 und 9 erfassen **alle Strukturaufbaudaten.** Die Eingabedaten der bezogenen Parameter und die Indizes der Randverformungen betreffen die erste Eigenform des Rahmenbeispiels. Theoretisch gibt es so viele Eigenformen, wie der höchste Index angibt. Maßgebend für den Strukturaufbau ist die **erste Eigenlösung,** die stets nachzuweisen ist. Beim Biegetragwerk des Rahmenbeispiels ist für die Dimensionierung der **Extremwert der Krümmung** max w = 0,3869, daneben wird noch die Horizontalverschiebung angegeben.

Der Aufbau der **Gesamtstruktur eines Biegetragwerkes** wird gesteuert durch die speziell erfassten Indizes i. Der Transport der Verformungselemente in die **Strukturfedermatrix C** und in die **Massenmatrix M** erfolgt mit Hilfe von **Inzidenzmatrizen K,** deren Matrixelemente aus Nullen, positiven Zahlen 1 oder negativen Zahlen −1 bestehen. Der Inhalt und der Aufbau dieser Matrizen werden im Einzelnen erläutert und veranschaulicht am Beispiel des Aufbaus der Strukturfedermatrix **C** des Anwendungsbeispiels einer **Industriehalle** aus drei Biegeträgern der Dachkonstruktion und aus beiden Wandträgern der Halle. Die Gründe für die Erläuterung der Inzidenzmatrizen sind das Verständnis der Einzelheiten des **Strukturaufbaus** und die Erkennung von **Fehlern** beim Transport der Federkonstanten und Massenkonstanten je Strukturelement in die **Systemmatrizen C** und **M,** um mögliche Fehler korrigieren zu können. Wenn sich nach der iterativen Berechnung der **Eigenwerte** und **Eigenformen** im Extremfall **negative Eigenwerte** ergeben, dann ist eine Datenneuerfassung erforderlich. Eigenwerte müssen immer positiv sein, denn sie werden nach der **Eigenwertformel** der Abb. 3.4 im Abschn. 3.1.4 für den Balken auf zwei Stützen aus den Elementparametern der Stablänge l, der Biegesteifigkeit EI und der Massenbelegung mü berechnet. Fehler in den berechneten Randverformungen haben einen relativ geringen Einfluss auf die **Eigenwertgenauigkeit,** die in das Dateneingabeblatt mit einzutragen sind. Entscheidenden Einfluss auf richtige Ergebnisse der berechneten Eigenwerte haben richtige **Indexzahlen** i in den Dateneingabeblättern.

Wird die vorgegebene Genauigkeit überschritten, dann ist nach **Fehlerquellen** zu suchen. Die **Formel (5g)** definiert den Lösungsansatz zur Berechnung von Eigenwertaufgaben. Die **Eigenwertgrößen** sind abhängig von den Randverformungskomponenten eta, der Systemfederungsmatrix **C,** der Systemmassenmatrix **M** und den **Inzidenzmatrizen K** je Stabelement. Zur Überprüfung der Inhalte der Inzidenzmatrizen sind zunächst die Indizes i in den drei **Indextafeln** der drei Stäbe zu überprüfen. **Nullen** betreffen diejenigen Komponenten, die laut Randbedingungen des Beispielmodells bestimmt sind. In den drei Indextafeln der Rahmenstäbe sind zunächst die **Randverformungen abhängig von ihrer Art** (Durchbiegungen, Verdrehungen und Krümmungen an den beiden Feldrändern) von 1 bis 6 durchnummeriert. In den Zeilen darunter sind die **Indizes aller Verformungskomponenten** eta, die nicht Null sind, zusammengestellt.

Indizes der Randverformungskomponenten in den Datenerfassungsblättern
In der **ersten Indextafel** betrifft i =1 die Verdrehung des linken Randes des Stabes 1. Die Indizes 2, 3 und 4 betreffen die Durchbiegung, Verdrehung und die Krümmung des rechten Randes an der oberen Rahmenecke.

In der **zweiten Indextafel** des Rahmenriegels wurde der Index i = 5 für die Durchbiegung des linken Randes vom Stab 2 vergeben. Da bei der ersten Eigenform die Verdrehung und Krümmung des linken Randes gleich sind der Verdrehung und Krümmung des rechten Randes, sind die Indizes 4 und 5 übertragen worden. Für den rechten Rand sind die Indizes 6, 7 und 8 vergeben.

In der **dritten Indextafel** ist der Index 2 mit dem Minuszeichen vergeben, weil die Durchbiegung des linken Randes der Durchbiegung des rechten Randes vom Stab 1 entgegengesetzt ist. Die Indizes 7 und 8 wurden übertragen. Neu vergeben wurde der letzte Index 9 der Verdrehung des rechten Randes vom Stab 3.

Ausführliche Erläuterung der drei Inzidenzmatrizen am Beispiel des Aufbaus der Gesamtstruktur aus drei Stabelementen des Rahmenbeispiels nach den erfassten drei Indextafe
Aus den in Tab. 3.6 dargestellten drei Tafeln für das elastisch gestützte Rahmenbeispiel wird die **räumliche Lage** der 9 Randverformungskomponenten eta durch die Befehle des Rechenprogramms „Eigenwerte" umgewandelt in die Inhalte der **Inzidenzmatrizen** mit j = 6 Spalten und k = 9 Zeilen definiert:

Die **Matrixelemente** sind Null, wenn die Indizes Null sind. Das betrifft die meisten Matrixelemente, siehe Matrizeninhalte zu der **Formel (5g).** Das bedeutet, dass dafür **keine Datentransporte** erforderlich sind. Wenn i ungleich Null ist, dann sind die Matrixelemente in der Regel 1 und in Ausnahmefällen −1. Dies trifft bei der **Inzidenzmatrix des dritten Stabes** zu: Die Richtung der linken Randdurchbiegung eta ist negativ im Vergleich zur Richtung der Durchbiegung des rechten Randes (die Komponente am linken Rand ist = −0,0896 und am rechten Rand ist eta = +0,0896). Diese **Besonderheit** drückt sich sowohl in der Indextafel des Stabes 3 (der Index ist −2) als auch in der Inzidenzmatrix des Stabes 3 aus (das Matrixelement in der zweiten Zeile und in der ersten Spalte ist −1). Diese ausführliche Darlegung ist besonders bei der **Fehlerkontrolle** erforderlich. Es wird empfohlen, in der Anwendersoftware „Eigenwerte" spezielle Kontrollbefehle zur Überprüfung der **Dateneingabe** und der **Zwischenergebnisse** bei numerischen Beispielberechnungen der **Eigenwerte und Eigenformen** nach Empfehlungen des Programmierers einzufügen.

Inzidenzmatrix K für den Stab 1 zur Steuerung des Datensports von der Matrix der Federkonstanten des Stabes 1 in die Matrix C der Gesamtstruktur beim Tragwerksbeispiel
Die Rechtecksmatrix **K** mit 6 Spalten der Randverformungsarten (w, w′ und w″ am linken und rechten Rand des Stabes 1) und mit den 9 Zeilen für alle Randverformungsarten der Gesamtstruktur aus drei Elementen enthält in den ersten vier Zeilen die Ziffern 1. Nach der ersten Zeile, es ist eine **Randverdrehung** laut Indextafel, sind die übrigen fünf der

Matrixelemente der ersten Zeile Null (es sind keine weiteren Datentransporte erforderlich). Die nächste Verformungskomponente eta in der zweiten Zeile bedeutet die **Durchbiegung** am rechten Rand, die zu transportieren ist in die Systemmatrix **C** mit 9 Zeilen und 9 Spalten. In der dritten Zeile veranlasst die 1 den Transport der **Verdrehung** des rechten Randes an der linken Ecke des Rahmens. In der vierten Zeile bedeutet die 1, dass die **Krümmung** des rechten Randes in die Systemmatrix **C** zu transportieren ist. Die Zeilen 5 bis 9 enthalten nur Nullen.

Inzidenzmatrix für den Stab 2

Diese Matrix hat den **größten Einfluss** auf den **Datentransport** für alle drei Stäbe des Rahmens, weil der Riegelstab alle drei Stäbe verbindet. Während die Inzidenzmatrix des Stabes 1 nur vier Steuerbefehle enthält (vier Ziffern 1), sind in der Inzidenzmatrix für den Stab 2 sechs Ziffern 1 enthalten. Das bedeutet, dass das **Eigenverhalten** des Rahmens in erster Linie von der **Dimensionierung** des Rahmenriegels beeinflusst wird.

Alle sechs Ziffern sind positiv. In der Matrix für den Stab 3 ist eine Ziffer −1. Die ersten zwei Zeilen enthalten Nullen und auch die neunte Zeile enthält nur Nullen. Auch die ersten zwei Spalten und die neunte Spalte haben nur Nullen. Damit wird die Anzahl der Zeilen und Spalten in der **Systemmatrix** der Beispielstruktur reduziert auf sechs. Nachfolgend sind in zwei Schemen die **Matrixmultiplikation** für die Systemfedermatrix **C** veranschaulicht und in dem Schema für die **Transportwege** zu erkennen. Dieses Multiplikationsschema enthält die **Symbole** der drei Elementmatrizen **C** in der Hauptdiagonale sowie die Systemfedermatrix **C**, die berechnet wird aus der Summe von drei Produkten **K** × **C** und **K′**, wobei **K′** die **transponierte Inzidenzmatrix** (Spiegelung der Matrizen) ist. Am Rande der rho = 1 bis r = 1 bis 6 sind noch die drei Inzidenzmatrizen **K** und **K′** mit rho = 1 bis 3 und n = 1 bis s (im Beispiel ist s = 9) zusammengestellt.

Das Schema in Abb. 3.10 veranschaulicht die einzelnen Transportwege, auch **„Zusammenschachteln“** genannt, siehe die beiden speziellen **Formeln (5h)** zur Berechnung der einzelnen, **bezogenen Federkonstanten** und **bezogenen Massenkonstanten** mit Hilfe von Signumfunktionen für den Strukturaufbau. In der Hauptdiagonale des Multiplikationsschemas sind die drei Elementmatrizen mit 6 Zeilen und 6 Spalten und die Systemfedermatrix mit 9 Zeilen und 9 Spalten eingezeichnet. Jedes Matrixelement ist durch Kreissymbole, Dreiecke, Quadrate und anderen Zeichen skizziert. Die Pfeile geben die Transportrichtungen an. Am linken Rand sind die Inzidenzmatrizen **K** mit den Ziffern 1 und −1 sowie am rechten Rand die transponierten Inzidenzmatrizen **K′** angefügt.

Inzidenzmatrix K für Stab 3

Die Matrix **K** enthält ebenfalls j = 1 bis 6 Spalten und k = 1 bis 9 Randverformungskomponenten eta. Die erste Zeile enthält nur Nullen. In der zweiten Zeile ist in der ersten Spalte laut Indextafel des Stabes 3 die **Durchbiegung** des linken Randes mit dem Index −2 eingetragen. Das bedeutet, dass diese Komponente nach rechts gerichtet ist. Die Zeilen 3, 4, 5 und 6 enthalten nur Nullen. In der siebten Zeile ist für die **Verdrehung** des linken Randes mit dem Index 7 die Ziffer 1 als Transportanweisung eingetragen. In der achten Zeile ist für die **Krümmung** mit dem Index 8 des linken Randes die Ziffer 1 eingetragen. In der neunten Zeile ist für die **Verdrehung** des rechten Randes am Stützgelenk des rechten Rahmenfußes die Ziffer 1 eingetragen (die Verdrehung und Krümmung sind dort Null 9). Damit sind alle Transportbefehle zum Aufbau der **Gesamtstruktur** des Rahmenbeispiels aus den drei Biegestäben für die **Systemfedermatrix C** beschrieben. Analog erfolgt der Strukturaufbau für die **Systemmassenmatrix M** und der **transponierten Inzidenzmatrix K′**, die am unteren Rand des Matrizenschemas der Matrizenmultiplikation veranschaulicht ist. Das nachfolgende zweite Schema veranschaulicht die Transportwege mit Transportrichtungspfeilen. Die drei **Elementmatrizen** und die Systemfedermatrix **C** mit den zusammengeschachtelten drei Untermatrizen in der Hauptdiagonale (vom Stab 1 mit $4 \times 4 = 16$ Konstanten c, vom Stab 2 mit $6 \times 6 = 36$ Konstanten und vom Stab 3 mit $3 \times 3 = 9$ Konstanten c) sind im folgenden Schema der Transportprozesse deutlich erkennbar gemacht.

Für Anwendungszwecke in der **Planungs- und Projektierungspraxis** sowie auch zur **Begutachtung** von vorhandenen Tragwerken mit strukturbedingten Schäden und Mängeln sind etwa 1000 **Strukturvarianten** berechnet und veröffentlicht worden. Wissenschaftliche Grundlage war die Dissertationsschrift „Dynamische Modelle" [1].

Die Darstellung in Abb. 3.9 zeigt, wie aus den Konstruktionselementen am Beispiel von Matrizen der bezogenen Federkonstanten c für die Rahmenkonstruktion aus drei Biegestäben die Strukturmatrix von Biegetragwerken berechnet wird

Die **numerische Berechnung** der Eigenwerte und Eigenformen erfolgt iterativ in Lösungsschritten nach den **Formeln (5i) bis (5k).** Die wichtigsten Grundlagen zur Lösung von Eigenwertaufgaben waren die **Literaturquellen** der Dimensionsanalyse und Modelltheorie von Langhaar [8], die Formulierung von Lösungsansätzen in Matrizen-

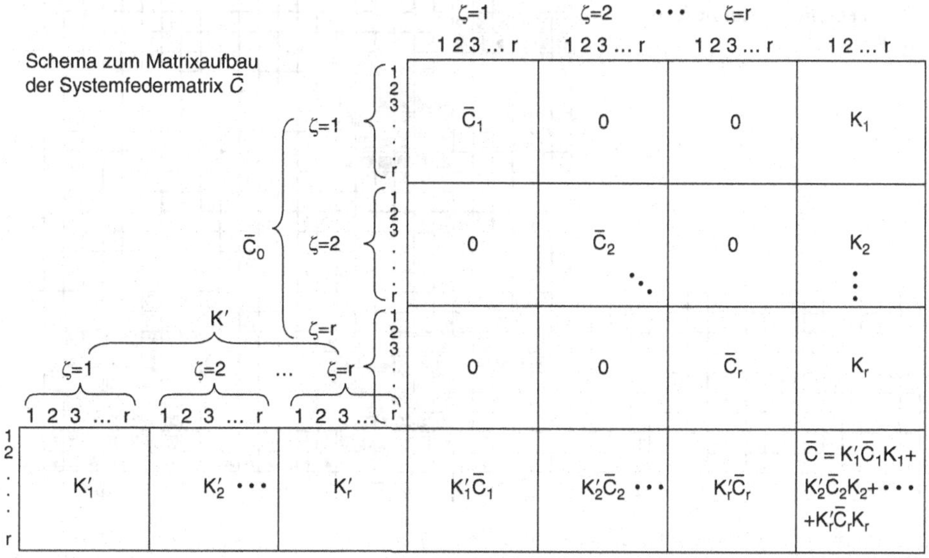

Schema zum Matrixaufbau der Systemfedermatrix $\bar{C}$

	$\zeta=1$ (1 2 3 … r)	$\zeta=2$ (1 2 3 … r)	… $\zeta=r$ (1 2 3 … r)	1 2 … r
$\bar{C}_0$: $\zeta=1$ (1 2 3 … r)	$\bar{C}_1$	0	0	K_1
$\zeta=2$ (1 2 3 … r)	0	$\bar{C}_2$ ⋱	0	K_2 ⋮
$\zeta=r$ (1 2 3 … r)	0	0	$\bar{C}_r$	K_r
K': $\zeta=1$ (1 2 3 … r): K_1'; $\zeta=2$ (1 2 3 … r): K_2' …; $\zeta=r$ (1 2 3 … r): K_r'	$K_1'\bar{C}_1$	$K_2'\bar{C}_2$ …	$K_r'\bar{C}_r$	$\bar{C} = K_1'\bar{C}_1K_1 + K_2'\bar{C}_2K_2 + \cdots + K_r'\bar{C}_rK_r$

Abb. 3.9 **Berechnung der Strukturmatrix** von Biegetragwerken

schreibweise und ihre technische Anwendung von Zurmühl [2], das Buch von Schwarz, Rudishauser und Stiefel [3] sowie die eigene wissenschaftliche Grundlage in der Dissertationsschrift „Dynamische Modelle“ [1] mit zwei Anwendungsbeispielen.

Der **Aufbau von Systemmatrizen** für Biegetragwerke wird nach Formel (5g) für Bauwerke mit hochwertigen Baustoffen beschrieben. Darin wird die **potentielle Energie** zur Erzeugung der Eigenformen gleichgesetzt der kinetischen Energie, die sich aus dem Produkt der **Eigenwertmaßzahl Lambda** × Summe der **Bewegungsträgheiten** der Strukturelemente errechnet. Der Strukturaufbau bei Biegetragwerken wird gesteuert durch die beiden Formeln (5h). Die ausführliche Erläuterung und Veranschaulichung erfolgen in Abb. 3.10 mit den Symbolen und Darstellung der maßgebenden, ersten Eigenform sowie der ersten Eigenwertmaßzahl 1,176 und der neun, normierten Randverformungskomponenten eta.

Die Veranschaulichung der **Transportwege** der Energieanteile von drei Stabelementen, kurz auch „Zusammenschachteln“ genannt, erfolgt in dem nachfolgenden Schema nach der Formel (5h) mit Einzeichnung der Transportrichtungen und der Elementsymbole (Kreise, Quadrate, Dreiecke …). Oben im Schema sind in der Hauptdiagonale die drei **Elementmatrizen** eingezeichnet, in der Fortsetzung der Hauptdiagonale ist die **Matrix der Gesamtstruktur** abgebildet. Sie hat 9 Zeilen und 9 Spalten. Sie besteht im Innern aus den Energieanteilen der drei Untermatrizen. Die Untermatrix vom **ersten Biegestab**

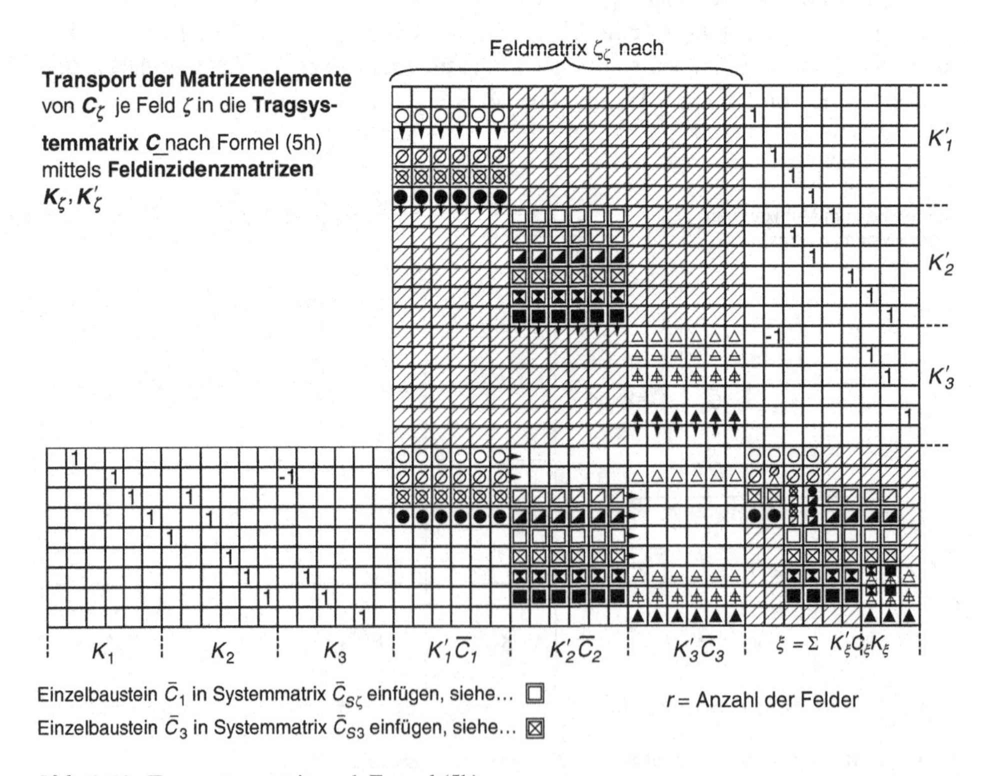

Abb. 3.10 Tragsystemmatrix nach Formel (5h)

besteht aus vier Zeilen und vier Spalten. Die zweite Untermatrix des **Riegelstabes**, der alle drei Stäbe verbindet, besteht aus sechs Zeilen und sechs Spalten und die Untermatrix des **dritten Biegestabes** besteht nur aus drei Zeilen und drei Spalten. Am Rande des Schemas sind die Inhalte der drei **Feldinzidenzmatrizen K** und der transponierten Inzidenzmatrizen **K′** mit angegeben. In den Feldmatrizen und in der **Gesamtmatrix** sind sowohl die Energieanteile des homogenen Rahmengrundmodells (mit gleichmäßig verteilten Steifigkeiten und Massen der Elemente) als auch die **„Einzelbausteine“** (zwei elastisch nachgiebige Stützfedern und drei konzentrierte Einzelmassen der Stäbe) berücksichtigt. Alle Einzelbausteinkonstanten wurden in der Hauptdiagonale der Strukturmatrix zu den homogenen Anteilen addiert.

Die **iterative Lösung der Eigenwertaufgabe** erfolgt in Arbeitsschritten nach den **Formeln (5i) und (5k)** zunächst durch **Zerlegung der Massenmatrix M** in der Hauptformel (5g) in die **Dreiecksmatrix D** und der Original-Eigenvektor eta wird durch eine neue **Variable z** abgebildet, die dann zum iterativen Lösungsansatz nach **Formel (5i)** führt:

Matrixzerlegung $\overline{M} = D' \cdot D$ in [/], mit
D Dreiecksmatrix, D' zu D transponierte Matrix
(D^{-1}, $D = I$ Einheitsmatrix, also sind auch dimensionslose Größen in den Zerlegungsmatrizen)

Mit der Zerlegung wird die rechte Seite der Eigenwertaufgabe (5g) in ihrer Vereinfachung (Fortlassung der Strukturaufbaumatrizen) überführt in die Form $\overline{\lambda}_n \cdot D \cdot \eta$

Eigenvektorabbildung $z = D \cdot \eta$

Damit kann man zur Formulierung einer speziellen Eigenwertaufgabe der folgenden Art gelangen:

Spezielle Eigenwertaufgabe $B \cdot z = \overline{\lambda}_n \cdot z$, in [/] mit

$B = (D')^{-1} \cdot \overline{C} \cdot D^{-1}$ und

$\overline{C}$ dimensionslose System-Matrix

Beim hier verwendeten Verfahren von Householder – mit dargestellt im Buch [3] von Schwarz, Rudishauser und Stiefel – wird nun für die spezielle Eigenwertaufgabe eingeführte Matrix **B** mit Hilfe einer orthogonalen Matrix **U** eine tridiagonale Matrix **A** überführt, so dass sich ergibt: **A = U′ × B × U.** Um nun das entwickelte Eigenwertproblem bezüglich der tridiagonalen Matrix erkennbar zu machen, wird eine **erneute Variablentransformation** von der Variablen **z** zur **Iterationsvariablen x = U′ × z** erforderlich. Damit ergibt sich die **Problemgleichung** der speziellen Eigenwertaufgabe, die durch Iteration gelöst wird mit der **Formel (5j).** Man kann die Iteration durch folgende **Iterationsvorschrift** nach Arbeitsschritten formulieren. In der Numerik wird dabei die „positive Definitheit“ der Massenmatrix **M** voraussetzt. Symbolisiert man einen **Berechnungsschritt** durch den Index b und den nächsten Schritt mit b + 1, dann kann man zur Formel (5j) hinzufügen:

Iterationsgleichung $A \cdot x = \overline{\lambda}_n \cdot x$, [/] mit

A tridiagonale Matrix aus Householder-Ansatz

x Iterationsvariable, die durch inverse Iteration über z auf die Originalvariable η zurückzuführen ist.

$\boldsymbol{D} \cdot z_{b+1} = \boldsymbol{M} \cdot \eta_b,\ \boldsymbol{D}', \eta_{b+1} = z_{b+1}$ in [/]

Die sich ergebende Iterierte η_{b+1} wird auf den Betrag */* normiert, das heißt, es wird der Quotient

$\eta^N_{b+1} = \eta_{b+1} / |\eta_{b+1}|$

Die Anzahl der Iterationen lag in den durchgerechneten **Anwendungsbeispielen** bei der Projektierung neuer Tragwerke und bei **Begutachtungen** vorhandener Tragwerke in erwarteten Grenzen. Man kann entweder den Iterationsprozess abbrechen oder man wählt als **Abbruchkriterium** des Iterationsvorganges die **Iterationsgenauigkeit,** die laut Anwenderrichtlinie zur Software **„Eigenwerte“** in den Dateneingabeformularen für die Berechnung der Eigenlösungen anzugeben ist. Die Erfahrungen bei der Berechnung zeigten, dass eine Festlegung von 50 Schritten schon knapp ist, da sich die Eigenwertmaßzahlen Lambda bei den **Tragwerkmodellen** in den Büchern „Schwingende Balken“ [4] und „Schwingende Rahmen und Türme“ [5] nur um einige Prozente unterscheiden. Als **Eingabedaten** wurde nach den Strukturaufbaudaten (Indizes der Randverformungskomponenten eta) und den Parametern der Strukturelemente (bezogene Feldlängen, Biegesteifigkeiten und Massenbelegungen infolge Eigenlasten) sowie den „Einzelbausteinen“ (bezogene Federkonstanten nachgiebiger Stützen und Massenkonstanten konzentrierter Lasten) auch die **Iterationsgenauigkeit** mit eingetragen, das sind die Quotienten zweier aufeinander folgender Randverformungskomponenten eta.

Die dimensionslosen **Eigenwertmaßzahlen** Lambda der maßgebenden, ersten Eigenlösungen liegen im Bereich zehn hoch minus drei bis zehn hoch plus vier. Wenn der Anwender in der Projektierungspraxis noch keine Zahl eintragen kann, dann wird vorgeschlagen, mit 10 hoch minus 10 zu starten, um **Festkommaeigenwerte** auf 8 geltende Ziffern genau erwarten zu können.

Die bei der Dimensionierung der Tragwerke maßgebende, **niedrigste Eigenwertmaßzahl Lambda** ergibt sich nach **Formel (5k)** aus dem Grenzwert:

Der **niedrigste Eigenwert** $\overline{\lambda}_1$ ergibt sich aus einem Grenzwert

$$\overline{\lambda}_1 = \lim_{b \to \infty} \frac{1}{\eta_{b+1} \cdot \eta^N_b} .$$

Diese Maßzahl Lambda wird berechnet aus dem Grenzwert des Quotienten mit der 1 im Zähler und mit dem Produkt der Randverformungskomponenten eta bei den Iterationsschritten b + 1 und b, wobei die Schrittzahl b alle Rechenschritte durchläuft (Symbol unendlich unter dem Symbol lim für den Begriff Grenzwert).

Nach den Erfahrungen der Berechnung von etwa 1000 Anwendungsbeispielen genügt es, für die **Randverformungskomponenten eta vier geltende Ziffern** hinter dem Dezimalpunkt auszuweisen, siehe Bilder der Modellskizzen in den zitierten Büchern [4] und [5].

Im erstgenannten Buch über **Schwingende Balken** [4] sind die Ergebnisse der Berechnung des Eigenverhaltens von räumlich einachsigen Biegetragwerken in mehreren Sprachen veröffentlicht worden. Zunächst erfolgte die Veröffentlichung der deutschsprachigen Ausgabe. Auf Grund der Nachfrage in anderen Ländern erschienen in den Folgejahren Übersetzungen in der englischen, französischen, spanischen und serbokroatischen Ausgabe. Am schnellsten waren die englischsprachigen Bücher vergriffen. Die **Inhalte der Bücher** gliedern sich in den knapp bemessenen, ersten Abschnitten mit den theoretischen Grundlagen, den Literaturquellen und den **textfreien Tafeln** mit Skizzen und Symbolen, die für alle Sprachen gelten.

Theoretisch gibt es so viele **Eigenlösungen,** wie die Anzahl der Randverformungskomponenten angibt. Nach den Erfahrungen und aus der Literatur ergibt sich, dass bei der strukturgerechten Auswahl und **Ausschreibung der Bauvorhaben** die ersten Eigenlösungen von Bedeutung sind. Die Auswahl ist abhängig von der **Gesamtzahl der Strukturelemente:**

In jedem Anwendungsfall ist die erste Eigenlösung zu berechnen und auszuweisen.

Bei Tragwerken mit hundert Elementen können weitere **Eigenlösungen** von Bedeutung sein für den Nachweis der maximalen Biegespannungen und der maximalen Durchbiegungen.

In der **praktischen Projektierung** von Tragwerken mit optimaler Struktur ist die Anzahl der Elemente groß, um zu erkennen, welche Eigenformen bei der **Dimensionierung** zu beachten sind, wenn die **Anwendersoftware** des Eigenverhaltens so entwickelt wird, dass **Dialoge** der Projektanten über die berechneten Eigenlösungen möglich sind. Es sollen die Erfahrungen der **Bauherrn** einfließen. Die jeweils verfügbare **Hardware** gestattet, die Darstellung der Berechnungsergebnisse auf dem Bildschirm sowie die **Dialogergebnisse** der **Entscheidungsgrundlage** für Optimalvarianten zu dokumentieren mit dem Ziel, möglichst große Eigenwerte und niedrige Baupreise zu erhalten.

Zunächst wurden im Abschn. 3.1 die Eigenwerte und Eigenformen von **Einfeldträgern** zusammengefasst. Die Abb. 3.3 lieferte einen Überblick über Einfeldträgermodelle, der dem Buch „Schwingende Balken" [4] entnommen ist. Abb. 3.4 definierte am Beispiel des **Biegeträgers auf zwei Stützgelenken** unter den verschiedenen Arten vorkommender Einfeldträger die **Eigenwertmaßzahlen und Eigenformen** des Balkens auf zwei Trägerstützen. Dieses Modell hat nur zwei Eigenformkomponenten, die nicht Null sind: die Querschnittverdrehung über dem linken Rand und die Verdrehung über dem rechten Rand. Die Durchbiegungen und die Krümmungen an beiden Rändern sind Null. Die berechneten zwei Eigenwertmaßzahlen Lambda der Grundform n = 1 und der zweiten Eigenform n = 2 sind 97,5 und 1560,0 sowie die beiden normierten **Randverformungskomponenten** sind in der ersten Grundform eta = 0,7071 und −0,7071, bei der zweiten Eigenform sind Komponenten eta 0,7071 und 0,7071 und in Abb. 3.4 sind die Verformungskomponenten für die

Grundform und die Oberform skizziert. Dazu sind die **Größensymbole** und die **Maßstäbe** der Größen angegeben. Unter den Skizzen wird die Berechnung der **potentiellen Energie** U und der **kinetischen Energie** T des Lösungsansatzes für Eigenwertaufgaben beim Modell mit nur zwei **Eigenwertkomponenten** eta zusammengestellt (Verdrehung des linken Modellrandes und des rechten Modellrandes). Die bezogene Federmatrix **C** und die Massenmatrix **M** haben entsprechend nur zwei Zeilen und zwei Spalten. Die auf den Energiemaßstab bezogene Energie zur Erzeugung der beiden Energieformen beträgt 1,200 bei der Beschreibung durch Hermitepolynome H. Wird der Verlauf der Biegelinien zwischen den Stützgelenken durch harmonische Zeitfunktionen (Sinus oder Cosinus) beschrieben, dann ergibt sich der **Energiebetrag** U = T = 1,189 und die **Eigenwertmaßzahl** Lambda = 97,5 (vierte Potenz der Kreiszahl pi bei wiederkehrenden, harmonischen Verformungsabläufen).

Da laut **Formel (5k)** jeder Eigenwert aus allen Randverformungen eta die **Gesamtstruktur** aus allen Strukturelementen berechnet wird, können diese Eigenwerte zum zahlenmäßigen Vergleich konkurrierender **Varianten** im Rahmen der Entscheidungsfindung bei der Ausschreibung und **Vergabe von Bauleistungen** angewandt werden. Die Entscheidung trifft der **Bauherr.** Er verknüpft dabei die Strukturdaten Eigenwerte und Eigenformen mit seinem Wissen und der Bedeutung der Bauwerke aus wirtschaftlicher und gesellschaftlicher Sicht. Das Ergebnis ist der **Baupreis** und die Dringlichkeit der Baumaßnahmen. Die konkurrierenden Varianten für Infrastrukturnetzwerke werden in **Bauprogrammen** zusammengefasst. An der Spitze steht die optimalste und vordringlichste Baumaßnahme.

Der **Strukturaufbau** wird gesteuert durch die **Indizes** i der Randverformungen und durch die daraus abgeleiteten **Inzidenzmatrizen.**

Die **Strukturelemente** werden bei Bauvorhaben durch die Elementparameter (bei Biegetragwerken durch die Elementlängen, Biegesteifigkeiten und Massenbelegungen) erfasst.

Neben den in den Büchern „Schwingende Balken“ [4] und „Schwingende Rahmen und Türme“ [5] wurden auf der Grundlage der Dissertation „Dynamische Modelle“ [1] die Ergebnisse der **Begutachtungsbeispiele** von zwei ausgewählten Brücken mit strukturbedingten Schäden und Mängeln dargelegt. Neben den berechneten **Eigenwerten und -formen** sind **Messungen** an den Tragwerken wiedergegeben und mit Fotos der Bauwerke versehen. Die Ergebnisse der Berechnungen und Messungen wurden verglichen. Dann erfolgte eine Auswahl **optimaler Strukturen.** Bei einer Brücke wurde der Überbau vorzeitig abgerissen und ein neues Tragwerk mit optimaler Struktur errichtet. Bei der anderen Brücke wurde nachträglich eine zusätzliche Stütze eingebaut und die Brückenbenutzung begrenzt.

Nachfolgend werden ausführlich in zwei Übersichten die Ergebnisse der Berechnung von **Eigenwerten und -formen** für **Mehrfeldträger** mit verschieden Lagerungsbedingungen und Parametern der Eigenlasten und Nutzlasten nach dem Buch „Schwingende Balken“ [4] wiedergegeben. Die Inhalte der Tabellen enthalten keine Texte, so dass sie für alle Sprachen gelten. Die Tragwerksmodelle sind skizziert und die Eigenwerte sowie die

Eigenformen sind zahlenmäßig angegeben für die Mehrfeldträgermodelle. Analog sind für Modelle von Rahmen und Türme die Berechnungsergebnisse durch Skizzen und Ergebnisdaten der Eigenwerte und Eigenformen im Buch „Schwingende Rahmen und Türme" [5] wiedergegeben.

Die **erste Spalte** enthält die Modellskizzen mit den Symbolen der variierten Parameter.

Die **zweite Spalte** enthält die Anzahl n der berechneten Eigenlösungen (es wurden die ersten drei Eigenwertmaßzahlen Lambda mit den Randverformungen w, w′ und w″ berechnet – bei Türmen wurde noch die Verteilung der Biegesteifigkeit und Massenbelegung variiert).

Die **dritte Spalte** enthält die **Parameter von Mehrfeldträgern,** zum Beispiel die Stützweitenverhältnisse beim Mehrfeldträger in den Tafeln 23 und 24, Tab. 3.7. Als **Maßstabslänge** wurde der Abstand der beiden Gelenke des 1. Feldes gewählt. Die Länge des 2. Feldes wird durch die Länge des 1. Feldes geteilt. Für zehn **bezogene Feldlängen** l zwischen 1,0 und 0,1 wurden die Eigenlösungen berechnet. Dadurch wird erreicht, dass alle **Zweifeldträgervarianten** mit Hilfe der **bezogenen Eigenwerte** verglichen werden können, um die Optimalvariante zahlenmäßig nachzuweisen. Analog wird mit den anderen Varianten verfahren. Berücksichtigt wurden die bezogenen Massenkonstanten m, die Überstandslängen ü, die Federkonstanten c elastisch nachgiebiger Stützen und die Abstände x der Massen von den Stützen. Insgesamt werden in Tab. 3.7, die berechneten **Eigenwertmaßzahlen** Lambda und die dazugehörigen, auf den Betrag 1 normierten **Randverformungen** eta berechnet. Durch diese Normierung sind nicht nur die Eigenwerte, sondern auch die Eigenverformungen vergleichbar. Das verformungsintensivste Zweifeldträgermodell ist in Tafel 35, Tab. 3.7, der Träger mit elastisch nachgiebigen Stützen. Die bezogenen Federkonstanten c wurden variiert zwischen 0,1 und unendlich (das bedeutet feste Stützen). Die **erste Eigenwertmaßzahl** für die Konstante c = 0,1 ist nur 0,1493, sie wächst bei festen Stützen an auf 97,5! Nach Erfahrungen sind mindestens Federmaßzahlen 10,0 zu fordern (der Eigenwert beträgt nach Tafel 35, Tab. 3.7, schon 11,63) um Konstruktionsschäden zu vermeiden.

Unter den Modellskizzen sind die **Symbole der variierten Parameter** eingetragen. Daneben sind die Anzahl n der berechneten Eigenlösungen angegeben. In der **Parameterspalte** sind die Eingabedaten der bezogenen Parameter je Modell eingetragen. Schließlich sind in der letzten Spalte der Tab. 3.7 und 3.8 die Tafelnummern im Buch „Schwingende Balken" [4] eingetragen.

Nach der Übersicht über die **Zweifeldträger und Dreifeldträger** erfolgt im zweiten Teil die Übersicht über die weiteren, berechneten Mehrfeldträger. Die Tafel 48, Tab. 3.8, enthält zunächst den Dreifeldträger auf vier elastisch nachgiebigen Stützen mit Variation der bezogenen Federzahlen c. Die erste Eigenwertmaßzahl ändert sich zwischen 0,1321 und 97,5, nach Erfahrungen muss die bezogene Federkonstante mindestens 10,0 sein.

In den Tafeln 49 bis 53, Tab. 3.8, wird für den **Träger auf vier festen Stützen** zunächst das **Stützweitenverhältnis** variiert und dann wird der Einfluss einer **konzentrierten Einzelmasse** im Randfeld und im Mittelfeld varriiert. Der erste Eigenwert liegt beim **Träger**

auf vier Stützen zwischen 13,21 und 160,0, so dass der Mindesteigenwert eingehalten wird. Bei der Variation der bezogenen Einzelmasse im Rand- und Mittelfeld liegt der erste Eigenwert zwischen 8,40 und 97,5, so dass der Mindesteigenwert 10,0 nur wenig unterschritten wird. Beim **Achtfeldträger** mit Einzelmasse liegt der erste Eigenwert zwischen 44,3 und 55,4 und schließlich wird in den letzten Tafeln die **Anzahl der Stützweiten** zwischen 5 und 10 Stützweiten variiert. Der erste Eigenwert beträgt bei allen Stützweitenvarianten 97,5, der auch beim Träger auf zwei festen Stützen zutrifft. Zahlenmäßig nach zu weisen ist stets die **erste Eigenwertmaßzahl** bei den räumlich **einachsigen Biegeträgern.** Bei Durchlaufträgern mit mehr als 5 gleich langen Feldern sind die Einzelvarianten hinsichtlich des Eigenverhaltens gleichwertig.

Die Übersicht in Tab. 3.7 enthält den ersten Teil der berechneten Eigenlösungen für Mehrfeldträger in den Tafeln 23 bis 47 zur Auswahl möglichst optimaler Tragwerkstrukturen mit 3 bis 4 Eigenlösungen und den variierten Parametern der Feldlängen l, den Einzelmassen m, den Endüberständen ü, den Federkonstanten c bei elastisch nachgiebigen Stützen beim Zweifeldträger sowie den Abständen x von wandernden Nutzmassen m beim Dreifeldträger.

Die Tab. 3.8 zeigt den zweiten Teil der Übersicht über die berechneten Eigenlösungen für Mehrfeldträger in den Tafeln 48 bis 57 im Buch „Schwingende Balken“ [4] zur Beurteilung des Einflusses der Anzahl von Eigenlösungen mit der Erfahrung, dass man die Gesamtheit der Beispieldaten des ersten Teils nutzen kann hinsichtlich der Wahl der Modellarten. Allgemein kann man das Eigenverhalten zum Beispiel von Großbrücken mit vielen Biegeträgerfeldern mit Hilfe der Eigenlösungen von Brückenmodellen mit nutzen hinsichtlich der Abschätzung der Eigenwertmaßzahlen der Tab. 3.7.

Mit den Daten der Tafeln 35, Tab. 3.7, und 48, Tab. 3.8, kann man für **verformungsempfindliche Trägermodelle** die Größenordnung der Federzahlen c einschätzen, um die **Dimensionierung** beim Konstruktionsentwurf durch Wahl der Baustoffart, der Konstruktion und einen möglichst geringen Baustoffaufwand und Baupreis bei Trägern mit nachgiebigen Stützen einzuschätzen.

Die Eigenlösungen von Biegeträgern mit mehr als drei Stützfeldern (Tafel 49, 53 bis 58, Tab. 3.8) kann man mit Hilfe der Tafeln des ersten Teils der Übersicht nach Tab. 3.7 vergleichen. Da die berechneten, ersten **Eigenwertmaßzahlen** von Tragwerken mit vielen festen Stützen nur wenig voneinander abweichen, kann man für die **Konstruktionsbemessung** auch die Tragwerksmodelle des ersten Teils der Übersichtstafeln heranziehen.

Nach den Tafeln 54 bis 58, Tab. 3.8, ist der Betrag der maßgebenden, **ersten Eigenwertmaßzahlen** bei Durchlaufträgern mit 5, 6, 8 und 10 festen Stützen etwa gleich.

Anschließend werden die **Maßstabsgrößen** zur Umrechnung der berechneten maßstabsfreien Eigenwerte und Eigenformen in **Dimensionen** (Dimension der Länge L in eckigen Klammern und Dimension der Masse M der Elemente in eckigen Klammern sowie der Dimension T in den Verformungs- und Bewegungsabläufen) verwendet. In der angewandten **Mechanik** gibt es drei Grunddimensionen, siehe Kap. 2 über die **Analogien** mit Übersichten über **Grunddimensionen** bei Arten von **Elementarmodellen** der Mechanik. In der Elektrotechnik gibt es vier Grunddimensionen, siehe Kap. 2 mit analogen,

Tab. 3.7 Übersicht Teil 1 über berechnete Eigenlösungen für Mehrfeldträger

Übersicht über Systeme und Parameter - MEHRFELDTRÄGER -

System	n	Parameter	Tafel
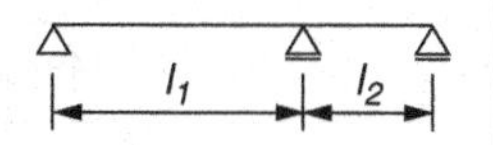 l_1, l_2	4	l_2/l_1 = 1; 0,9; 0,8; 0,7; 0,6	23
	4	l_2/l_1 = 0,5; 0,4; 0,3; 0,2; 0,1	24
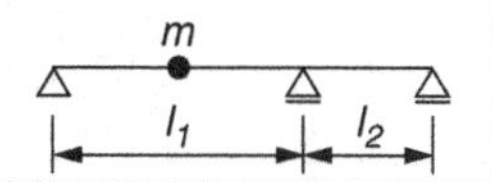 m, l_1, l_2	4	m/m_0 = 0,5: l_2/l_1 = 1; 0,9; 0,8; 0,7; 0,6; 0,5; 0,4; 0,3; 0,2; 0,1	25
	4	m/m_0 = 5: l_2/l_1 = 1; 0,9; 0,8; 0,7; 0,6; 0,5; 0,4; 0,3; 0,2; 0,1	26
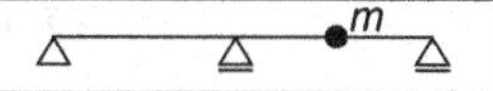 m	3	m/m_0 = 0; 0,1; 0,2; 0,5; 1; 5	27
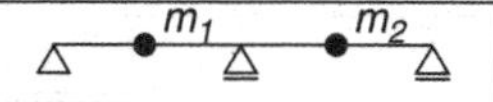 m_1, m_2	3	m_1/m_0 = 0; 0,05; 0,5; 1; 2,5; 5	28
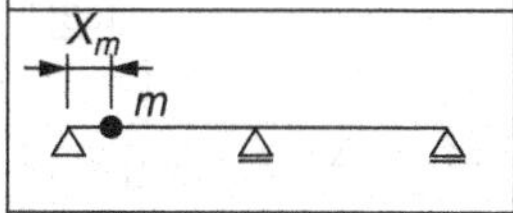 x_m, m	3	m/m_0 = 0,05: x_m/l_0 = 0; 0,25; 0,5; 0,75; 1	29
	3	m/m_0 = 0,5; 5: x_m/l_0 = 0,125; 0,25; 0,5; 0,75; 0,875	30
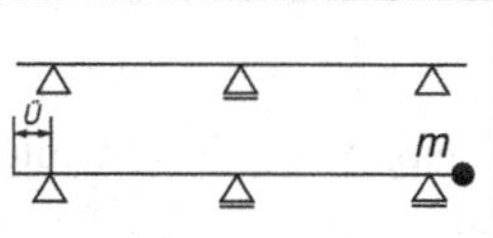 ü, m	3	m = 0: ü/l_0 = 0,5 m/m_0 = 0,05: ü/l_0 = 0,125; 0,25; 0,375; 0,5	31
	3	m/m_0 = 0,5; 5: ü/l_0 = 0,125; 0,25; 0,375; 0,5	32
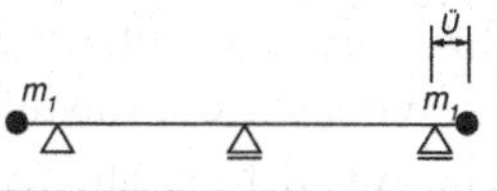 ü, m_1, m_1	3	m/m_0 = 0,05: ü/l_0 = 0,125; 0,25; 0,375; 0,5	33
	3	m_1/m_0 = 0,5; 5: ü/l_0 = 0,125; 0,25; 0,375; 0,5	34
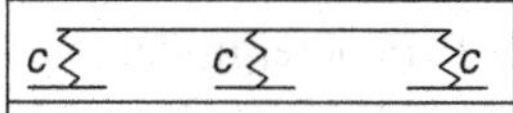 c, c, c	3	c/c_0 = 0,1; 1; 10; 100; 1000; ∞	35
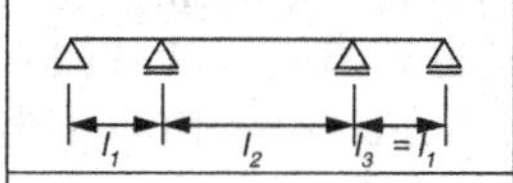 l_1, l_2, $l_3 = l_1$	4	l_2/l_1 = 2; 1,8; 1,6; 1,5 ; 1,4	36
	4	l_2/l_1 = 1,2; 1; 0,8; 0,6 ; 0,5	37
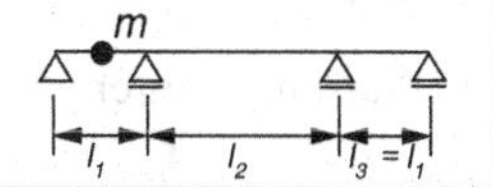 m, l_1, l_2, $l_3 = l_1$	4	m/m_0 = 0,5: l_2/l_1 = 2; 1,5; 1,2; 1; 0,8; 0,6; 0,5	38
	4	m/m_0 = 5: l_2/l_1 = 2; 1,5; 1,2; 1; 0,8; 0,6; 0,5	39
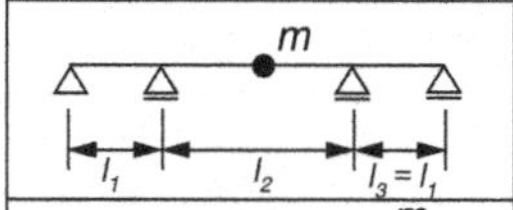 m, l_1, l_2, $l_3 = l_1$	4	m/m_0 = 0,5: l_2/l_1 = 2; 1,5; 1,2; 1; 0,8; 0,6; 0,5	40
	4	m/m_0 = 5: l_2/l_1 = 2; 1,5; 1,2; 1; 0,8; 0,6; 0,5	41
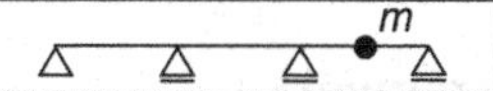 m	3	m/m_0 = 0; 0,1; 0,5; 1; 5; 10	42
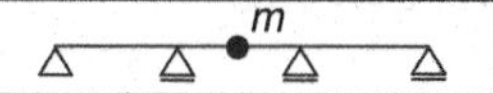 m	3	m/m_0 = 0; 0,1; 0,5; 1; 5; 10	43
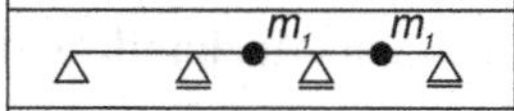 m_1, m_1	3	m_1/m_0 = 0; 0,05; 0,5; 1; 2,5; 5	44
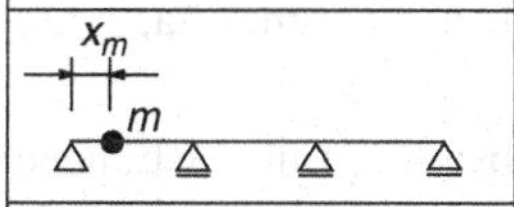 x_m, m	3	m/m_0 = 0,1: x_m/l_0 = 0; 0,25; 0,5; 0,75; 1	45
	3	m/m_0 = 0,5; 5: x_m/l_0 = 0,125; 0,25; 0,5; 0,75; 0,875	46
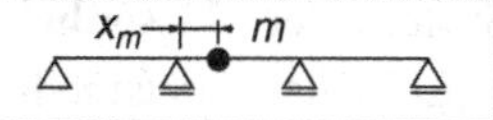 x_m, m	3	m/m_0 = 0,1; 0,5; 5: x_m/l_0 = 0,125; 0,25	47

Tab. 3.8 Übersicht Teil 2 über berechnete Eigenlösungen für Mehrfeldträger

System	n	Parameter	Tafel
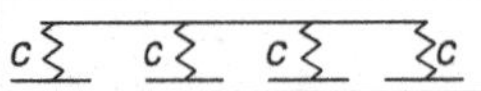 c c c c	3	c/c_0 = 0,1; 1; 10; 100; 1000; ∞	48
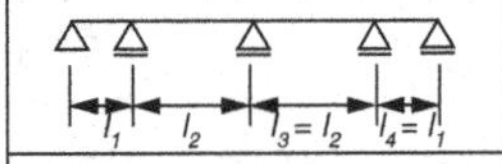 l_1 l_2 $l_3 = l_2$ $l_4 = l_1$	5	l_2/l_1 = 2; 1,8; 1,6; 1,4	49
	5	l_2/l_1 = 1,2; 1; 0,8; 0,5	50
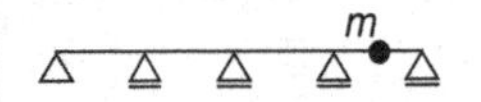 m	3	m/m_0 = 0; 0,1; 0,5; 1; 5; 10	51
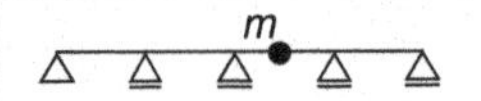 m	3	m/m_0 = 0; 0,1; 0,5; 1; 5; 10	52
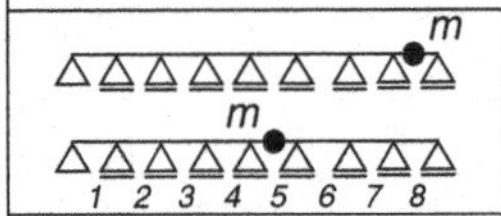 m m 1 2 3 4 5 6 7 8	3	m/m_0 = 1; 5; 10 m/m_0 = 1; 5; 10	53
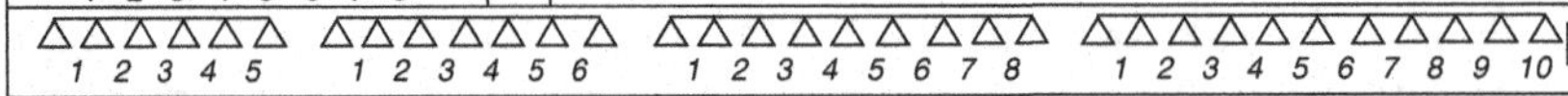 1 2 3 4 5 / 1 2 3 4 5 6 / 1 2 3 4 5 6 7 8 / 1 2 3 4 5 6 7 8 9 10			54 ... 57

elektrischen Parametern und Variablen. Mit den Übersichten sind Vergleiche der verschiedenen Elementarten möglich.

Der **Eigenwertmaßstab** wird gemäß Formel (2), s. Abschn. 3.2, definiert und mit einem Beispiel erläutert, siehe Abb. 3.1. Es gibt theoretisch so viele Eigenwerte, wie es Strukturelemente gibt, siehe Abschn. 3.3. mit den Strukturaufbauformeln. Aus der Gesamtheit aller Elemente wird ein **Maßstabselement** ausgewählt und die Parametergrößen werden durch die Parametermaßstäbe geteilt. In jedem Anwendungsfall ist nach Formel (3), s. Abschn. 3.2, die erste **Eigenwertmaßzahl** auszuweisen für die optimale Strukturwahl. Die maßstabsfreien Eigenwertmaßzahlen werden durch die Formel (4) definiert, s. Abschn. 3.2. Die **Hauptformel (5)**, s. Abschn. 3.2, ist das allgemeine, zahlenmäßig formulierte Kriterium zum Nachweis der optimalen Variante unter den konkurrierenden Entwurfsvarianten.

3.4 Maßstabsgrößen der Elementparameter

3.4.1 Übersicht über die Maßstabsgrößen für Biegetragwerke

In der Tab. 3.9 erfolgt eine Zusammenstellung der Maßstabsgrößen der **Mechanik und Statik** zur Berechnung des Eigenverhaltens von Biegetragwerken, geordnet nach **Elementparametern** mit Dimensionen, Maßeinheiten und Formeln.

Zuerst wird der **Längenmaßstab** l des ausgewählten Maßstabsfeldes mit der Längendimension L, der Maßeinheit m im Internationalen Metrischen System, der **Massenbelegung** mü in Tonnen je Meter und der **Biegesteifigkeit** EI (Elastizitätsmodul, Flächenträgheitsmoment I) mit der Längendimension L, der Massendimension M und der Zeitdimension T angegeben.

Dann folgen die bekannten **Zeitgrößen** des Eigenverhaltens: der Eigenwertmaßstab Lambda, die Eigen-Kreisfrequenz omega bei Rotationsbewegungen, Eigenfrequenz bei Translationsbewegungen f, gemessen in Hertz, und der Periodendauermaßstab T, gemessen in Sekunden.

Unter **„Zeit – Massenkonstanten"** werden ausgewählte Parameter wie Massenmaßstab mit der Dimension M, Federkonstantenmaßstäbe c bei Tragwerken bei elastisch nachgiebigen Stützen mit den Dimensionen M und T sowie Maßstäbe für Drehfederkonstanten bei elastisch eingespannten Elementquerschnitten mit den Dimensionen der Länge, der Masse und der Zeit angefügt.

Schließlich enthält die Tab. 3.9 den **Energiemaßstab** zur Erzeugung von Eigenverformungen und Maßstäbe zur Auswertung der berechneten **Eigenvektoren** und **Schnittkräften** mit ihren jeweiligen Dimensionen und Maßstäben. Einzelheiten sind der Dissertation „Dynamische Modelle" [1] aus dem Anlagenband zu entnehmen. In Abschn. 3.4.2 werden die **Größenordnungen der Elementparameter** von Biegetragwerken eingeschätzt.

Es gibt noch weitere Arten von Verformungs- und Schnittkraftgrößen bei Tragwerken wie Längskräfte und Querkräfte. Bei Biegetragwerken können bei der Berechnung der Eigenwerte und Eigenformen diese Größen vernachlässigt werden.

3.4.2 Abschätzung der Längen von Einfeldträgern

Die **Elementlängen** l von gelenkig gestützten Biegeträgern sind maßgebend für die **Größenordnung der Eigenwertmaßzahlen,** weil die Länge mit der vierten Potenz eingeht. Abgeschätzt werden die Parameter für die gelenkig gestützten Lager von 1 Metern und 10 Metern. Die ersten Eigenwertmaßzahlen liegen bei Biegeträgern zwischen 12 bei beidseitig gelenkig gestützten Biegeträgern und 506 bei beidseitig eingespannten Trägern (Eigenwertmaßzahlen sind maßstabsfrei), siehe Abb. 3.1 mit maßstabsfreien und normierten Randverformungen.

3.4.3 Abschätzung der Quotienten von der Biegesteifigkeit und der Massenbelegung

Nach Abb. 3.1 hängt der Eigenwert ab von den **Parametern** der Längen l, der Steifigkeiten EI und der Massenbelegungen mü. Legt man Längen fest (1 Meter, 10 Meter und 100 Meter) für die Schätzung, dann muss man den Quotienten EI/mü berechnen, um den **Eigenwert** aus dem Quotienten mit dem Kehrwert der vierten Potenz der Längen zu multiplizieren und die **Größenordnung** der Eigenwerte je angenommenen Trägerquerschnitt im Rahmen der Dimensionierung zu erhalten. Zur **Berechnung der Eigenwertgrößenordnungen** wurden Beispielquerschnitte von Stahlquerschnitten (Symbole S1 bis S9) und Einzelheiten für Betonquerschnitte (Symbole C1 bis C10) ausgewählt.

Tab. 3.9 Übersicht über die Maßstäbe der Elementparameter mit Symbolen der Parametergrößen mit drei Parameterarten der Mechanik, der Maßeinheiten der Internationalen Metrischen Maßeinheiten und den Berechnungsformeln

Kurzbezeichnung und Symbol der Maßstabsgrößen	Dimension	Maßeinheit	Zu Formel
Je **Maßstabsfeld des Tragsystems** gewählte Parametergrößen			
Längenmaßstab l_0 des Maßstabsfeldes	$[L]$	m	(2),
Maßstab der Massenbelegung $\mu_0 = m_0/l_0$	$[L^{-1}M]$	t/m	(10),
Maßstab der Biegesteifigkeit $(EI)_0 = E_0 \cdot I_0$	$[L^3MT^{-2}]$	m^3ts^{-2}	(15),
Zeitgrößen der Eigenlösungen je Tragsystem (Zeitverhalten)			
Eigenwertmaßstab $\lambda_0 = \frac{(EI)_0}{\mu_0 \cdot l_0^4}$	$[T^{-2}]$	s^{-2}	(2),
Eigen – Kreisfrequenz $\omega_0 = \sqrt{\lambda_0}$	$[T^{-1}]$	s^{-1}	(2),
Eigenfrequenz $f_0 = \sqrt{\lambda_0} / 2\pi$	$[T^{-1}]$	*Hertz*	(2),
Periodendauer – Maßstab $T_0 = 1/f_0$	$[T]$	s	(2),
Zeit – Massengrößen der Konstanten des Tragsystems			
Massenmaßstab $m_0 = \mu_0 \cdot l_0$	$[M]$	t	(5f),
Maßstäbe des elastischen Widerstandes gegen Verformungen			(12),
Federkonstante $c_0 = \frac{(EI)_0}{l_0^3}$	$[MT^{-2}]$	ts^{-2}	(16),
Drehfederkonstante $C_0 = (EI)_0/l_0$	$[L^2MT^{-2}]$	m^2ts^{-2}	
Zeit – Masse – Länge – Größe der Lage- und Bewegungsenergie (Potentialgröße)			
Energiemaßstab $E = c_0 \cdot w_0^2 = \lambda_0 \cdot m_0 \cdot w_0^2$	$[L^2MT^{-2}]$		(12),
zur Auswertung der normierten Eigenvektoren	$[\eta] = 1$, siehe Verformungsgrößen		
Maßstäbe der **Verformungs- und Schnittkraftgrößen**			
Maßstab der Durchbiegungs- oder Verschiebungsgrößen w_0	$[L]$	m	(17),
Maßstab der Rand- oder Tangentenverdrehung $w_0' = w_0 / l_0^2$	$[I]$	l	(18),
Maßstab der Randkrummungen $w_0'' = w_0 / l_0^2$	$[L^{-1}]$	m^{-1}	(19),
Maßstab der Krümmungsradien $R_0 = l_0^2 / w_0$	$[L]$	m	(20),
Maßstab der Biegemomente $M_0 = (EI)_0 \cdot w / l_0^2$	$[L^2MT^{-2}]$	m^2ts^{-2}	(21)
unde bei Bedarf weitere Maßstäbe, zum Beispiel für Kräfte, Querkräfte			

- **Querschnitt** S1 eines quadratischen **Kastenträgers** aus Stahlblech mit der Blechdicke t = 20 Millimeter, Abmessungen B = 1 Meter aus Stahl mit dem Elastizitätsmodul E und dem Flächenträgheitsmoment I = 0,01256 Meter hoch vier und der Massenbelegung mü = 0,619 Tonnen je Meter Länge. Daraus ergab sich der Quotient EI/mü in Metern hoch vier je Sekunde für die Berechnung des ersten Eigenwertes, wie nachfolgend im Einzelnen an den Beispielen von Betonquerschnitten gezeigt wird.
- **Stahlquerschnitt** S2 eines rechteckigen **Kastenträgers** mit der Blechdicke 20 Millimeter und der Höhe 1 Meter, der Breite B = 0,5 Meter sowie dem Flächenträgheitsmoment I = 0,008775 Meter hoch vier und der Massenbelegung mü = 0,461 Tonnen je Meter.
- **Stahlquerschnitt** S3 eines **Kastenträgers** wie beim Querschnitt S2, jedoch mit 5 Millimeter Blechdicke, B = 0.1 Meter und H = 0.2 Meter.
- **Stahlquerschnitt** S4 eines **Rohres** aus Blech mit der Blechdicke 20 Millimeter und dem Außendurchmesser von 1 Meter.
- **Stahlquerschnitt** S5 eines **Rohres** aus Blech wie beim Querschnitt S4, jedoch mit der Blechdicke 5 Millimeter und einem Außendurchmesser von 0.2 Meter.
- **Stahlquerschnitt** S6 eines **Doppel-T-Trägers** aus zwei Lamellen mit einem Steg in Querschnittmitte: Blechdicken der Lamellen von 36 Millimeter Dicke und des Steges von 1,9 Millimeter sowie Lamellenbreiten von 0,4 Meter und einer Steghöhe von 1 Meter.
- **Stahlquerschnitt** S7 eines **Doppel-T-Trägers** wie Querschnitt S6, jedoch Blechdicken der Lamellen 10 Millimeter und des Steges 6 Millimeter sowie der Lamellenbreiten 0,2 Meter und der Steghöhe 0,1 Meter.
- **Stahlquerschnitt** S8 eines **Stegbleches** allein mit der Blechdicke 20 Millimeter und der Steghöhe 1 Meter.
- **Stahlquerschnitt** S9 eines **Stegbleches** mit der Blechdicke 5 Millimeter sowie der Steghöhe 0,2 Meter.

3.4.4 Flächenträgheitsmomente und Biegesteifigkeit für Betonquerschnitte

Die ausführliche Berechnung der Parameter des elastischen **Widerstandes der Strukturelemente** gegen Eigenverformungen erfolgt für zehn ausgewählte **Betonquerschnitte** in der Tabelle von Abb. 3.6. In der ersten Spalte sind die Querschnittsymbole C1 bis C10 angegeben. Die zweite Spalte enthält die **Querschnittskizzen** mit den Abmessungen. Dazu sind die Symbole für die **Originalmaßstäbe** und die Berechnungsformeln zu entnehmen. In den folgenden Spalten werden die Maßzahlen der **Flächenträgheitsmomente** I mit der Maßeinheit in Meter hoch vier, der **Massenbelegung** in Tonnen je Meter und des Quotienten EI/mü in Metern hoch vier je Sekunde zum Quadrat zusammengestellt. Die **Maßzahlgrößenordnungen** liegen im Bereich zwischen 10^4 bis 10^6, siehe nachfolgende Zusammenstellung der **Größen und Maßstäbe** in drei Teilen. Im ersten Teil sind die **Originalmaßstäbe** enthalten. Im zweiten Teil sind abgeleitete Maßstäbe mit

Umrechnungsfaktoren für Varianten von Anwendungsbeispielen nach Formeln sowie im dritten Teil **Vergleichsbeispiele** von Parameterkonstanten und Verformungsmaßstäben mit den Größendimensionen zusammengestellt.

Nachfolgend erfolgt ein **Variantenvergleich** nach **Eigenwertmaßzahlen:**

- **Betonquerschnitt** C1: Die berechnete Maßzahl des Flächenträgheitsmoments I ist 0,0833, die Maßzahl der Massenbelegung mü ist 2,40 und der Quotient EI/mü ergab für den quadratischen Betonquerschnitt von einem Quadratmeter $1{,}042 \times 10^6$.
- **Betonquerschnitt** C2: Die Flächenmaßzahl I ist 0,0417 sowie die Massenbelegungszahl ist 1,20 (Hälfte der Zahlen für C1) und der Quotient EI/mü für den Querschnitt ist gleich für den Querschnitt C1. Also hat die Halbierung der Querschnittbreite keinen Einfluss auf die Berechnung der **Eigenwertmaßzahl** als Kriterium für den Vergleich der beiden Varianten.
- **Betonquerschnitt** C3: Beim Rechteckquerschnitt mit einer Höhe von 0,20 Meter und einer Breite von 0,10 Metern sowie einem Trägheitsmoment von 0,667 und einer Massenbelegung 4,80 ergibt sich der Quotient EI/mü zu $4{,}169 \times 10^4$ (also kleiner als bei C1).
- **Betonquerschnitt** C4: Beim Kreisquerschnitt mit einem Radius von 0,50 Metern sowie einem Flächenträgheitsmoment von 0,785 und einer Massenbelegung von 7,54 ergibt sich der Quotient EI/mü zu $0{,}781 \times 10^6$, beim Querschnitt C1 ist er 1.2×10^{10}.
- **Betonquerschnitt** C5: Beim Kreisquerschnitt mit dem Radius von 0,10 Metern, einem Trägheitsmoment von 0,785 und einer Massenbelegung von $7{,}54 \times 3{,}125 \times 10^4$.
- **Betonquerschnitt** C6: Quadratischer Hohlkastenträger mit den Außenkantenlängen von einem Meter und den Innenkantenlängen von 0,50 Metern und einem Trägheitsmoment von 0,0375 und einer Massenbelegung von 1,80 ergibt sich der Quotient $0{,}625 \times 10^6$.
- **Betonquerschnitt** C7: Quadratischer Hohlkastenträger mit Außenkantenlängen von 0,20 Metern und Innenkantenlängen von 0,10 Metern und einem Trägheitsmoment von 1,333 sowie einer Massenbelegung von 7,20 ergibt sich der Quotient $5{,}554 \times 10^4$.
- **Betonquerschnitt** C8: Doppel-T-Querschnitt mit einer Höhe 1,00 Meter und Lamellenbreiten von 0,50 Metern sowie Lamellendicken von 0,25 Metern und der Stegdicke von 0,25 Metern sowie dem Trägheitsmoment 0,0931 und Massenbelegung von 0,900 ergibt sich der Quotient EI/mü zu $1{,}303 \times 10^6$.
- **Betonquerschnitt** C9: Doppel-T-Querschnitt, Höhe 0,20 Meter, Breite 0,20 Meter, Steghöhe 0,10 Meter ergibt sich der Quotient EI/mü $5{,}208 \times 10^4$.
- **Betonquerschnitt** C10: Steg allein mit einer Höhe von 1.0 Meter und einer Dicke von 0,01 Meter ergibt den Quotienten EI/mü $1{,}042 \times 10^6$ (E ist der Elastizitätsmodul).

Tab. 3.10 enthält die Übersicht über die Größenordnungen der Maßstäbe für 10 Betonquerschnitte mit Skizzen und den Maßzahlen der Flächenträgheitsmomente und Massenbelegungen zur Berechnung der Quotienten aus diesen Parametern und Abschätzung der ersten Eigenwerte.

3.4.5 Ergänzung der Hauptformeln zum Strukturaufbau von Tragwerken

Im Abschn. 3.3 über den **Strukturaufbau** von Biegetragwerken werden die Hauptformeln beschrieben. Die **Formel (1)** definiert den Eigenwert in Zeiteinheiten als Produkt der Eigenwertmaßzahl Lambda mit dem Eigenwertmaßstab und die Parameter der Strukturelemente in den **Formeln (2) (3) und (4).** Die Erläuterung der Größen erfolgt durch das **Biegeträgermodell,** das in der Bautechnik am häufigsten vorkommt.

Die **Hauptformel (5)** des maßstabsbehafteten **Eigenwertes Lambda** fordert, dass diese Größe einen **maximalen Betrag** bei der Strukturwahl erreichen soll. Das bedeutet, dass neben der Minimierung der Baupreise auch die Maximierung der Eigenwerte erreicht werden soll. Die zur Findung von **Optimalvarianten** notwendigen Vergleiche von Tragwerkstrukturen sind rechnerisch nachzuweisen in künftigen **Ausschreibungsverfahren.**

Die **Unterformel (5a)** gilt für **Neubauprojekte** und für Baumaßnahmen zur Erhaltung vorhandener Bauten. Zum Vergleich der angebotenen Varianten werden die **Eigenwerte** auf die jeweiligen **Maßstäbe** der Zeitgrößen der Anwendungsbeispiele bezogen. Dazu ist ein repräsentatives Strukturelement auszuwählen. Empfohlen wird das Element mit der größten Elementlänge.

Da es verschiedenartige Strukturelemente in technischen Disziplinen gibt, wurden im Abschn. 2.3 insgesamt elf Elementarten ausgewählt, die verglichen werden können, siehe Übersichten über die **Modellarten** I bis XI in Abb. 2.1, 2.2 und 2.3 mit den **Eigenwertformeln (5b).**

Die **maßstabsfreien Eingabedaten** von Strukturelementen mit gleichmäßiger Verteilung der Parameter werden in **Formel (5c)** für drei Felder (Rechenfelder genannt) zusammengestellt. Tab. 3.10 enthält Strukturaufbaudaten und bezogene Feldparameter. Die Aufbaudaten je Feldrand enthalten die **Indizes** der Randverformungen (Durchbiegungen w, Verdrehungen w' und Krümmungen w'') und die bezogenen **Feldparameter.** Vereinfachend wird im Erläuterungsbeispiel angenommen, dass die Indizes und Parameter des ausgewählten **Maßstabsfeldes** der Gesamtstruktur erfasst werden (zum Beispiel des längsten Feldes). Insgesamt gibt es 9 Indizes der **Randverformungskomponenten.** Die bezogenen Parameter der **Längen, Massen und Steifigkeiten** haben den Betrag 1,0000, diese Daten werden gemäß Anwenderrichtlinie zusammengestellt und in den Rechner eingegeben.

Nach der **Formel (5d)** werden zur Berechnung des Lösungsansatzes in Energiegrößen zunächst **Einheitsbiegelinien** der sechs Randverformungen mit Hilfe von Hermitepolynomen berechnet. Dabei wird jeweils eine Komponente eta = 1 gesetzt und die anderen fünf Komponenten sind Null. Dadurch können die **Energieanteile** aller Einzelkomponenten errechnet werden.

Als Ansatz der Lösung von **Eigenwertaufgaben** wird die Matrizengleichung „Potentielle Energie = kinetische Energie“ für Tragwerke mit hochwertigen Baustoffen (Stahl und Beton) herangezogen. Nach der **Formel (5e)** wird die **potenzielle Energie** berechnet aus dem Produkt der Eigenverformungskomponenten eta und der Federmatrix **C**

Tab. 3.10 Übersicht über die Größenordnungen der Maßstäbe für 10 Betonquerschnitte

Beispielquerschnitte			Flächen-	Massenbe-	
Symbol	Abmessungen	für die Originalmaßstäbe	trägheit I in m^4	legungen μ in t/m	$\frac{(EI)}{\mu}$ in $\frac{m^4}{s^2}$
$C1$	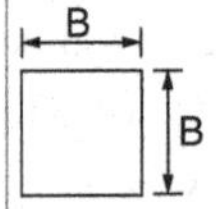	$I = B^4/12$ $A = B^2 = 1\ m^2$ $\mu = \gamma \cdot A = 2{,}4$	0,0833	2,40	$\frac{E \cdot B^2}{12\gamma} = 1{,}042 \times 10^6$
$C2$	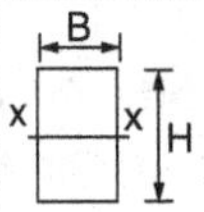	$I_x = \frac{B \cdot H^3}{12}$ $A = B \cdot H$ $B = 0{,}5\ m, H = 1\ m$	0,0417	1,20	$1{,}042 \times 10^6$
$C3$	wie $C2$, jedoch	$B = 0{,}1\ m,$ $H = 0{,}2\ m$	$0{,}667 \cdot 10^{-4}$	$4{,}8 \cdot 10^{-2}$	$4{,}169 \times 10^4$
$C4$	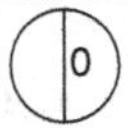	$I = (\pi/4) \cdot r^4$ $A = (\pi/4) \cdot D^2$ $r = D/2 = 0{,}5\ m$	0,0491	1,885	$0{,}781 \times 10^6$
$C5$	wie $C4$, jedoch	$D = 0{,}2\ m$	$0{,}785 \cdot 10^{-4}$	$7{,}54 \cdot 10^{-2}$	$3{,}125 \times 10^4$
$C6$	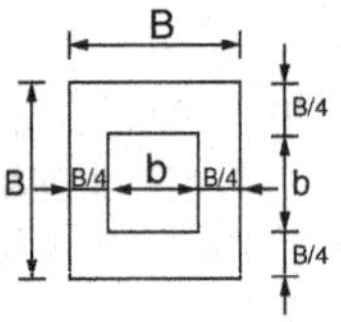	$I = \frac{B^4 - b^4}{12}$ $A = B^2 - b^2$ $b = B/2 = 0.5\ m$	0,0375	1,80	$0{,}625 \times 10^6$
$C7$	wie $C6$, jedoch	$B = 0{,}2\ m,$ $b = 0.1\ m$	$1{,}333 \cdot 10^4$	$7{,}20 \cdot 10^{-2}$	$5{,}554 \times 10^4$
$C8$	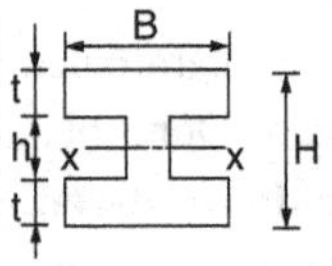	$I_x = \frac{b \cdot H^3 - b \cdot h^2}{12}$ $A = 2B \cdot t + h \cdot d$ $H = 1\ m, B = 0{,}5\ m$ $D = t = b = 0{,}25\ m$ $h = 0{,}5\ m$	0,0391	0,900	$1{,}303 \times 10^6$
$C9$	wie $C8$, jedoch	$H = 0{,}2\ m,$ $d = h/2 = 0{,}05$ m	$0{,}625 \cdot 10^{-4}$	$3{,}60 \cdot 10^2$	$5{,}208 \times 10^4$
$C10$	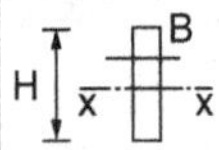	$I_x = B \cdot H^3/12$ $A = B \cdot H = 0{,}1\ m^2$ $H = 1\ m, B = 0{,}1\ m$	0,00833	0,240	$1{,}042 \times 10^6$, vgl. C1, C2

(Konstanten c des elastischen Widerstandes gegen Verformungen). Die **kinetische Energie** wird berechnet aus dem Produkt des **Eigenwertes,** den Verformungskomponenten und der Massenmatrix **M,** die die Bewegungsträgheit der Feldmassen erfasst. Dazu werden die Indizes der **Randverformungen** aller Einzelelemente durch **Inzidenzmatrizen** zum Strukturaufbau abgeleitet.

Die potenzielle Energie zur Erzeugung der **Eigenformen** wird aus den Einheitsbiegelinien nach **Integralansätzen** für alle Verformungskräfte M in den einzelnen Elementen der Struktur nach der **Formel (5f)** sowie nach Integralansätzen aus dem Produkt der **Eigenwerte** mit den Feldmassen und mit dem Integral über alle **Durchbiegungen** w der Struktur errechnet.

Der **Aufbau der Gesamtstruktur** erfolgt nach den **Formeln (5g).** Dazu wird die Summe der **potenziellen Energie** aus allen Elementen gleichgesetzt mit dem Produkt der **Eigenwertmaßzahl** und der Summe aller **Massenträgheiten** gegen Bewegungen der Einzelelemente berechnet. Zu dieser Gesamtformel gehören die Berechnung der **Systemfedermatrix C** und der **Systemmassenmatrix M.** Der Strukturaufbau aus Elementen wird gesteuert durch die **Feldinzidenzmatrizen K,** die aus der erfassten Indextafel (Indizes der Randverformungen) abgeleitet sind. Die Systemmatrizen haben n Spalten und n Zeilen. In den Hauptdiagonalen werden zu den Anteilen aus den homogen verteilten **Steifigkeiten** und den **Massenbelegungen** die Anteile aus den **Federkonstanten** der nachgiebigen Stützen und den konzentrierten Massen, die **Einzelbausteine** genannt werden, addiert.

Die **Formeln (5f)** geben die von Zurmühl ein für alle Mal berechnete maßstabsfreie Federmatrix **C** und die Massenmatrix **M** wieder für die Grundmodelle aus homogenen Elementen. Diese Matrizen haben 6 Zeilen und 6 Spalten. Zu den Elementdaten in der Hauptdiagonale werden die **Einzelbausteindaten** c und m addiert. Die anderen Daten bewerten noch die homogenen Elementparameter, sie spiegeln sich an den **Hauptdiagonalen.** Zum Beispiel sind in der Massenmatrix die Faktoren 181 sowohl in der ersten Spalte und in der letzten Zeile zu finden als auch in der letzten Spalte und in der ersten Zeile. Die Exponenten der **Elementlängen** bewerten zusätzlich die Matrizenelemente. Man erkennt daraus die gravierende Bedeutung der Elementlängen gegenüber den homogenen Parametern EI der Biegesteifigkeit und der Massenbelegung mü, die als **Faktoren vor den Matrizen** stehen.

Die beiden **Formeln (5h)** für den **Strukturaufbau** formulieren die konkreten Indexoperationen für Biegetragwerke. Die numerische Berechnung der Eigenwerte und Eigenformen erfolgt iterativ in Lösungsschritten nach den **Formeln (5i)** und **(5k).** Der Transport der Matrizenelemente von den Feldmatrizen in die Systemmatrix wird im Abschn. 3.3 veranschaulicht und im Einzelnen erläutert. Die Elementmatrizen haben 6 Zeilen und 6 Spalten. Die Matrizen **C** und **M** der **Gesamtstruktur** im Anwendungsbeispiel einer Industriehalle aus drei Biegestäben mit zwei elastisch nachgiebigen Stützen haben 9 Zeilen und 9 Spalten. Man kann diesen **Aufbauprozess** als **„Zusammenschachteln"** der Feldmatrizen zu Strukturmatrizen bezeichnen.

In der **Formel (5i)** wird zunächst die Massenmatrix **M** zerlegt in zwei Dreiecksmatrizen $\mathbf{M} = \mathbf{D}' \times \mathbf{D}$, wobei **D′** die transponierte Matrix und **D** die Dreiecksmatrix ist. Die Matrix **D** ist eine Einheitsmatrix. Die zerlegten Matrizen bestehen aus maßstabsfreien Parametern. Durch die Zerlegung kann eine **Eigenwertabbildung** erfolgen und man erhält so die **spezielle Eigenwertaufgabe** in der Formel (5i). Einzelheiten sind dem Buch von Schwarz, Rudishauser und Stiefel [3] zu entnehmen.

Damit ergibt sich die Problemgleichung mit **Formel (5j) der speziellen Eigenwertaufgabe**, die durch Iteration gelöst wird. In dieser Iterationsgleichung wird das Produkt der tridiagonalen Matrix **A** multipliziert mit der Iterationsvariablen **x** gebildet und gleichgesetzt mit der Eigenwertmaßzahl Lambda × Variable **x.** Dabei wird die sich ergebende Randverformung eta auf den Betrag 1 normiert. Der Abbruch des Iterationsprozesses erfolgt in der Anwendersoftware „Eigenwerte" nach der im Dateneingabeblatt einzutragenden **Iterationsgenauigkeit.**

Die **Formel (5k)** definiert die **erste Eigenwertmaßzahl** durch den Grenzwert (Symbol lim) des Quotienten, bei dem im Zähler eine 1 steht und im Nenner das Produkt aus den letzten beiden Eigenverformungskomponenten eta im Iterationsprozess. Das bedeutet, dass der erste Eigenwert die **Gesamtheit der Eigenverformungen** aller Strukturelemente repräsentiert. Deshalb sind Variantenvergleiche zur Findung der Optimalvarianten aus struktureller Sicht mit Zahlen belegbar!

Als **Ergänzung der allgemeinen Strukturierungsformel (5)** mit den Unterformeln (5a) bis (5k) wurden nach den Erfahrungen aus den Eigenwertberechnungen und den Begutachtungen die nachfolgenden Formeln beschrieben. In den Formeln (6) und (7) wird neben dem Zielkriterium des ersten Eigenwertes ein **Minimalbetrag** gefordert. Die Minimalbeträge sind in **Anwenderrichtlinien** vorzugeben oder nach Erfahrungen anzunehmen. Dies soll an zwei Beispielen erläutert werden. Bei **Neubauten** ist die **Eigenwertmaßzahl** zu begrenzen, die auf den gemeinsamen **Eigenwertmaßstab** aller konkurrierenden Angebotsvarianten zu beziehen ist. Bei den vorhandenen und zu **begutachtenden Tragwerken** mit Bauschäden oder konstruktiven Mängeln ist der maßstabsbehaftete **Eigenwert** Lambda zu begrenzen. Daraufhin wurden Gerichte eingeschaltet. Eine Beratung vor Ort ergaben **Aufträge** an den Gutachter über die Berechnungen und Messungen an den Brücken und über die vorzuschlagenden Änderungen an den Konstruktionen zur Gewährleistung der **Verkehrssicherheit.** Bei der stählernen Hängebrücke Jüterbog (siehe Dissertationsschrift „Dynamische Modelle" [1]) wurde eine zusätzliche Stahlstütze eingebaut. Bei der sehr schlanken Stahlbrücke Wernsdorf wurden ebenfalls Messungen und Berechnungen durchgeführt. Zuerst wurden dort die **Eigenfrequenzen** und Verformungen gemessen. Die berechneten Eigenwerte und Eigenverformungen stimmten sehr gut mit den gemessenen Werten überein. Die zu niedrigen Eigenfrequenzen führten zum Einbau einer Asphaltschicht mit einer großen Dämpfungszahl.

Bei der speziellen **Maschinenbauformel (7)** mit rotierenden Wellen werden zur Vermeidung von **Resonanzerscheinungen** auch technische Vorkehrungen getroffen wie Einbau von Schwingungstilgern. Damit können zum Beispiel der 1. Eigenwert und gegebenenfalls auch der zweite und dritte Eigenwert unterdrückt werden.

Formeln des Variantenvergleichs und Maßstäbe. Die Wahl der **Maßstäbe** zur Tragwerksdimensionierung wird auf der Grundlage des Buches von Langhaar [8] durchgeführt. Für die **Bemessung** der Beispieltragwerke wird im vorliegenden Buch das Internationale Metrische System bevorzugt, siehe Dissertation Dynamische Modelle [1].

In der **Formel (8)** werden allgemein die statischen und dynamischen **Dimensionen** der Elementlängen L, der Elementmassen M und der Zeit T symbolisiert. Sie werden berechnet aus dem Produkt a (mit dem Querbalken als Symbol der Maßstabsfreiheit) und der Maßeinheit von a (mit dem Index Null) sowie der Maßeinheitensysteme (Meter-Tonnen-Sekunden-System oder Yard-Pound-Second-System als Beispiele) nach den beiden Quellen [8] und [1]. Für praktische Anwendungsbeispiele mit dem allgemeinen Größentyp nach der Formel (8) müssen **relative Maßstäbe** „aufgesetzt" werden. Dazu ist für **Biegetragwerke** ein repräsentatives Tragwerkselement aus der Gesamtheit der Strukturelemente auszuwählen.

In der **Formel (9)** wurde das Symbol B für Dimensionsgrößen der Mechanik von Biegetragwerken angewandt. Die Dimensionen B des Größentyps nach Formel (8) werden berechnet aus dem Produkt **maßstabsfreier Größen** (Symbol B mit Querbalken, zum Beispiel Eigenwertmaßzahlen Lambda, normierte und auf Maßstäbe bezogene Randverformungen eta, Schnittgrößen wie Biegemomente und Energiegrößen) multipliziert mit den **Elementmaßstäben** des ausgewählten Strukturelements, siehe Skizze mit den jeweiligen Parametern und Formelübersicht über Größen und Maßstäbe in der Tab. 3.10.

Im Folgenden wird Formel (9) erläutert über die drei Dimensionssymbole für Biegeträger und Skizze eines Maßstabselementes mit Symbolen der Elementachse x, der Elementlänge l, der Biegesteifigkeit EI und der Massenbelegung mit

$B = \bar{B}_0 \cdot B_0$ in Dimensionen $[L]$, $[M]$, $[T]$ beim Problem der Mechanik fußenden Größen, jedoch angegeben als Produkt **maßstabsfreier Eigenlösungen** $\bar{B}$ (Eigenwerte $\bar{\lambda}$ dimensionslos, Eigenformen und abgeleitete, dimensionslose, andere Größen) und **relativer Maßstäbe** B_0, im Falle des Biegeeigenwertproblems, definiert wie folgt:

$\bar{B}$ dimensionslose Eigenwerte und -formen nach (1) bis (5k),

$b_0 = (l_0, EI_0, \mu_0)$ Grundmaßstäbe des Maßstabsfeldes nach (10) und

$B_0 = (b_0, l_0, E_0)$ alle benötigten Maßstäbe nach Formel (11).

Das ausgewählte **Maßstabsfeld** je Tragwerkstruktur wird bei der Strukturierungsaufgabe mit Hilfe von Eigenwerten der Biegetragwerke durch 3 Maßstabsparameter definiert, aus denen der Eigenwertmaßstab nach Formel (2) ermittelt wird:

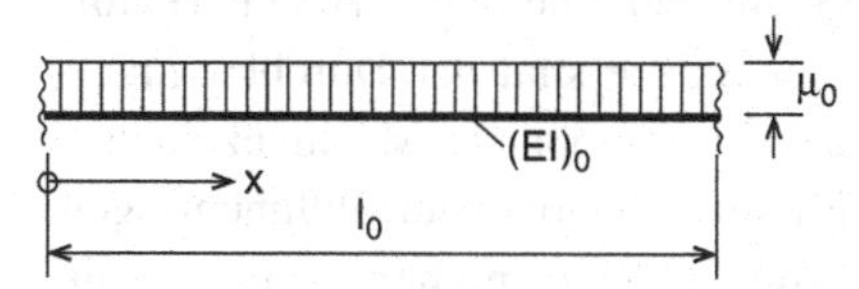

l_0 beliebige **Maßstabslänge** hinsichtlich Maßzahl und Maßeinheit nach Formel (8)

$(EI)_0$ beliebige **Biegesteifigkeit** nach Maßzahl und Maßeinheit,

$\mu_0 = m_0/l_0$ beliebige **Massenbelegung,** das heißt Elementmasse m_0 je Längeneinheit, gleichmäßig verteilt

$b_0 = (l_0, EI_0, \mu_0)$ in Produkten aus Grunddimensionen

$B_0 = (b_0, \lambda_0, E_0, m_0, c_0, C_0, w_0, w'_0, w''_0, M_0 \ldots)$

Die drei Parameter des skizzierten **Maßstabsfeldes** nach **Formel (10)** werden ergänzt und zusammengefasst in **Formel (11).** Nach den drei Parametermaßstäben b folgen der Eigenwertmaßstab Lambda, der Elastizitätsmodul E des Baustoffs, der Maßstab m konzentrierter Massen, die beiden Federkonstanten c und C von elastisch nachgiebigen Stützen und elastischen Randeinspannungen, die Maßstäbe für die Randdurchbiegungen w, Randverdrehungen w′ und Randkrümmungen w″ sowie der Biegemomentenmaßstab M als wichtigste Dimensionierungsgröße bei Biegeträgern. In speziellen Einzelfällen können noch weitere Maßstäbe ergänzt werden.

Die **Formel (12)** ist eine tabellarische Übersicht über die Größen und Maßstäbe von **Strukturvarianten,** Tab. 3.11. Die Übersicht enthält die Maßstabsbezeichnungen, die Umrechnungsfaktoren von **„Originalmaßstäben"** von zu vergleichenden Varianten mit den Elementmaßstäben der ausgewählten Strukturvariante und ihren Dimensionen in der letzten Spalte für die wichtigsten Größenarten. Die Formelsymbole mit dem **Index Null** bezeichnen die Originalmaßstäbe der ersten Spalte. In der zweiten Spalte sind dazu im Index noch die Symbole V der **Vergleichsfaktoren** hinzugefügt. Beispielsweise wird für die **Eigenwerte** der **Umrechnungsfaktor** u gebildet aus dem Produkt des Eigenwertes und dem Quadrat der **Kreisfrequenz** omega errechnet oder aus dem Quadrat der **Frequenz** f, wenn die Eigenwerte für das Anwendungsbeispiel experimentell bestimmt werden. Die Frequenz f ist der Kehrwert der Periodendauer T, zum Beispiel gemessen in Sekunden bei **Verschiebungsbewegungen**. Die Frequenz wird gemessen in Hertz. Bei **Rotationsbewegungen** in Maschinen verwendet man die Kreisfrequenz omega. Der **Eigenfrequenzmaßstab** wird berechnet aus dem Quotienten des Maßstabes der **Eigenkreisfrequenz**, geteilt durch die Zahl 6,28 … (das Doppelte der Kreiszahl pi = 3,14 …).

In der Elektrotechnik und Elektronik kommt nach Kap. 2 noch die vierte Dimension der Stromstärke hinzu, siehe Abb. 2.1, 2.2 und 2.3.

Der **Vergleich** von zwei Varianten wird am Beispiel von zwei **Stockwerkrahmen** mit zwei und vier Geschossen bei gleicher Rahmenhöhe beschrieben, siehe Abb. 3.11.

Die beiden Rahmentragwerke sind skizziert im statischen und dynamischen **Verformungszustand** (für die erste Eigenform). Unter der Skizze sind der Durchbiegungs- und Verschiebungsmaßstab w und der Maßstab der Biegemomente M eingezeichnet. Weiterhin sind die maximale, **horizontale Verschiebung** des obersten Rahmenriegels mit **Biegemomentenlinien** zur Erkennung der maximalen Biegemomente an den Rahmenecken eingezeichnet, die in der Regel maßgebend sind bei der **Dimensionierung** der Stabquerschnitte. Bei der **ersten Variante** beträgt die Gesamthöhe des Rahmens das Zweifache der Maßstabslänge l (mit dem Index Null). Bei der **zweiten Variante** beträgt die Gesamthöhe das Vierfache der Maßstabslänge. Die Breiten L der beiden Varianten sind gleich. In den beiden Rahmenskizzen sind die Symbole der Breiten mit eingetragen. Die Längenparameter sind deshalb so ausführlich beschrieben, weil sie mit der vierten Potenz in die Berechnung der **Eigenwerte** eingehen, siehe tabellarische Übersicht über alle Parameter zur Formel (12) in Tab. 3.11 und Abb. 3.10, welche die Varianten mit ihren Verformungen enthält. Die Steifigkeits- und Massenparameter gehen in der Eigenwertformel nur linear ein.

Tab. 3.11 Größen und Maßstäbe in einer tabellarischen Übersicht zur **Formel (12)** in drei Teilen. Im ersten Teil sind die Originalmaßstäbe und Umrechnungsfaktoren für die Parameter der Strukturelemente mit ihren Dimensionen zusammengestellt. Im zweiten Teil sind die von Maßstäbe und Elementfaktoren abgeleiteten Symbole und Formeln für Eigenwerte und Eigenfrequenzen sowie Energiegrößen zur Lösung der Eigenwertaufgaben angegeben. Im dritten Teil sind drei Konstanten für Strukturelemente mit Einzelbausteinen und weitere Maßstäbe und Faktoren für Elementverformungen und für Biegemomente mit Dimensionen ergänzt

Vergleichssystem mit Maßstäben B_0 Bezeichnung B_0 und Formel dazu	Systemvariationen mit B_{0V} Umrechnungsfaktor mal B_0	Dimension
Originalmaßstäbe Vergleichssystem b_0	Originalmaßstäbe $b_{0V} = u \cdot b_0$	
Längenmaßstab (Maßzahlen beliebig) l_0	$l_{0V} = \frac{l_{0V}}{l_0} \cdot l_0$, wobei $u = \frac{l_{0V}}{l_0}$	$[L]$
Biegesteifigkeitsmaßstab $(EI)_0$	$(EI)_{0V} = \frac{(EI)_{0V}}{(EI)_0} \cdot (EI)_0 = u \cdot (EI)_0$	$[L^3MT^{-2}]$
Massenbelegungsmaßstab μ_0	$\mu_{0V} = \frac{\mu_{0V}}{\mu_0} \cdot \mu_0$ mit $u = \frac{\mu_{0V}}{\mu_0}$	$[L^{-1}M]$
Von Originalmaßstäben abgeleitete Maßstäbe zu den Tragsystemen		
Systemgrößen zum Vergleichssystem mit Maßstäben B_0 nach Formel (13)	Systemgrößen zu Variationen V $B_{0V} = u \cdot B_0$ nach Formel (14)	Dimension
* Eigenwertmaßstab $\lambda_0 = \omega_0^2 = (2\pi f_0)^2$	$\lambda_{0V}^2 = \omega_{0V}^2 = (2\pi f_0)^2 = u \cdot \lambda_0$	$[T^{-2}]$
ω_0 Eigen-Kreisfrequenz, $\lambda_0 = \frac{(EI)_0}{\mu_0 \cdot l_0^4}$	$u = \frac{(EI)_{0V}/(EI)_0}{\frac{\mu_{0V}}{\mu_0}(l_{0V}/l_0)^4}$	
$f_0 = \omega_0/2\pi$ Eigenfrequenz		
*Energiemaßstab $E_0 = \frac{(EI)_0 \cdot w_0^2}{l_0^3}$,	$E_{0V} = \frac{(EI)_{0V} \cdot w_{0V}^2}{(l_{0V}/l_0)^3 \cdot w_0^2} \cdot E_0$,	$[L^2MT^{-2}]$
für diskrete Systemgrößen:	für diskrete Systemgrößen:	
$E_0 = c_0 \cdot w_0^2 = d_0 \cdot m_0 \cdot w_0^2$,	$E_{0V} = c_{0V} \cdot w_{0V}^2 = \lambda_{0V} \cdot m_{0V} \cdot w_{0V}^2$,	
mit $c_0 = \frac{(EI)_0}{l_0^3}$ und $m_0 = \mu_0 \cdot l_0$	mit $c_{0V} = \frac{(EI)_{0V}/(EI)_0}{(l_{0V}/l_0)^3} \cdot c_0, m_a = \mu_{0V} \cdot l_{0V}$	
*Einzelbausteine im System und Randbedingungen je Tragsystem		
Federkonstante $c_0 = \frac{(EI)_0}{l_0^3}$	Federkonstante $c_{0V} = \frac{(EI)_{0V}/(EI)_0}{(l_{0V}/l_0)^3} \cdot c_0$,	$[MT^{-2}]$
Drehfederkonstante $C_0 = \frac{(EI)_0}{l_0}$	Drehfeder $C_{0V} = \frac{(EI)_{0V}/(EI)_0}{l_{0V}/l_0} \cdot C_0$,	$[L^2MT^{-2}]$

(Fortsetzung)

Tab. 3.11 (Fortsetzung)

Vergleichssystem mit Maßstäben B_0 Bezeichnung B_0 und Formel dazu	Systemvariationen mit B_{0V} Umrechnungsfaktor mal B_0	Dimension
Massen $m_0 = \mu_0 \cdot l_0$ (Verschiebungsträgheit)	Massen $m_{0V} = \frac{\mu_{0V} \cdot l_{0V}}{\mu_0 \cdot l_0} \cdot m_0$	$[M]$
* Durchbiegungs- oder Verschiebungsmaßstab w_0	$w_{0V} = \frac{w_{0V}}{w_0} \cdot w_0$ mit $u = w_{0V} / w_0$	$[L]$
* Verdrehungsmaßstab $w_0' = \frac{w_0}{l_0}$	$w_{0V}' = \frac{w_{0V}}{w_0} \cdot \frac{l_0}{l_{0V}} \cdot w_0'$	$[I]$
* Krümmungsmaßstab $w_0'' = \frac{w_0}{l_0^2}$	$w_{0V}'' = \frac{w_{0V}}{w_0} \cdot \frac{l_0^2}{l_{0V}^2} \cdot w_0''$	$[L^{-1}]$
* Maßstab Krümmungsradius $R_0 = \frac{l_0^2}{w_0}$	$R_{0V} = \frac{w_0}{w_{0V}} \cdot \frac{l_{0V}^2}{l_0^2} \cdot R_0$	$[L]$
* Biegemomentenmaßstab $M_0 = (EI)_0 \cdot w_0''$	$M_{0V} = \frac{(EI)_{0V}}{(EI)_0} \cdot \frac{w_{0V}}{w_0} \cdot \frac{l_0^2}{l_{0V}^2} \cdot M_0$	$[L^2MT^{-2}]$

Im letzten Teil der Parameterübersicht sind **weitere Maßstabsarten** und **Umrechnungsfaktoren** mit ihren Dimensionen enthalten. Zunächst werden die Verschiebungs- und Drehfederkonstanten sowie die Massenkonstante nach Maßstäben und Umrechnungsfaktoren definiert. Dann folgen die Maßstäbe und Umrechnungsfaktoren für Durchbiegungen und Verschiebungen, für Querschnittverdrehungen sowie für Trägerkrümmungen (dazu für Krümmungsradien R) und schließlich für die Biegemomente in Abhängigkeit von den Steifigkeiten EI, den Durchbiegungen w und den Elementlängen l (mit dem Exponenten zwei).

Damit kann man je **Maßstabsart** den **Umrechnungsfaktor** als Quotienten des Vergleichsmaßstabes geteilt durch die Originalmaßstäbe der ausgewählten Entwurfsvariante definieren in der **Formel (14)** für die Elementlänge, Biegesteifigkeit und Biegemomente als Beispiele.

$$\bar{u} = B_{0V} / B_0 \text{ in} |1| \tag{14}$$

Der größte Umrechnungsfaktor für Eigenwerte führt zum **günstigsten Tragsystem** nach dem Kriterium (5). In der Übersicht (12) über die wichtigsten Maßstabsarten und die verglichenen Tragsysteme ist in der Spalte **Systemvariation** zu entnehmen:

- Längenmaßstab der Variation $l_{0V} = u \cdot l_0$ mit u Umrechnungsfaktor und l_0 Längenmaßstab des Vergleichssystems, siehe linke Spalte der Übersicht,
- Eigenwertmaßstab der Variation $\lambda_{0V} = u \cdot \lambda_0$ mit $u = \frac{(EI)_{0V} / (EI)_0}{(l_{0V} / l_0)^4}$ und λ_0 Eigenwertmaßstab des Vergleichssystems, das der Berechnung der Eigenlösung in den Abschnitten je Tragsystem zugrunde gelegt wurde,
- Biegemomentenmaßstab der Variation $M_{0V} = u \cdot M_0$ mit u nach (12).

Abb. 3.11 zeigt ein Anwendungsbeispiel zum Vergleich von Tragwerkstrukturen für zwei Stockwerkrahmen aus 6 und 12 Biegestäben mit Hilfe von Umrechnungsfaktoren. Bei allen Stabelementen sind die Parameter der Biegesteifigkeit und Massenbelegung gleich. Die Stiellängen beim Rahmen mit zwei Stockwerken sind das Zweifache der Riegellängen. Beim vierstöckigen Rahmen sind alle Stablängen gleich. Diese Längen wurden ausgewählt als Maßstabslänge für beide Tragwerksvarianten. Die Varianten sind skizziert für den statischen Ruhezustand und für die berechnete, erste Eigenform. Zusätzlich wurde der Verlauf der Biegemomente entlang der Stabachsen bei allen Stäben skizziert, um die Extremwerte für die Tragwerksbemessung zu erkennen. Unter den Rahmenskizzen wurden die Maßstäbe der Verschiebungen w und der Biegemomente M eingezeichnet. Die berechneten 1. Eigenwerte ergaben für die vierstöckige Variante die Eigenwertmaßzahl 0,482, bei der zweistöckigen Variante ergab sich die Maßzahl 0,232 < 0,482 im Vergleich. Ziel der Variantenauswahl ist ein möglichst großer Eigenwert. Also hat die vierstöckige Variante die zahlenmäßig nachgewiesene, optimale Tragwerkstruktur

Die folgenden Formeln behandeln weitere Arten von **Variantenvergleichen** mit Umrechnungsfaktoren.

Formel (15) beschreibt den Eigenwertvergleich von nur zwei Varianten, die in Abb. 3.11 beschrieben und veranschaulicht sind. Die Hauptformel (5) fordert, dass der Eigenwert

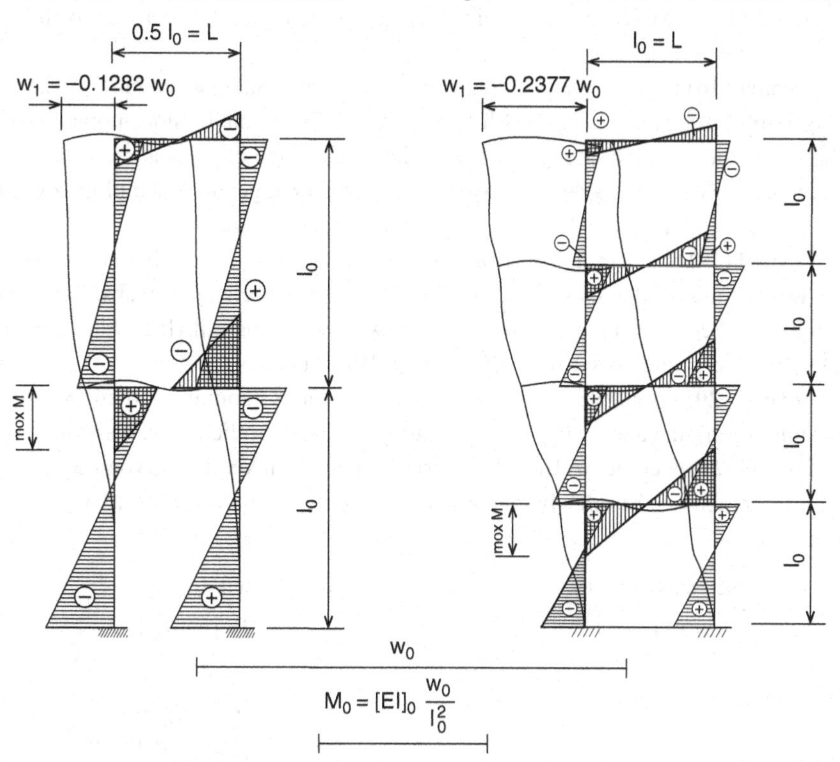

Abb. 3.11 Anwendungsbeispiel Vergleich von Tragwerkstrukturen

Lambda einen maximalen Betrag erreichen soll. Die Vergleichsvariante mit Originalmaßstäben ist der Rahmen mit vier Stockwerken. Dafür ergab die Berechnung, dass die erste Eigenwertmaßzahl 0,482 ist, die mit dem Eigenwertmaßstab zu multiplizieren ist. Bei der Variante mit zwei Stockwerken ergab sich eine Eigenwertmaßzahl von 0,232, die mit dem gleichen Originalmaßstab zu multiplizieren ist. Die Vergleichsformel in Eigenwertmaßzahlen lautet damit 0,482 > 0,232 als datenmäßige Begründung für die Wahl der Optimalvariante des vierstöckigen Rahmens bei der Planung von Neubauten und Begutachtung vorhandener Tragwerke.

Formel (16) formuliert den datenmäßigen Nachweis der Verformungsempfindlichkeit von Varianten mit Hilfe des Vergleiches der Energie zur Erzeugung der Verformungskomponenten der Strukturelemente. Die elastische Nachgiebigkeit wird mit Federkonstanten für beide Varianten verglichen. Dabei wird die Federkonstante in Originalmaßstäben verglichen mit der Federkonstanten der Vergleichsvariante (Produkt aus dem Umrechnungsfaktor u × Federkonstante c in Originalmaßstäben). Die nächsten Formeln (17) bis (20) beschreiben Vergleichskriterien, die in der Regel bei Entscheidungen über die Variantenauswahl nicht maßgebend sind, die jedoch vom Ansatz her mitgeteilt werden.

Formel (17) über Vergleiche von Durchbiegungen und Verschiebungen, siehe Abb. 3.11 mit Maßstäben und Symbolen: Der Betrag der Durchbiegung w wird gleichgesetzt im Produkt aus dem Quotienten des Zählers, geteilt durch die Energie E zur Erzeugung von w, multipliziert mit dem in Abb. 3.11 dargestellten Originalmaßstab von w für beide Varianten. Soll der Maßstab gleich sein, spricht man von maßstabsgetreuer Abbildung von Verformungsgrößen.

Formel (18) über Vergleiche von Verdrehungen der Stabquerschnitte in Elementrichtung infolge Biegung (es gibt noch Verdrehung infolge von Torsionsmomenten): Verglichen wird die erste Ableitung der Durchbiegung w nach der Stababszisse (Symbol w′). Auch hier wird der Betrag w′ durch den Energiebetrag E geteilt und multipliziert mit dem Originalmaßstab für Varianten, die verglichen werden sollen.

Formel (19) über Vergleiche von Randkrümmungen an den Stabrändern: Das Symbol der Krümmungsgrößen ist w″ (zweite Ableitung von w nach der Stababszisse). Die durch den Energiebetrag E geteilten Krümmungen werden analog mit Hilfe von Umrechnungsfaktoren u verglichen wie bei den Formeln (17) und (18).

Formel (20) über selten benötigte Vergleiche von Krümmungsradien (Kehrwerte der Krümmungen), die analog über Umrechnungsfaktoren verglichen werden können.

Formel (21) über die bei Biegetragwerken wichtigsten Vergleiche von Biegemomenten:

Wiedergabe der **Vergleichsformeln für Biegemomentenbeträge** M von Tragwerksvarianten:

Vergleichsvariante Variationen

$$|M_i| = \frac{(EI)_i \cdot |\bar{w}_l''|}{\bar{E}} \cdot w_0'' \text{ je Einheit } E_0 \quad > \quad |M_{IV}| = \frac{(EI)_{IV} \cdot |\bar{w}_{IV}''|}{\bar{E}_V} \cdot u \cdot w_0^n \,? \tag{21}$$

$$\text{mit } u = \frac{(EI)_{0V} \cdot l_0^2}{(EI)_0 \cdot l_0^2} \text{ bei } w_{0V} = w_0$$

Literatur

1. Pitloun R (1975) Dynamische Modelle. Dissertation in zwei Bänden (393 S). Anlagenband über Beispielrechnungen mit Ziffern- und Analogrechnern, Technische Universität Dresden
2. Zurmühl R (1964) Matrizen und ihre technischen Anwendungen, 4. Aufl. Verlag Springer, Berlin
3. Schwarz HR, Rudishauser, Stiefel (1968) Numerik symmetrischer Matrizen. Verlag B.G. Teubner, Stuttgart
4. Pitloun R (1970) Schwingende Balken. Verlag für Bauwesen, Berlin (in Deutsch, 1971 in Englisch und Spanisch, 1973 in Französisch und Serbokroatisch)
5. Pitloun R (1975) Schwingende Rahmen und Türme. Verlag für Bauwesen, Berlin
6. Albrecht E, Asser G (1978) Wörterbuch der Logik. N. I. Kondakow, Übersetzung aus dem Russischen. Europäischer Verlag, Berlin
7. Czichos H, Hennecke M (2004) Hütte. Das Ingenieurwissen, 32. Aufl. Springer, Berlin/Heidelberg/New York/Hongkong/London/Mailand/Paris/Tokio
8. Langhaar HL (1964) Dimensional analysis and theory of models. Wiley, New York/London London 1954

Räumliche Tragwerkstrukturen 4

4.1 Entscheidungen über räumliche Strukturen und Rahmenbeispiele

Tragwerke des Hochbaus und Brückenbaus sind in der Regel räumliche Strukturen. Für Berechnungszwecke zerlegt man sie in ebene Strukturen, einachsige Strukturen und Einzelmassen. Hochbauten werden zerlegt in Wände und Decken, Brücken werden oft als einachsige Brückenträger modelliert. Nachfolgend wird ein ebenes **Rahmenbeispiel** für den Vergleich zweier **Tragwerksvarianten** mit zwei und vier Stockwerken ausgewählt. In Abb. 3.11 sind die Varianten skizziert und mit Bildtexten erläutert. Variiert wird die Anzahl der Stockwerke. Als Vergleichskriterium werden die ersten **Eigenwertmaßzahlen** gewählt. Beim zweistöckigen Rahmen ergibt sich die erste Eigenwertmaßzahl 0,232, beim vierstöckigen Rahmen 0,482, wenn die Gesamthöhen der Tragwerke gleich sind. Unter den Skizzen sind die **Maßstäbe** der Elementlängen und Biegemomente eingezeichnet, die für beide Trawerkvarianten gelten.

In den beiden Skizzen der Abb. 3.11 sind die **Elementlängen** l, die berechneten **Horizontalverschiebungen** w und die Verläufe der **Biegemomente** M der ersten Eigenverformungen dargestellt. Für die **optimale Tragwerkstruktur** sind die maximalen Biegemomente maßgebend für Querschnittdimensionierung. In Abb. 3.11 sind auch die Maximalbeträge der Horizontalverschiebungen 0.1282 bei zweistöckigen Rahmen und 0,2377 beim vierstöckigen Rahmen mit angegeben. Entscheidend sind für die Auswahl der **Optimalvariante** die beiden **Eigenwertmaßzahlen** 0,232 und 0,482, also kann man den Variantenvergleich wie folgt formulieren: **0,232 < 0,482!** Die Optimalvariante ist also der vierstöckige Rahmen. Dieser Vergleich gilt aus der Sicht der **optimalen Struktur.** Weiterhin sind die **Baupreise** und das verfügbare **Budget** für Baumaßnahmen eines bestimmten Planjahres zugrundezulegen.

R. Pitloun, *Tragwerksstrukturen*, https://doi.org/10.1007/978-3-658-23125-5_4

4.2 Übersicht über die Modellparameter und über die Eigenwerte

Die Übertragung der **Strukturierungserfahrungen** auf die Gesamtheit der Bauwerke wurde für ein Bundesland mit dem Ziel der Optimierung von **Straßenbauprogrammen** je Planjahr. Dazu erteilte der Präsident eines Landesamtes für Straßenbau das „Straßenmanagement online" für den Bau und die Erhaltung des Landesstraßennetzes zu erarbeiten und schrittweise einzuführen. Neben dem Managertraining der zuständigen Führungskräfte erfolgten die Ausarbeitung der **Managementsoftware** und die Erfassung der Netz- und Baulosdaten sowie die Anschaffung einer neuen **Hardware**. Für die etwa 4000 Kilometer Landesstraßen mit etwa 40.000 Erfassungsquerschnitten stellte die ORACLE-Datenbank die Daten für die Berechnung bereit. Etwa 30 Millionen Daten mussten in einer Bearbeitungswoche bewegt werden, um das **Bauprogramm** je Budgetansatz zu erhalten. In Planberatungen des Führungsgremiums wurden die einzelnen Berechnungsergebnisse in **Planungsdialogen** unter Einbringung der Erfahrungen der Teilnehmer dem Landespräsidenten und dem zuständigen Fachministerium mit der Bitte um Unterzeichnung zugestellt. Die Rechenzeit in dieser Woche lag im Stundenbereich. Nach der Unterzeichnung des Jahresprogramms mit den ausgewählten Baulosen erfolgten die **Ausschreibungsverfahren** und schließlich die Ausführungen durch diejenigen Betriebe, die den Zuschlag erhielten.

Die Modellparameter der Bauprogramme sind die Brückenlängen, die Längen der Straßenabschnitte, die Biegesteifigkeiten bei Brücken und die Baulosquerschnitte der Straßen als Beispiele. Weiterhin wurden die einzelnen **Strukturaufbaudaten** erfasst und eingegeben.

Am Anfang der technischen Strukturierung von Einzeltragwerken erfolgte ein umfangreiches **Literaturstudium** für Forschungs- und Begutachtungsaufgaben. Die wissenschaftliche Grundlage dafür war die Dissertationsschrift **Dynamische Modelle** [1] der Technischen Universität Dresden in zwei Bänden mit dem Quellenverzeichnis der Dissertation. Diese Wissensbasis war die Grundlage für die Erarbeitung der Anwendersoftware **„Eigenwerte"** zur Erarbeitung von etwa 100 Gutachten für Gerichte, Verwaltungen und Betriebe und für Einzelpersonen. Die Gesamtmenge der berechneten **Tragwerkmodelle** bestand aus etwa 1000 Beispielstrukturen. Die Ergebnisse sind in den beiden Büchern „Schwingende Balken" [2] und „Schwingende Rahmen und Türme" [3] veröffentlicht. Die Tabellen und Bilder enthalten keine Texte. Die **Eigenwerte und Elementverformungen** sind maßstabsfreie Daten. Die Ergebnisse sind unabhängig von Sprachen: Für die skizzierten Modelle sind die Tabellendaten auf die in den verschiedenen Ländern geltenden **Maßeinheiten** bezogen.

Weiterhin wurden in das **Literaturverzeichnis** dieses Buches die wichtigsten **Quellen** der angewandten Numerik und Mechanik aufgenommen. Die Autoren Schwarz, Rudishauser und Stiefel verfassten das Buch [4] über die Numerik symmetrischer Matrizen. Schließlich sind noch zwei Quellen von Zurmühl, R. über die Berechnung von Biegeschwingungen [1] sowie über Matrizen für technische Anwendungen [5] im Verzeichnis enthalten.

Im **Anlagenband** zur Dissertation sind die Ergebnisse der Berechnung für **lineare und nicht lineare Modelle** enthalten. Sie sind mit dem **Analogrechner** endim 2000 aufgezeichnet und erläutert. Vom Autor wurden zur **Fehlerkontrolle** für einfache Modelle wie Träger auf zwei Stützen die Eigenwerte und Eigenformen „per Hand" berechnet. Außerdem wurden die Eigenlösungen mit dem sehr langsamen **Ziffernrechner** ZRA-1 von Carl Zeiß Jena zur Fehlerkontrolle errechnet und verglichen. Am Schluss des Anlagenbandes sind die **Maßeinheiten** des internationalen metrischen Systems und die Umrechnungen der Maßeinheiten von und zum Yard-Pound-System zusammengestellt und an Beispielen erläutert.

4.3 Räumlich zweiachsige Rahmentragwerke

4.3.1 Entstehung baulicher Strukturen und Rahmenbeispiele

Die Abb. 4.1 gibt einen Überblick über berechnete **orthogonale Rahmentragwerke** von Rahmenecken, offene Rahmen, geschlossene Rahmen, Fundamentrahmen und Stockwerkrahmen mit zwei bis dreißig Biegestäben bei gleichmäßig verteilten Biegesteifigkeiten und Massenbelegungen. Die stark dargestellten Strukturelemente wurden als **Maßstabselemente** ausgewählt. Die Elementparameter Stablänge, Steifigkeit und Belegung wurden auf diese Maßstabsparameter bezogen, um **Strukturvarianten** vergleichen zu können und um optimale Varianten mit möglichst großen Eigenwerten zu erhalten.

4.4 Tragwerkskizzen mit Parametern und berechneten Eigenwerten

Die **Übersicht** in Abb. 4.1 über alle berechneten, orthogonalen Arten von Rahmentragwerken enthält fünf Anwendungsbeispiele und die Wahl der **Maßstabselemente** (fett gedruckte Elemente in den Skizzen):

- **Rahmenecken aus Elementen** der vertikalen Stiele beider Eckmodelle (im Fettdruck),
- **offene Rahmen** aus zwei Stielen und einem verbindenden Riegel ohne und mit Überständen des Riegels in Fettdruck,
- **geschlossene Rahmen,** auch Zellen genannt, mit einem bis drei Zellen, bei denen die horizontalen Riegel als Maßstabselemente gewählt und fett gedruckt sind,
- **Fundamentrahmen** mit fett gedruckten, die Stiele verbindenden Riegelelementen,
- **Stockwerkrahmen** aus zwei durchgehenden Stielen (fett gedruckte Stäbe mit zwei bis zehn Riegeln) als Maßstabselemente dieser verformungsintensiven Rahmenmodelle.

Die **Eckrahmenmodelle** bestehen aus 20 Modellbeispielen, bei denen die **Eigenwertmaßzahlen** berechnet wurden. Nach den variierten Randbedingungen der elastischen

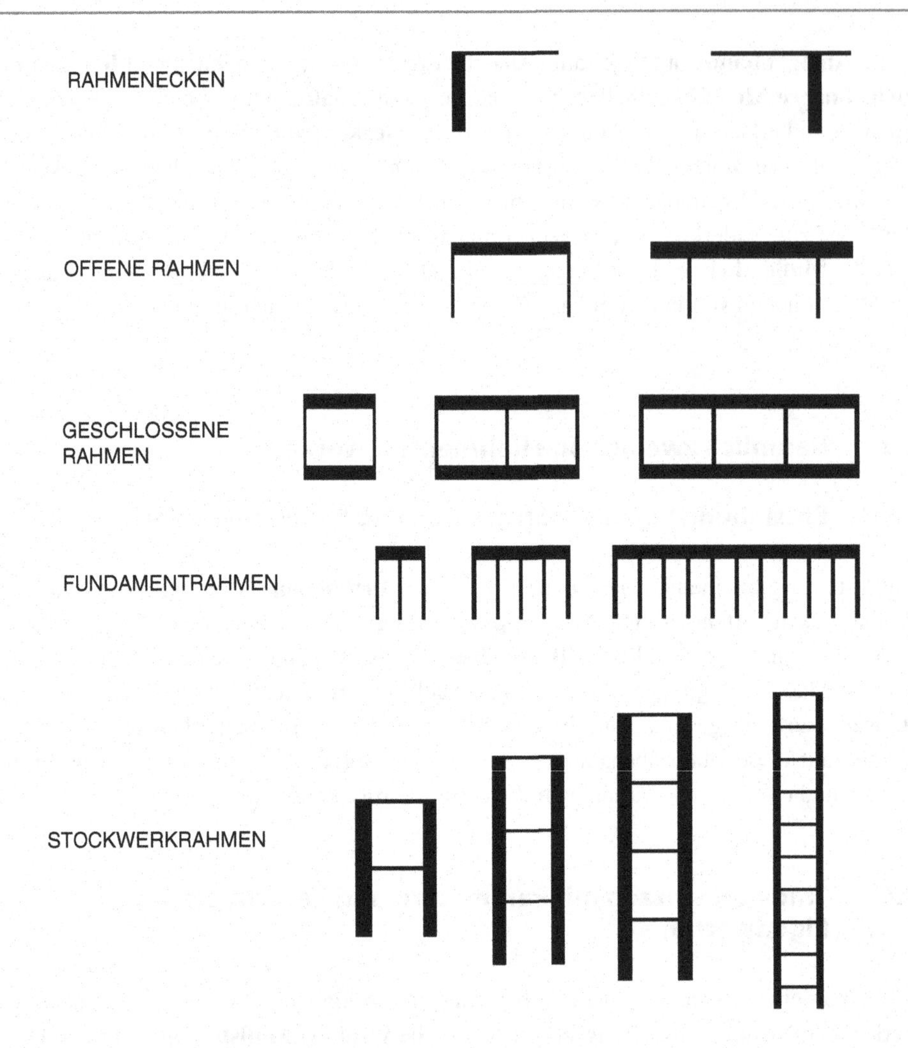

Abb. 4.1 Orthogonale Rahmentragwerke von Rahmenecken

Nachgiebigkeit ist in Abb. 4.2 die verformungsgünstige Variante 4.2.6. mit starren Randeinspannungen dargestellt. Der Wertebereich der Eigenwertmaßzahlen liegt zwischen 238,5 und 429,5 bei dieser günstigsten Variante.

Bei den anderen **Parametervarianten** ist nach den Skizzen in der Parameterspalte die Bewertung der Varianten nach Eigenwertmaßzahlen und Erfahrungen zu verknüpfen: Federkonstnanten c, Drehfederkonstanten C und die gelenkige Lagerung oder starre Einspannung bei den Beispielvarianten 4.2.1. bis 4.2.6. in Abb. 4.2. Bei den Modellen 4.2.7. bis 4.2.14. werden die verteilten Biegesteifigkeiten EI und Massenbelegungen mü betrachtet, die in der Regel einen geringeren Einfluss auf die Variantenwahl haben. Bei den Varianten 4.2.15. bis 4.2.20. werden Modellarten mit relativ großem Einfluss auf die **Verformungsempfindlichkeit** betrachtet, nämlich auskragende Überstände mit der Länge ü beim Riegelmodell mit starren Einspannungen bei den Modellen 4.2.16. und 4.2.17. mit

Nr.	Tragsystem	Parametervariation	Wertebereich 1. Eigenwert
4.2.1.	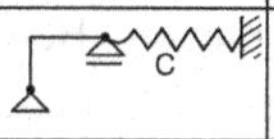 c	c/c_0 = 0.1 bis ∞	1.134 bis 97.5
4.2.2.	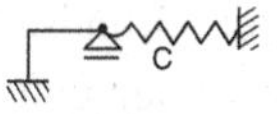 c	c/c_0 = 0.1 bis ∞	5.33 bis 132.8
4.2.3.	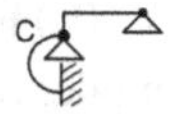 C	C/C_0 = 0 bis ∞	97.5 bis 132.8
4.2.4.	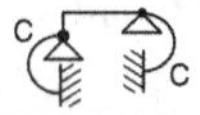 C, C	C/C_0 = 0 bis ∞	97.5 bis 238.5
4.2.5.	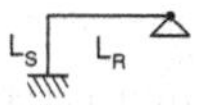 L_S, L_R	l_R/l_S = 3 bis 0.25	2.306 bis 398.4
4.2.6.	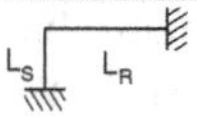 L_S, L_R	l_R/l_S = 1 bis 0.2	238.5 bis 429.5
4.2.7.	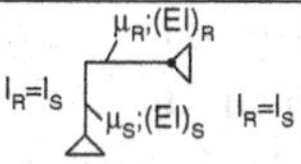 $\mu_R;(EI)_R$, $l_R=l_S$	μ_R/μ_S = 50 bis 1	2.783 bis 97.5
4.2.8.	$\mu_S;(EI)_S$, $l_R=l_S$	$(EI)_R/(EI)_S$ = 50 bis 1	232.2 bis 97.5
4.2.9.	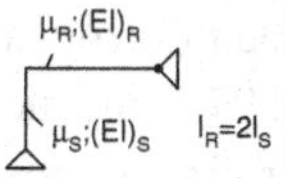 $\mu_R;(EI)_R$	μ_R/μ_S = 50 bis 1.5	0.2033 bis 6.71
4.2.10.	$\mu_S;(EI)_S$, $l_R=2l_S$	$(EI)_R/(EI)_S$ = 50 bis 1.5	212.9 bis 13.65
4.2.11.	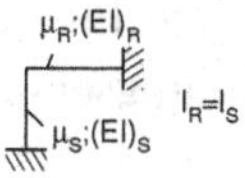 $\mu_R;(EI)_R$	μ_R/μ_S = 50 bis 1	6.53 bis 238.5
4.2.12.	$\mu_S;(EI)_S$, $l_R=l_S$	$(EI)_R/(EI)_S$ = 50 bis 1	493.9 bis 238.5
4.2.13.	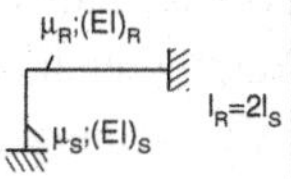 $\mu_R;(EI)_R$	μ_R/μ_S = 50 bis 1.5	0.4652 bis 15.40
4.2.14.	$\mu_S;(EI)_S$, $l_R=2l_S$	$(EI)_R/(EI)_S$ = 50 bis 1.5	469.2 bis 31.8
4.2.15.	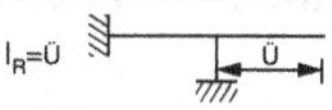 $l_R=Ü$, Ü	l_R/l_S = 2 bis 0.5	0.577 bis 111.8
4.2.16.	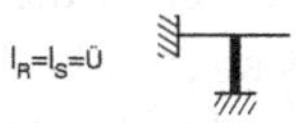 $l_R=l_S=Ü$	μ_R/μ_S = 10 bis 1	0.918 bis 8.16
4.2.17.	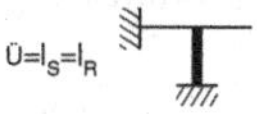 $Ü=l_S=l_R$	$(EI)_R/(EI)_S$ = 10 bis 1	63.4 bis 8.16
4.2.18.	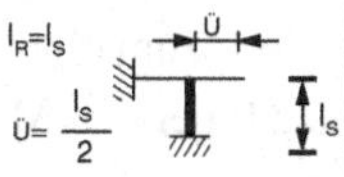 $l_R=l_S$, Ü	μ_R/μ_S = 10 bis 1	9.07 bis 84.8
4.2.19.	$Ü=\frac{l_S}{2}$, l_S	$(EI)_R/(EI)_S$ = 10 bis 1	410.2 bis 84.8
4.2.20.	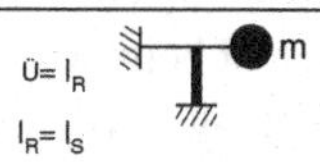 $Ü=l_R$, $l_R=l_S$, m	m/m_0 = 0 bis 10	8.16 bis 0.213

Abb. 4.2 Modelle von Rahmenecken mit Modellnummern, Modellskizzen und Symbolen der Randbedingungen sowie Parametervariationen und der berechneten ersten Eigenwertmaßzahlen in zwei Teilen: Der erste Teil enthält vierzehn Modellarten mit Variation der Randparameter und der beiden Eckstäbe mit Variation der Stablängen, der Biegesteifigkeiten und der Massenbelegungen in Größenordnungen. Der zweite Teil enthält sechs verformungsempfindliche Modelle mit Riegelüberständen ohne und mit eine(r) konzentrierte(n) Einzelmasse.

Variationen der Überstände ü und der Biegesteifigkeit EI der Modelle 4.2.18. und 4.2.19., bei denen sich die gleichen Eigenwertmaßzahlen 84,8 ergeben. Beim letzten Modell 4.2.20. wird die Eigenwertabminderung einer konzentrierten Eigenmasse m im Wertebereich 8.16 bis 0.213 bei Verzehnfachung der Masse betrachtet. Grundsätzlich sollen Modelle mit **Eigenwertmaßzahlen** bei einer geringen Anzahl von Elementen wegen der Verformungsempfindlichkeit der Modelle im Wertebereich 1,00 bis 10,0 liegen.

Analog werden die **Auswahl-Hilfstabellen** zur Findung optimaler Strukturen von offenen und geschlossenen Rahmen (zellenartige Tragwerke) für Brücken- und Hochbauprojekte, für Fundamentrahmen ohne Aufbauten und für zweistielige Stockwerkrahmen am Schluss des Kap. 4 dargeboten. Bei Stockwerksrahmen mit nur zwei Stielen sinkt die erste Eigenwertmaßzahl bis auf 0,01, die zu vermeiden ist. Im zweiten Teil der Abb. 4.2 werden die weiteren Strukturarten 4.2.15. bis 4.2.20. mit Eigenwertmaßzahlen betrachtet. So erhält man einen **Gesamtüberblick** über alle räumlich zweiachsigen Rahmentragwerke.

Bei den **Modellen 4.2.1. und. 4.2.2.** werden die Federkonstanten c der horizontalen Riegelverschiebungen variiert (die Konstanten sind bezogen auf die Maßstabskonstante). Beim Modell 4.2.1. ist der Stielfuß gelenkig gelagert und der Riegel ist horizontal verschieblich. Die berechnete, erste **Eigenwertmaßzahl** Lambda (bezogen auf den Eigenwertmaßstab) ergab Werte zwischen 1,134 bis 97,5 (die Zahl 97,5 gilt auch für den Träger auf zwei Stützgelenken). Beim Modell 4.2.2. mit dem starr eingespannten Stielfuß und dem horizontal verschieblichen Riegel ergaben sich schon gute Eigenwertbeträge von 5,33 bis 132,8 als vertretbare **Größenordnung der Verformungsempfindlichkeit** zur Auswahl optimaler Varianten.

Bei den **Modellen 4.2.3. und 4.2.4.** wurden die Drehfederkonstanten C elastisch nachgiebiger Einspannungen variiert. Dadurch erhöht sich der Wertebereich der ersten Eigenwertmaßzahlen Lambda auf 97,5 bis 238,5 als Kriterium der Verformungsempfindlichkeit. Diese Modellarten sind also bei der Suche von **Optimalvarianten** mit gleichen Biegestabparametern zu bevorzugen.

Bei den **Modellvarianten 4.2.5. und 4.2.6.** werden die Quotienten der Riegelstablängen zu den Längen der Stiele variiert. Dadurch werden Eigenwertmaßzahlen von 398,4 und 429,5 erreicht, je nach Stützenbedingungen (die Längen gehen bei der Eigenwertberechnung mit der vierten Potenz ein).

Bei den folgenden **Modellvarianten** des ersten Teils von Abb. 4.2 werden die Parameter der Biegesteifigkeit EI und der Massenbelegung mü variiert: zum einen mit gleichen Stablängen und zum anderen mit einem Stablängenverhältnis 2,0 bei den Modellen 4.2.9. und 4.2.10. sowie bei den Modellen 4.2.13. und 4.2.14. (letztes Modell im ersten Teil der Abb. 4.2). Die **maximale Eigenwertmaßzahl** 493,9 wird erreicht beim Modell 4.2.12. bei starrer Einspannung der Stabränder und bei der Variation der Biegesteifigkeiten.

Im zweiten Teil der Abb. 4.2 wird gezeigt, dass **Überstände** ü der Riegel von Rahmenecken und **Einzelmassen** m wegen der Verformungsempfindlichkeit klein sein sollen.

Variiert werden die Randbedingungen an beiden Fundamenten, die Stablängen, Biegesteifigkeiten und Massenbelegungen. Zusätzlich sind auch Riegelüberstände sowie Einzelmassen in den insgesamt 24 Modellvarianten betrachtet. Wie in Abb. 4.2 über die einfachsten Eckmodelle enthält die Übersicht vier Spalten. In der ersten Spalte sind die Variantennummern und in der zweiten Spalte sind die Modellvarianten skizziert mit den Symbolen der variierten Parameter. Die dritte Spalte enthält die Wertebereiche der auf Maßstäbe bezogenen Modellparameter. In der vierten Spalte sind die Ergebnisse der Berechnung der für die Modellwahl maßgebenden, ersten Eigenwerte zusammengestellt. Vergleicht man die Eigenwerte von Abb. 4.2 mit den Wertebereichen der Eigenwerte von offenen Rahmen, dann sind die Größenordnungen bei offenen Rahmen deutlich niedriger. Das bedeutet, dass die Varianten offener Rahmen sorgfältiger auszuwählen sind, um optimale Varianten zu erkennen.

Bei den **ersten sieben Rahmenmodellen** werden die beiden Stiele als starr eingespannt in die Fundamente angenommen. Die berechneten, ersten **Eigenwertmaßzahlen** liegen zwischen 0,0378 der ersten Modellvariante 4.3.1. und dem **Maximalbetrag** 451,4 für alle 24 Rahmenvarianten. Den höchsten Einfluss hat die Variation der Stiellängen zur Riegellänge von 5,00 bis 0,25 mit dem Minimalbetrag der 1. Eigenwerte von 0,0378 (unzulässig wegen der zu hohen Verformungsempfindlichkeit). Bei den anderen sechs Varianten werden die Quotienten der Stablängen l, der **Massenbelegungen** infolge Eigenlasten mü und der **Biegesteifigkeiten** EI variiert. Der Einfluss der Massenbelegung auf die Eigenwerte ist gering. Bedeutend größer ist der Einfluss der Biegesteifigkeit (beim siebten Modell erreicht der 1. Eigenwert den oben genannten Maximalbetrag).

Bei den **Modellvarianten 4.3.8. bis 4.3.11.** wird der Quotient der **Stiellängen** zu den **Riegellängen** l mit den verschiedenen Randbedingungen kombiniert (Einspannung des linken Randes und gelenkige Lagerung des rechten Stiels bei den Varianten 4.3.8. und 4.3.9.). Beim Modell 4.3.10. wird neben den gelenkigen, unverschieblichen Lagern zusätzlich ein **Gelenk** in der Riegelmitte berücksichtigt. Beim Modell 4.3.11. werden ein unverschiebliches Gelenk und ein horizontal verschiebliches Gelenk angenommen.

Der erste Teil der Abb. 4.3 wird abgeschlossen mit den Varianten 4.3.12., 4.3.13. und 4.3.14., wobei die letzte Variante zu vermeiden ist. Zu bevorzugen sind die **Optimalvarianten** 4.3.1. bis 4.3.7. aus der Sicht des strukturgerechten Eigenverhaltens der Konstruktionen.

Der zweite Teil der Abb. 4.3 enthält **neun Rahmenvarianten** mit relativ niedrigen **Eigenwertmaßzahlen** als Ergänzung des ersten Bildteiles, die in der praktischen Tragwerksplanung vorkommen. Bei den dreistäbigen Rahmen **4.3.15. bis 4.3.18.** werden die elastische **Nachgiebigkeit** der beiden Stieleinspannungen (Drehfederkonstanten C) variiert und bei den drei Varianten 4.3.16. bis 4.3.18. werden **Einzelmassen** m an verschiedenen Rahmenpunkten betrachtet (Einzelmasse an einer Rahmenecke und eine Masse in halber Stielhöhe sowie eine Masse in der Mitte des Rahmenriegels, die Parameter C und m sind in der zweiten Bildspalte jeweils bezogen auf die Maßstäbe der Parameter). Die **Abhängigkeit der ersten Eigenwerte** von diesen Parameterarten sind aus der dritten Spalte ersichtlich (beim Modell 4.3.15. nimmt der Eigenwert zu auf den anzustrebenden Betrag 10,27, was empfohlen wird für die Modellwahl). Bei den der drei Varianten mit Einzelmasse wird empfohlen, dass die Massenparameter so klein wie möglich gewählt werden, dann liegen die Eigenwertmaßzahlen auch bei etwa 10,0, die nach Begutachtungserfahrungen gefordert werden.

Nr.	Tragsystem	Parametervariation				Wertebereich 1. Eigenwert		
4.3.1.	 l_R RIEGELLÄNGE, l_S STIELLÄNGE	$l_S / l_R =$	5.0	bis	0.25	0.0378	bis	346.3
4.3.2.	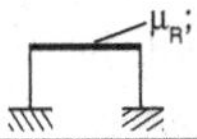 μ_R; $(EI)_R$; $l_R = l_S$	$\mu_S / \mu_R =$	10	bis	0.1	2.25	bis	15.79
4.3.3.		$(EI)_S / (EI)_R =$	10	bis	0.1	55.1	bis	1.319
4.3.4.	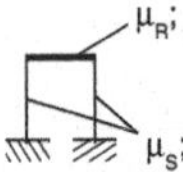 μ_R; $(EI)_R$; $l_R = \frac{l_S}{2}$; μ_S; $(EI)_S$	$\mu_S / \mu_R =$	1.5	bis	0.1	0.798	bis	2.15
4.3.5.		$(EI)_S / (EI)_R =$	1.5	bis	0.1	1.457	bis	0.1173
4.3.6.	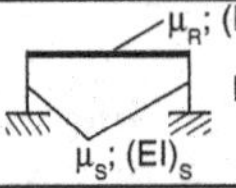 μ_R; $(EI)_R$; $l_R = 2 l_S$; μ_S; $(EI)_S$	$\mu_S / \mu_R =$	10	bis	1	27.5	bis	84.1
4.3.7.		$(EI)_S / (EI)_R =$	10	bis	1	451.4	bis	84.1
4.3.8.	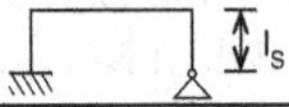 l_S	$l_S / l_R =$	5	bis	0.25	0.0205	bis	277.9
4.3.9.	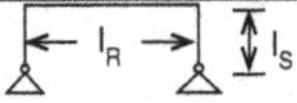 l_R; l_S	$l_S / l_R =$	2	bis	0.25	0.212	bis	104.5
4.3.10.	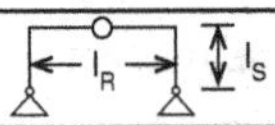 l_R; l_S	$l_S / l_R =$	2	bis	0.25	0.212	bis	104.5
4.3.11.	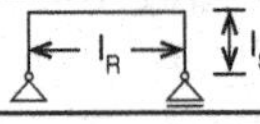 l_R; l_S	$l_S / l_R =$	3	bis	0.25	0.0138	bis	22.5
4.3.12.	$l_R = \max\ l_S$ 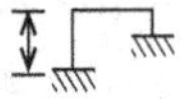	$\min l_S / \max l_S =$	1	bis	0.25	10.27	bis	128.3
4.3.13.	$l_R = \max\ l_S$ 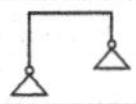	$\min l_S / \max l_S =$	1	bis	0.25	2.14	bis	332.9
4.3.14.	$l_R = l_S$; 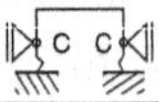 c c	$c / c_0 =$	0.01	bis	∞	0.00222	bis	2.14
4.3.15.	$l_R = l_S$; 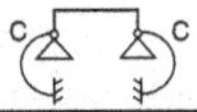 C C	$C / C_0 =$	0	bis	∞	2.14	bis	10.27
4.3.16.	$l_R = l_S$;  m	$m / m_0 =$	0.01	bis	10	10.21	bis	1.445
4.3.17.	$l_R = l_S$;  m	$m / m_0 =$	0.01	bis	10	10.26	bis	3.94
4.3.18.	$l_R = l_S$;  m	$m / m_0 =$	0.01	bis	10	10.21	bis	1.445
4.3.19.	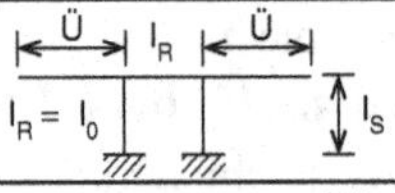 Ü; l_R; Ü; $l_R = l_0$; l_S	$ü / l_R =$	2.0	bis	0.25	0.578	bis	7.86
4.3.20.	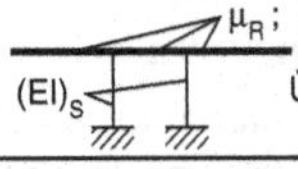 μ_R; $(EI)_R$; μ_S; $(EI)_S$; $Ü = l_R$	$\mu_S / \mu_R =$	50	bis	0.5	0.472	bis	4.44
4.3.21.		$(EI)_S / (EI)_R =$	50	bis	0.5	11.46	bis	2.57
4.3.22.	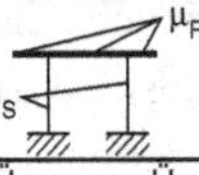 μ_R; $(EI)_R$; μ_S; $(EI)_S$; $Ü = \frac{l_R}{2}$	$\mu_S / \mu_R =$	50	bis	0.5	0.474	bis	5.02
4.3.23.		$(EI)_S / (EI)_R =$	50	bis	0.5	85.5	bis	2.65
4.3.24.	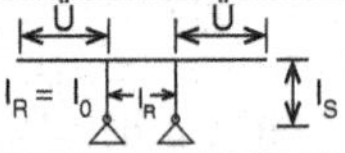 Ü; Ü; $l_R = l_0$; l_R; l_S	$ü / l_S =$	2.00	bis	0.25	0.483	bis	1.689

Abb. 4.3 Offene Rahmen mit zwei Stielen und einem Riegel, wie sie im Brückenbau und Hochbau vorkommen

Die **Rahmenvarianten 4.3.19. bis 4.3.24.** mit Riegelüberständen kommen im **Brückenbau** und **Hochbau** vor. Es sind Rahmenkonstruktionen mit zwei eingespannten und gelenkig gelagerten Stielen und auskragenden Riegeln, bei denen der Quotient der Überstandslängen ü zum Abstand l der Stiele variiert wird. Bei der Modellart 4.3.19. wird der Quotient der Überstände ü zum Stielabstand im Wertebereich 2,00 bis 0,25 variiert. Die Variante mit 2,00 ist zu vermeiden wegen der zu kleinen **Eigenwertmaßzahl** 0,578, besser ist die Variante mit 0,25, für die die Eigenwertmaßzahl 7,86 errechnet wurde. Bei den folgenden vier Untervarianten wurden alle drei Parameterarten (Stablängen, Biegesteifigkeiten und Massenbelegungen) variiert. Für die **beste Variante** ergab sich die erste Eigenwertmaßzahl von 11,46 bei Modellvariante 4.3.21. bei der Variation der Biegesteifigkeit EI. Die letzte Variante 4.3.24. ist zu vermeiden wegen dem zu niedrigen ersten Eigenwert als Ausdruck einer zu hohen Verformungsempfindlichkeit. Zusammenfassend sind zur **optimalen Wahl** von strukturgünstigen Varianten starre Einspannungen in die Fundamente und kleine Überstandslängen zu bevorzugen.

Variiert werden Einfeldträger, Zweifeldträger und Dreifeldträger in Zellenbauweise auf gelenkigen Stützen in zehn Varianten mit den Modellnummern 4.4.1. bis 4.4.10. nach Spalte eins. In der zweiten Spalte sind die Modellarten skizziert mit den Symbolen der variierten Parameter der Stützweiten und Zellenhöhen, Biegesteifigkeiten und Massenbelegungen. In der dritten Spalte sind die Quotienten der Stablängen geteilt durch die Riegellängen im Wertebereich von 10,00 und 0,25 zusammengestellt. In der vierten Spalte sind die berechneten ersten Eigenwertmaßzahlen im Wertebereich 0,0331 bis 240,8 angegeben, siehe Modellvariante 4.4.1., die auch für alle anderen Varianten gelten. Nach Begutachtungserfahrungen sind Eigenwertmaßzahlen von mindestens 5,0 bis 10,0 anzustreben. Die beste Variante ist die Modellart 4.4.1. mit der maximalen Eigenwertmaßzahl 240,8 beim Stablängenverhältnis 0,25. Den größten Einfluss auf Eigenwerte üben die Biegestablängen l aus. Dann folgt der Einfluss der Biegesteifigkeiten. Das Verhältnis der Massenbelegungen hat den geringsten Einfluss.

Die **zehn Rahmenzellenvarianten** der Abb. 4.4 geben einen Überblick über die Wahlmöglichkeiten der Stabparameter, um möglichst große **Eigenwertmaßzahlen** zu erreichen. Das trifft bei der Modellvariante 4.4.1. zu, die in der Planungspraxis am häufigsten bei kleinen Tragwerkstrukturen vorkommt. In dieser Variante ist die Zellenhöhe ein Viertel der Stützweite. Die Eigenwertmaßzahl nimmt mit der vierten Potenz der Stützweite ab, siehe Abschn. 3.1.1. Die Zahlenbeträge aller zehn **Modellvarianten** sind im Text unterhalb der Abb. 4.4 erläutert. Die Einflüsse der Biegesteifigkeit und der Massenbelegung von Biegeträgern sind geringer (Abb. 4.5).

Maßstabfeld für die Rahmenparameter ist stets der erste Riegelstab. Die zehn Rahmenmodelle sind in den Skizzen veranschaulicht mit den Symbolen der Stablängen, der Biegesteifigkeiten und Massenbelegungen aus Eigenlasten in der ersten Bildspalte. In der zweiten Bildspalte sind die Quotienten der Parameter, geteilt durch die Maßstabsgrößen, die für die Parametervariationen zugrundegelegt wurden, angegeben. In der vierten Spalte sind die berechneten ersten Eigenwertmaßzahlen zusammengestellt. Der Wertebereich liegt zwischen 0,0329 und 304.7 bei den Varianten 4.5.1. bis 4.5.10 (Abb. 4.6).

Nr.	Tragsystem	Parametervariation	Wertebereich 1. Eigenwert		
4.4.1.	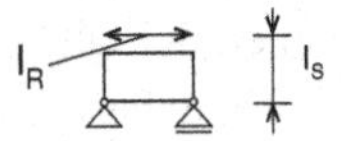 l_R l_S	l_S/l_R = 5.0 bis 0.25	0.0337	bis	240.8
4.4.2.	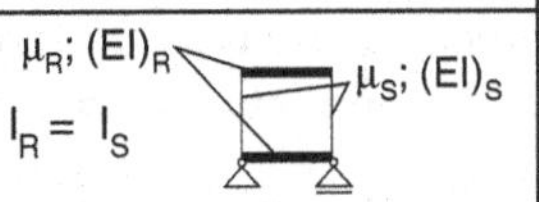 μ_R; $(EI)_R$ μ_S; $(EI)_S$ $l_R = l_S$	μ_S/μ_R = 10 bis 0.25	1.450	bis	10.18
4.4.3.		$(EI)_S/(EI)_R$ = 10 bis 0.25	12.95	bis	2.76
4.4.4.	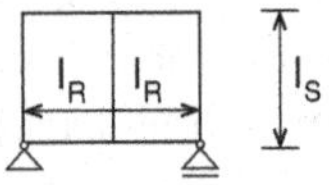 l_R l_R l_S	l_S/l_R = 2.0 bis 0.5	0.745	bis	18.38
4.4.5.	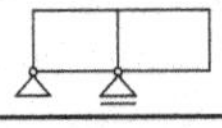	l_S/l_R = 2.0 bis 0.5	0.487	bis	0.0954
4.4.6.	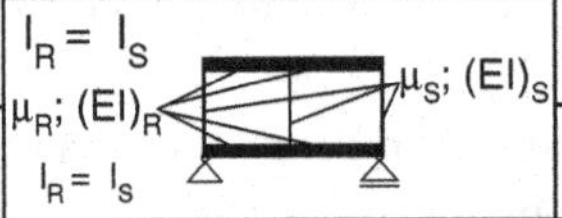 $l_R = l_S$ μ_R; $(EI)_R$ μ_S; $(EI)_S$	μ_S/μ_R = 10 bis 0.25	1.514	bis	8.64
4.4.7.	$l_R = l_S$	$(EI)_S/(EI)_R$ = 10 bis 0.25	13.77	bis	2.36
4.4.8.	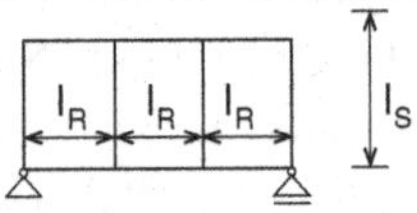 l_R l_R l_R l_S	l_S/l_R = 2.0 bis 0.5	0.722	bis	7.00
4.4.9.	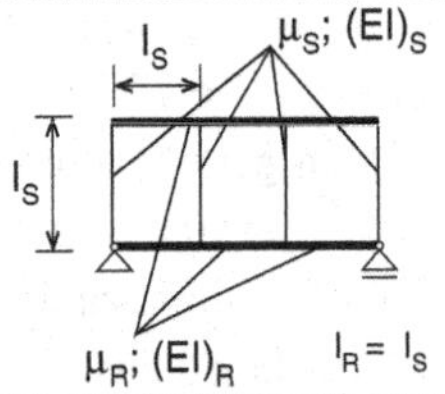 l_S μ_S; $(EI)_S$ l_S	μ_S/μ_R = 10 bis 0.25	1.079	bis	6.01
4.4.10.	μ_R; $(EI)_R$ $l_R = l_S$	$(EI)_S/(EI)_R$ = 10 bis 0.25	7.85	bis	2.20

Abb. 4.4 Geschlossene Rahmen, die auch zellenartige Tragwerke genannt werden

Die zehn Modelle mit den Symbolen der Stabparameter sind skizziert. Als Maßstabsparameter sind die Längen, Steifigkeiten und Belegungen der Stiele ausgewählt. Die berechneten Eigenwertmaßzahlen liegen im Wertebereich von nur 5,10 bis 0,01235, also sind bei Tragwerken mehr Stiele anzuordnen.

Die Abb. 4.7 stellt **Eigenformen des Stockwerkrahmens** mit zwei Stützen und drei Skizzen dar. Zur strukturgerechten Auswahl **optimaler Rahmenkonstruktionen** dient die **erste Eigenform.** Das **Tragwerksmodell** besteht aus 30 Einzelstäben mit gleichen Längen l der Tragwerkselemente, gleichen Biegesteifigkeiten EI und gleichen Massenbelegungen infolge der Eigenlasten. Die Stiele des untersten Stockwerks sind in die Fundamente eingespannt. Die **Hauptparameter** der Dimensionierung sind die Biegemomente M, die aus dem Produkt der Steifigkeiten EI und den Randkrümmungen berechnet werden. Die Schlankheit des Rahmens mit dem Zehnfachen der Stablänge und der Rahmenbreite von einem Stab ist ein Ausdruck der zu erwartenden **Verformungsempfindlichkeit.** In den drei Skizzen sind die **Eigenformen** (1. Eigenform, 2. Eigenform und 10.

Nr.	Tragsystem	Parametervariationen	Wertebereich 1. Eigenwert
4.5.1.		l_S/l_R = 5.0 bis 0.25	0.0354 bis 3.4.7
4.5.2.		μ_S/μ_R = 10 bis 0.1	2.21 bis 12.46
4.5.3.		$(EI)_S/(EI)_R$ = 10 bis 0.1	48.1 bis 1.109
4.5.4.		l_{R2}/l_{R1} = 5.0 bis 0.25	0.614 bis 12.94
4.5.5.		l_{S1}/l_R = 2.0 bis 0.25	3.08 bis 128.7
4.5.6.		m/m_0 = 0.1 bis 10.0	8.53 bis 2.02
4.5.7.		m/m_0 = 0.01 bis 10.0	8.79 bis 2.02
4.5.8.		l_{S1}/l_R = 5.0 bis 0.25	0.0345 bis 295.8
4.5.9.		m/m_0 = 0.1 bis 10.0	8.17 bis 2.51
4.5.10.		l_S/l_R = 5.0 bis 0.25	0.0329 bis 279.1

Abb. 4.5 Fundamentrahmen mit durchgehendem Riegel über drei bis elf Stielen

Eigenform) mit den **Biegemomenten** (in gestrichelten Momentenschaubildern) nach dem Buch „Schwingende Rahmen und Türme", siehe Quellenverzeichnis [3] mit den veröffentlichten Daten, veranschaulicht. Unter den Skizzen sind die **Maßstabsgrößen** für die Biegemomente aufgetragen für Anwendungsbeispiele zur **Tragwerksbemessung**.

Über den Skizzen sind die **Extremwerte der Verschiebungen** in Maßzahlen (0,2976, 0,1298 und 0,0072) wiedergegeben. Bei höheren Eigenformen (zum Beispiel der 10. Eigenform) sind die Verschiebungsmaßzahlen vernachlässigbar. Für den Überblick über die **Verteilung der Biegemomente** sind in den drei Rahmenskizzen Maßzahlen worden eingetragen. Grundsätzlich müssen nach Begutachtungserfahrungen bei der zahlenmäßigen

Nr.	Tragsystem	Parametervariationen	Wertebereich 1. Eigenwert
4.6.1.	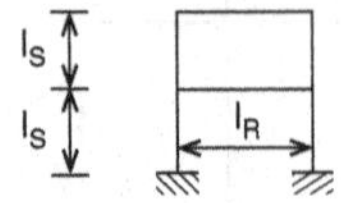 l_S; l_S; l_R	l_R/l_S = 6.0 bis 0.25	0.254 bis 5.10
4.6.2.	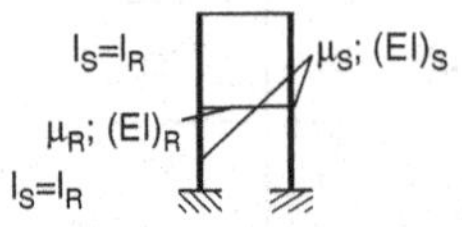 $l_S=l_R$; μ_S; $(EI)_S$; μ_R; $(EI)_R$; $l_S=l_R$	μ_R/μ_S = 10 bis 0.25	0.426 bis 3.46
4.6.3.		$(EI)_R/(EI)_S$ = 10 bis 0.25	3.79 bis 1.18
4.6.4.	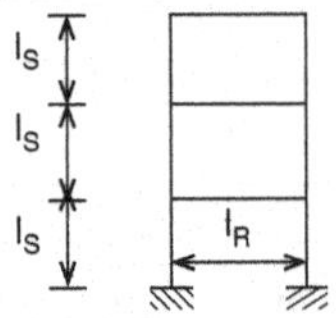 l_S; l_S; l_S; l_R	l_R/l_S = 4.0 bis 0.25	0.1806 bis 2.15
4.6.5.	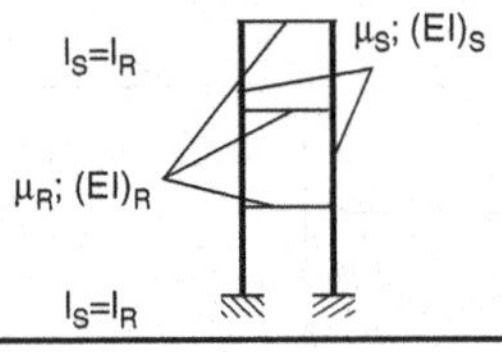 $l_S=l_R$; μ_S; $(EI)_S$; μ_R; $(EI)_R$; $l_S=l_R$	μ_R/μ_S = 10 bis 0.25	0.1886 bis 1.319
4.6.6.		$(EI)_R/(EI)_S$ = 10 bis 0.25	1.736 bis 0.421
4.6.7.	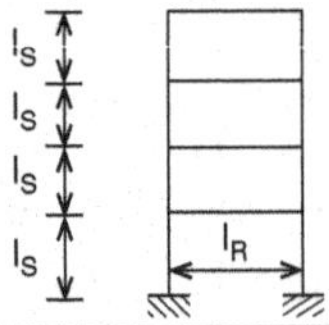 l_S; l_S; l_S; l_S; l_R	l_R/l_S = 4.0 bis 0.25	0.0932 bis 1.179
4.6.8.	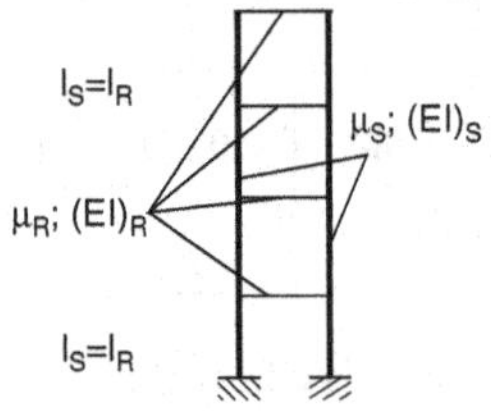 $l_S=l_R$; μ_S; $(EI)_S$; μ_R; $(EI)_R$; $l_S=l_R$	μ_R/μ_S = 10 bis 0.25	0.1053 bis 0.684
4.6.9.		$(EI)_R/(EI)_S$ = 10 bis 0.25	0.990 bis 0.208
4.6.10.	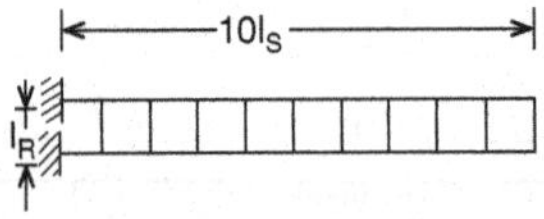 $10l_S$; l_R	l_R/l_S = 4, 1, 0.25	0.01235, 0.0697, 0.1802

Abb. 4.6 Stockwerkrahmen mit zwei Stielen in zehn Varianten als verformungsempfindlichste Tragwerksart des Hochbaus

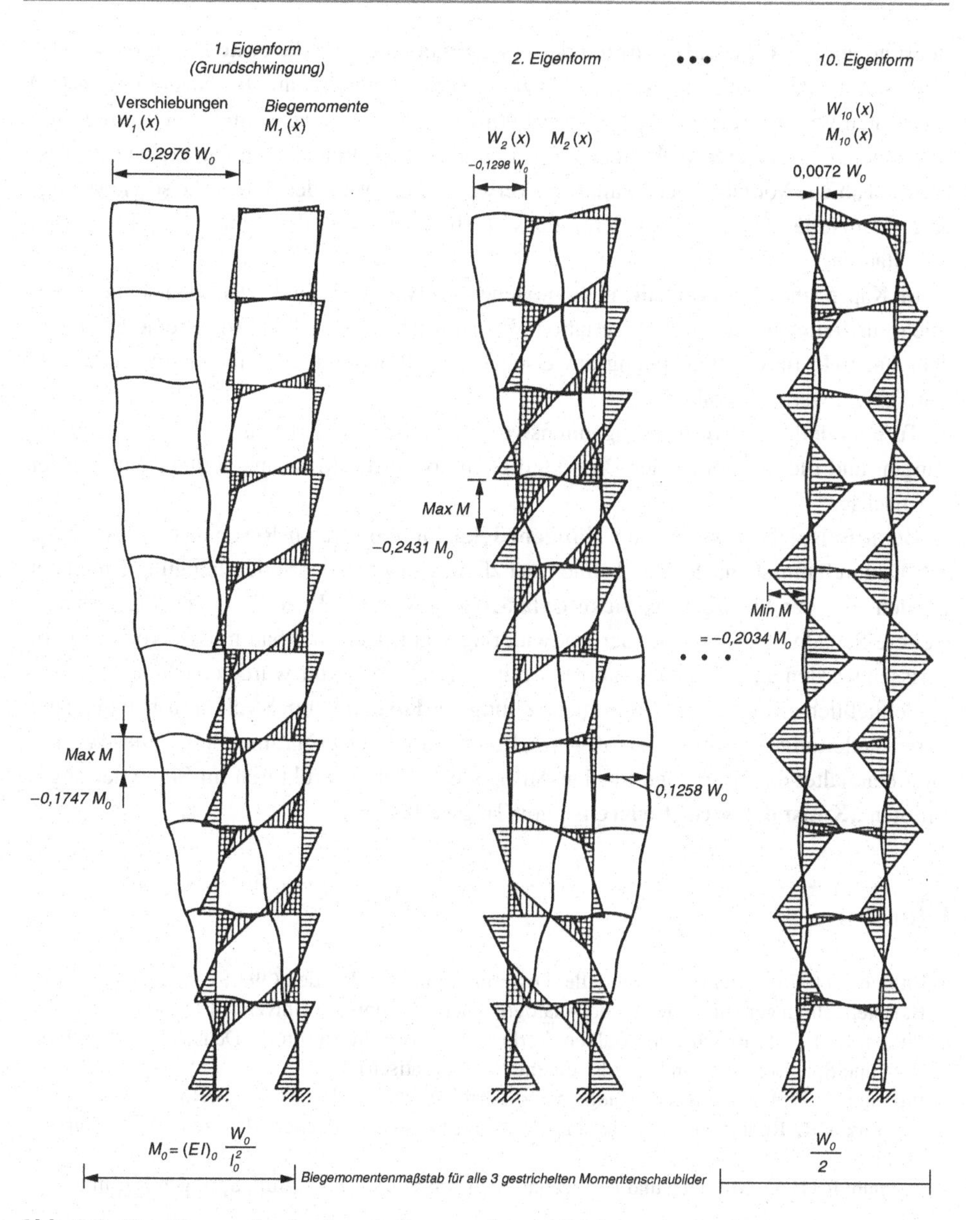

Abb. 4.7 Eigenformen des Stockwerkrahmens mit zwei Stielen und zehn Stockwerken und Maßstäben sowie Extremwerten der Verschiebungen w und der Biegemomente M

Begründung von **Optimalvarianten** der **erste Eigenwert** und die **erste Eigenform** nachgewiesen werden unabhängig von der Anzahl der Strukturelemente. Bei Strukturen mit 30 Elementen wie im Beispiel sind bis 5 **Eigenlösungen** (Eigenwerte und Eigenformen) zu berechnen. Die **Bewertungskriterien** für optimale Strukturen hängen von vielen Einflussfaktoren ab wie Vorgaben der Bauherren, Verwendungszweck der Bauwerke sowie verfügbare finanzielle Mittel und Sondereinflüsse (örtliche Lage und Bedeutung in Territorien und Städten).

Im Kap. 5 sind **Turmmodelle** mit homogener Stoffverteilung und zwei Begutachtungsbeispiele für **Brücken** nach der Dissertation „Dynamische Modelle" [1] sowie eine Übersicht über **Formeln** für die Berechnungsanweisungen des Programmierers in der Anwendersoftware „Eigenwerte" enthalten.

Turmmodelle sind verformungsintensive Tragwerke. Variiert wurden die Lagerbedingungen und die Verteilung der Biegesteifigkeit sowie die Massenverteilung entlang der Turmachse.

Beim Beispiel der stählernen **Hängebrücke** Jüterbog traten Resonanzerscheinungen auf. Dadurch musste nachträglich eine zusätzliche Stütze an der Seilaufhängung eingebaut werden. Bei der **Stahlbetonbrücke** Calau-Bronkow traten Risse über den Pfeilern und weitere Schäden wegen fehlender Endwiderlager auf. Der Überbau musste vorzeitig abgerissen werden und ein neues Bauwerk mit optimaler Struktur wurde errichtet.

Schließlich erfolgte eine Zusammenstellung der **Formeln** zum Strukturaufbau nach der Arbeitsanleitung der Anwendersoftware „Eigenwerte" des Programmierers. Diese Anleitung beinhaltet die Grundlage für den Aufbau technischer Strukturen im Sinne der angestrebten **„Kunst des Strukturierens"** von Tragwerken.

Literatur

1. Pitloun R (1975) Dynamische Modelle. Dissertation in zwei Bänden (393 S). Anlagenband über Beispielrechnungen mit Ziffern- und Analogrechnern, Technische Universität Dresden
2. Pitloun R (1970) Schwingende Balken. Verlag für Bauwesen, Berlin (in Deutsch, 1971 in Englisch und Spanisch, 1973 in Französisch und Serbokroatisch)
3. Pitloun R (1975) Schwingende Rahmen und Türme. Verlag für Bauwesen, Berlin
4. Schwarz HR, Rudishauser, Stiefel (1968) Numerik symmetrischer Matrizen. B.G. Teubner, Stuttgart
5. Zurmühl R (1964) Matrizen und ihre technischen Anwendungen, 4. Aufl. Springer, Berlin

5 Turmartige Tragwerke

5.1 Turmmodelle bei homogener Stoffverteilung

Türme sind durch die Dominanz der Höhenabmessungen und schlanke Tragwerke charakterisiert, die die Turmlasten in die Gründung abführen. In der Regel ist bei den verschiedenen Turmarten die **Steifigkeits- und Massenverteilung** relativ gleichmäßig verteilt, abgesehen von punktmäßigen Konzentrationen in einzelnen Höhen wie bei Wassertürmen in der Nähe der Turmspitze. Bei einigen Bauwerken, wie zum Beispiel beim Eifelturm in Paris, ist der Turmschaft in Stäbe aufgegliedert. Hinsichtlich des Eigenverhaltens kann man durch Variantenvergleich **Schaftmodelle** mit homogener Stoffverteilung zuordnen. Somit lässt sich das Turmverhalten mit verschiedenen **Stoffverteilungsfunktionen** ohne oder mit einer Drehfeder modellieren, die eine mögliche Nachgiebigkeit der Gründung abbilden.

Einen Überblick über die durchgerechneten **Grundmodellarten** gibt die Abb. 5.1 mit Modellskizzen, Parameterfunktionen entlang der Turmschaftachse mit der Höhenabszisse x. Im ersten Teil des Bildes sind die Eingabedaten und Funktionen zusammengestellt, dazu liegen die berechneten **Eigenwertmaßzahlen** im Wertebereich von 2,36 bis 140,7 für starr eingespannte Türme ohne konzentrierte Einzelmassen und ohne nachgiebige Gründung.

Im zweiten Teil der Abb. 5.1 folgen drei eingespannte Turmmodelle mit **konstanter Biegesteifigkeit** und **Massenbelegung**. Bei den drei Modellgruppen werden die bezogenen **Parametermaßzahlen** angegeben. In der ersten Gruppe ergab die Berechnung der **Eigenwertmaßzahlen** den Wertebereich von 12,36 bis 0,293, in der zweiten Gruppe mit der Einzelmasse an der Turmspitze wird zusätzlich noch eine elastische **Nachgiebigkeit der Gründung** berücksichtigt. Das bedingt eine möglichst zu vermeidende Verformungsempfindlichkeit. Die berechneten Eigenwertmaßzahlen im Wertebereich von 12,36 bis nur 0,00187 belegen diese Empfindlichkeit zahlenmäßig. Wenn schon die starre Einspannung baulich nicht voll realisiert werden kann, dann sollte die Massenkonstante möglichst klein sein. Das letzte Modell der Abb. 5.1 für einen vertikalen oder horizontalen Kragträger mit elastischer Einspannung gibt die Abhängigkeit der Eigenwertmaßzahlen im Wertebereich

R. Pitloun, *Tragwerksstrukturen*, https://doi.org/10.1007/978-3-658-23125-5_5

Nr.	Tragsystem	Parameter		Wertebereiche der 1. Eigenwerte		
5.2.1.	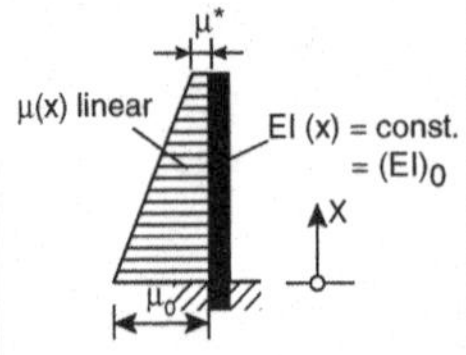 μ(x) linear; μ*; EI (x) = const. = $(EI)_0$; X; μ_0	$\frac{\mu^*}{\mu_0}$ = 1; 0.9; 0.8		$\mu^*/\mu_0 = 1 : 12{,}36$;		
		$\frac{\mu^*}{\mu_0}$ = 0.7; 0.6; 0.5		$\mu^*/\mu_0 = 0{,}2 : 31{,}0$		
		$\frac{\mu^*}{\mu_0}$ = 0.4; 0.3; 0.2				
5.2.2.	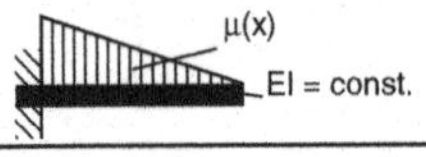 μ(x); EI = const.	$\mu(x)$ *linear*	$\mu(x)$ *parabolisch*	49.6		140.7
5.2.3.	 μ(x); EI (x)	$\mu(x)$ *linear* *EI* (x) *kubisch*	$\mu(x)$ *parabolisch* *EI* (x) *kubisch*	25.7		88.8
5.2.4.	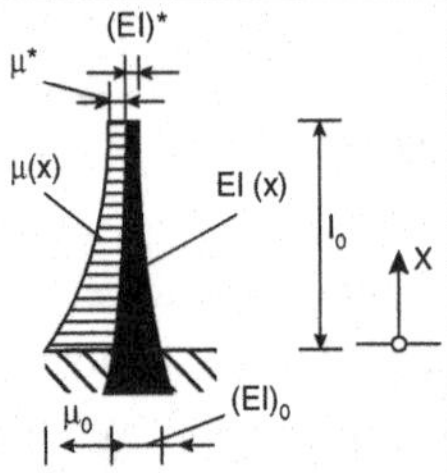 (EI)*; μ*; μ(x); EI (x); l_0; X; μ_0; $(EI)_0$	$\mu(x)$ *linear*; *EI* (x) *para-bolisch*	$\frac{\mu^*}{\mu_0}$ = 1; 0.9; 0.8; 0.7; 0.6	12.36	*bis*	34.8
			$\frac{\mu^*}{\mu_0}$ = 0.5; 0.4; 0.3; 0.2; 0			
5.2.5.		$\mu(x)$ *para-bolisch;* *EI* (x) *Polynom 4. Grades*	$\frac{\mu^*}{\mu_0}$ = 1; 0.9; 0.8; 0.7; 0.6	12.36	*bis*	37.4
			$\frac{\mu^*}{\mu_0}$ = 0.5; 0.4; 0.3; 0.2			
5.3.1.	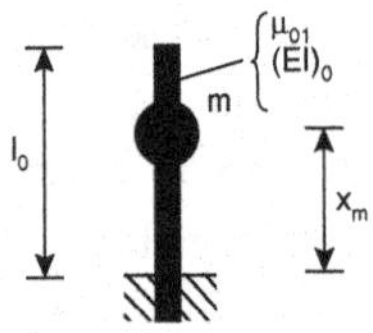 l_0; m; μ_{01}, $(EI)_0$; x_m	$\frac{x_m}{l_0} = 0.2$: $\frac{m}{m_0}$ = 0; 1; 5; 10		12.36	*bis*	10.39
5.3.2.		$\frac{x_m}{l_0} = 0.4$: $\frac{m}{m_0}$ = 0; 0.5; 1; 2.5; 5; 10		12.36	*bis*	3.54
5.3.3.		$\frac{x_m}{l_0} = 0.6$: $\frac{m}{m_0}$ = 0.1; 0.5; 1; 2.5; 5; 10		11.39	*bis*	1.254
5.3.4.		$\frac{x_m}{l_0} = 0.8$: $\frac{m}{m_0}$ = 0.05; 0.1; 0.25; 0.5; 1; 5		11.18	*bis*	1.071
5.3.5.		$\frac{x_m}{l_0} = 1$: $\frac{m}{m_0}$ = 0; 0.1; 0.5; 1; 5; 10		12.36	*bis*	0.293
5.4.1.	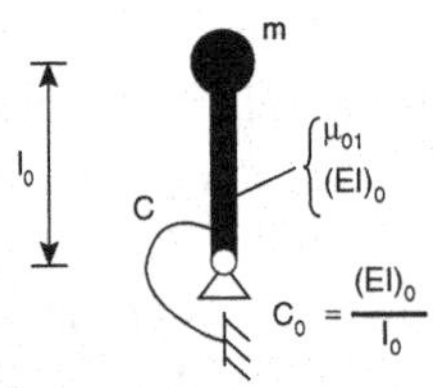 m; l_0; μ_{01}, $(EI)_0$; C; $C_0 = \frac{(EI)_0}{l_0}$	$\frac{m}{m_0} = 0.5$: $\frac{C}{C_0}$ = 0.01; 0.05; 0.1; 0.5; 1; ∞		0.01197	*bis*	4.07
5.4.2.		$\frac{m}{m_0} = 1$: $\frac{C}{C_0}$ = 0.01; 0.05; 0.1; 1; 100; ∞		0.00748	*bis*	2.43
5.4.3.		$\frac{m}{m_0} = 5$: $\frac{C}{C_0}$ = 0.01; 0.05; 0.1; 1; 100; ∞		0.00187	*bis*	0.573
5.4.4.	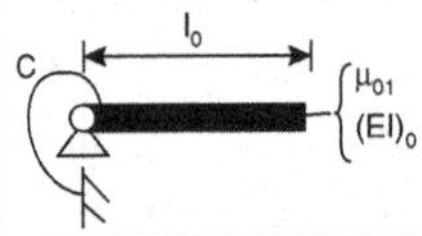 C; l_0; μ_{01}, $(EI)_0$	$\frac{C}{C_0}$ = 0.01; 0.1; 1; 10; 100; ∞		0.0299	*bis*	12.36

Abb. 5.1 Grundmodellarten mit Modellskizzen, Parameterfunktionen

0,0299 bis 12,36 an. Die Abhängigkeit der **Eigenwertmaßzahlen** von **Kragträgermodellen** mit bezogenen Drehfederkonstanten im Wertebereich von 0,01 bis unendlich (bei starrer Einspannung) sind aus dem Buch „Schwingende Balken" [1] entnommen.

Die Abb. 5.1 enthält fünf **Modellvarianten** 5.2.1. bis 5.2.5. für starr eingespannte Türme mit veränderlichen Parametern der Steifigkeit EI und der Eigenlastenbelegung, drei Varianten 5.4.1. bis 5.4.3. mit konstanten Schaftparametern und variierter Höhe x einer Einzelmasse m und das Modell 5.4.4. des nachgiebig eingespannten Kragträgers.

5.2 Anwendungsbeispiele auf der Grundlage der Dissertation „Dynamische Modelle" [2]

Die **Dissertationsschrift** [2] der Technischen Universität Dresden besteht aus zwei Bänden, aus einem Textteil mit den Grundlagen und aus einem Anlagenteil.

Der **Textteil** wird eingeleitet durch die Zielstellung mit der Definition von Begriffen und den Dimensionen und Maßeinheiten von Modellen. Dann folgen Analogien zwischen elf verschiedenartigen Strukturelementen ohne und mit äußeren Einwirkungen, Abschnitte über das Verhalten von Elementarmodellen, über den Sinn und Zweck der Modellierung durch Homogenisierung sowie Diskretisierung natürlicher technischer Strukturen, über die Modellierung äußerer Einwirkungen, über die Durchführung von Experimenten an einem Biegeträger sowie über das **Gutachten „Jüterbog"** über strukturbedingte Mängel und über das **Gutachten „Calau-Bronkow"** mit strukturbedingten Schäden und vorzeitigem Abbruch dieser Brücke und Neubau mit optimaler Struktur. Am Schluss der Dissertation folgt ein umfangreiches Verzeichnis der studierten inländischen und ausländischen Literatur.

Der **Anlagenteil** enthält die Berechnung von Einmassen- und Zweimassenmodellen mit einem **Analogrechner** und die Berechnung von Eigenwerten und Eigenformen einfacher Biegeträgermodelle mit einem **Ziffernrechner** sowie schließlich eine Übersicht über **Maßeinheiten und Dimensionen** des internationalen metrischen Systems und des Yard-Pound-Systems für technische Disziplinen

5.2.1 Anwendungsbeispiel der stählernen Hängebrücke Jüterbog mit Resonanzerscheinungen

Der Entwurf der **Fußweg- und Rohrbrücke Jüterbog** über das Bahnhofsgelände von 105,90 Metern Länge erfolgte durch einen Hochbauingenieur, der keine Brückenbauerfahrungen besaß. Dem Entwurf lag eine **statische Berechnung** zugrunde. Der Projektant wählte ein **Gerbertragwerk,** mit dem Tragsystem in Brückenlängsrichtung auf fünf Stützgelenken. Zusätzlich wurde ein Pylon mit einer Seilaufhängung des größten Stützfeldes zugrundegelegt.

Zur Berechnung der Eigenwerte und Eigenformen stand die **Anwendersoftware** „Eigenwerte" für den seinerzeit bei der Akademie der Wissenschaften in Berlin vorhandenen

Ziffernrechner IBM 360 zur Verfügung. Um die strukturoptimale Modellvariante zahlenmäßig bewerten zu können, sind alle **Eingabedaten** maßstabsfrei erfasst worden. Die Erfassungsformulare bestehen aus der Modellskizze des Tragwerkes, der Beispielbezeichnung und aus den **Strukturaufbaudaten** sowie aus den maßstabsfreien **Beispielparametern** aller Strukturelemente sowie aus der vorgegebenen Genauigkeit der Eigenlösungen.

Die Erfassung der **Beispielstruktur** erfolgt mit **Indextafeln.** Für das in Abb. 5.2 aus der Dissertation [2] wiedergegebene **Tragwerksmodell** ist der Längsschnitt mit den fünf Stützgelenken und vier Gerbergelenken, dem Pylon und der Seilaufhängung mit den in Abb. 5.2 eingetragenen Längenangaben dargestellt. Außerdem ist der **Längenmaßstab** in Metern eingezeichnet. Durch diese Maßstabslänge werden alle Einzellängen der fünf Biegeträgerelemente geteilt. Die Parameter der **Biegesteifigkeiten** EI aller fünf Elemente sind gleich. Auch die Parameter der fünf Eigenmassen, geteilt durch den Längenmaßstab, sind gleich. Der **Brückenquerschnitt** besteht aus zwei Blechträgern von 6,10 Metern mit dem Bodenblech und dem Gussasphaltbelag. Der Seilquerschnitt besteht aus 61 Gussstahlstäben. Das Maß für die große Schlankheit der Brücke (Quotient der Brückenlänge von 196,90 Metern geteilt durch die Blechträgerhöhen) ist die Ursache der großen **Verformungsempfindlichkeit.** Außerdem ist durch die Höhenlage des Gussasphalts im Schwerpunkt des Querschnitts eine sehr niedrige **Dämpfung** der Verformungen zu verzeichnen, welche die hohen **Resonanzamplituden** erklären. Die Durchbiegungen und die **Dämpfungszahlen** D = 0,007 bis 0,009 wurden im der Begutachtung experimentell erfasst.

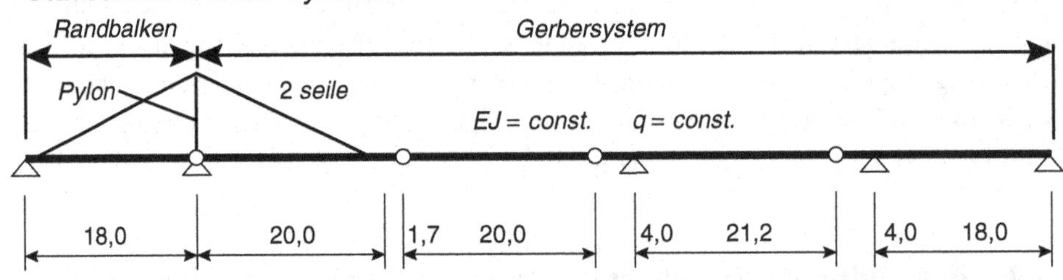

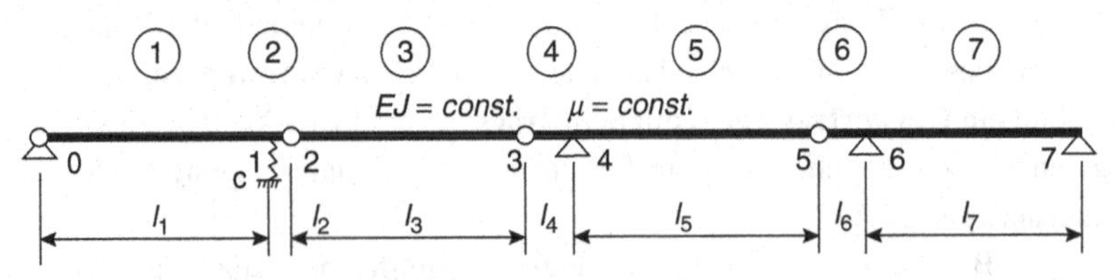

Abb. 5.2 Brückenlängsschnitt der Hängebrücke Jüterbog

Nach Fertigstellung der **Rohbaukonstruktion** wurden beim Überschreiten der Brücke durch einzelne Bauarbeiter resonanzähnliche Verformungszustände festgestellt. Der Bauleiter veranlasste die **Sperrung** der Brücke bis zur Einberufung einer Beratung an der Baustelle. Die oberste Bauaufsichtsbehörde beantragte einen öffentlich bestellten Bausachverständigen mit der Auserarbeitung eines **Gutachtens.** Das Sachverständigenbüro in Berlin beschaffte die Projektunterlagen und die Ergebnisse der vorgeschriebenen **Brückenprüfungen**. Das Gutachten wurde wie folgt gegliedert:

1. **Zielstellung** der Messungen und Berechnungen mit Lösungswegen
2. Erfassung der **Brückendaten** und technischen Mängel und modellierten Fußgängergrößen
3. Berechnung der **Eigenwerte und Eigenverformungen** des Gerberträgers
4. Messung der **Eigenfrequenzen** und Dämpfungszahlen sowie der **Resonanzzustände**
5. Entwurf einer **Richtlinie** über die Berechnung von Fußwegbrücken
6. **Zusammenfassung** mit Begründung des nachträglichen Einbaus einer festen Stütze

Das Gutachten wurde mit der Einladung zur **Beratung** an die oberste Bauaufsicht, den Projektierungsbetrieb, die Stadtverwaltung Jüterbog und an die Brückenprüfbehörde versandt. Bei der Beratung führte der Gutachter die Resonanzmessungen vor und wies auf die technischen Mängel hin (Abheben der Lager an der Seilaufhängung und wieder aufschlagen) und begründete den **Einbau einer festen Stütze** am Seilaufhängungspunkt. Der Auftraggeber bestätigte die Ausführungen des Gutachters und den Inhalt des Gutachtens.

Die Brücke ist als statisches und dynamisches Rechenmodell der Gerberkonstruktion mit einer elastischen Stütze am Seilaufhängungspunkt dargestellt. Das Modell zur Berechnung der **Eigenwerte** besteht aus sieben Trägerelementen mit vier festen Stützgelenken, drei Gerbergelenken und der elastisch nachgiebigen Seilaufhängung. Die sieben Elementlängen l sind in der Skizze in Abb. 5.2 eingezeichnet mit den sieben Rechenfeldnummern. Neben den verschiedenen Längenparametern sind die Parameter der konstanten Biegesteifigkeit EI und der Massenbelegung durch einen Trägerstrich mit konstanter Dicke symbolisiert. Das Symbol c bedeutet die Federkonstante in Krafteinheiten je Längeneinheit. Da sich am Pylon ein Gerbergelenk befindet, ist es im **statischen Modell** eingezeichnet. Im **dynamischen Modell** ist das Randmodell eines Balkens auf zwei Stützen fortgelassen. Maßgebend für die Strukturbewertung ist das dynamische Modell, dafür erfolgt die Erarbeitung der **Indextafel** mit insgesamt 18 **Verformungskomponenten.**

Das Tragwerkmodell hat sieben **Rechenfelder**. Für jedes Element der **Tragwerkstruktur** wurden zunächst die **Indizes** der Randverformungskomponenten erfasst.

In Abb. 5.2 sind das für statische Eigenlasten wirksame Brückenmodell und das Modell für zeitlich veränderliche **Fußgängerlasten** am Brückenmodell des Gerberträgers auf vier festen Stützgelenken und einer elastisch nachgiebigen Stütze skizziert, welche die Seilaufhängung über dem Pylon abbildet. Das **dynamische Modell** mit konstanter Verteilung der Biegesteifigkeit EI und Massenbelegung mü für Eigenlasten werden in sieben „Rechenfelder" zwischen den Stützen und Gerbergelenken eingeteilt.

Die **Eingabedaten** zur Berechnung der Eigenwerte und Eigenformen bestehen je Modellelement aus den **Strukturaufbaudaten** und den auf Maßstäbe bezogenen **Elementparametern** der Feldlängen, Biegesteifigkeiten und Massenbelegungen. Die Strukturaufbaudaten sind die in Tab. 5.1 angegebenen **Indizes** aller 18 Komponenten der **Randverformungen** der Durchbiegungen w, Verdrehungen w′ und Krümmungen w″, die zu berechnen sind. Für diejenigen Indizes i der Verformungskomponenten, die durch vorgegebene Stützenbedingungen sowie Bedingungen an den Gerbergelenken Nullbeträge erfasst wurden, sind keine Daten eingetragen. Das bedeutet, i = 0 und die Verdrehung mit dem Index i = 1 sowie die Krümmung w″ mit dem Index i = 2 sind eingetragen. Am rechten Rand befindet sich die elastisch **nachgiebige Seilaufhängung,** siehe Skizze des dynamischen Modells in Abb. 5.2, mit der Federkonstanten c, die eine besondere Bedeutung bei der Berechnung des Eigenverhaltens erlangt: Nach der Durchbiegung w mit dem Index 3 und den anderen Randverformungen ergibt sich, dass der berechnete **1. Eigenwert** des dynamischen Brückenmodells das maßgebende Kriterium für den **nachträglichen Einbau einer festen Stütze** auf Vorschlag des öffentlich bestellten Gutachters war. Die Gesamtstruktur wird durch 18 Indizes aufgebaut und durch die Parameter der sieben Rechenfelder bewertet, siehe Tab. 5.1. Das Auswahlkriterium ist die **erste Eigenwertmaßzahl.**

Die Eigenwertmaßzahl ist abhängig von der **Federkonstanten** c der Seilaufhängung. Diese Maßzahl wurde auch messtechnisch ermittelt. Daraus wurde erkannt, dass die berechnete und gemessene **Eigenfrequenz** mit der Schrittfrequenz der Fußgänger übereinstimmt. Das bedeutet **Resonanzgefahr** und Änderung der Struktur des vorhandenen Brückenbauwerkes. Danach schlug der öffentlich bestellte Bausachverständige vor, eine zweite Beratung mit der Bauaufsichtsbehörde, dem Bauherrn und dem Projektanten durchzuführen. Es erfolgte eine Besichtigung des Rohbaus mit **Schwingungsmessungen** bei Beschreiten der Brücke durch eine bestimmte Anzahl von Bauarbeitern. Im Vorlauf dazu hatte der Gutachter die Berechnung der **Eigenwerte und Eigenformen** durchgeführt und erläutert. Besonders wurde darauf hingewiesen, dass die berechnete und gemessene erste **Eigenfrequenz** in Hertz des Tragwerkes mit der **Schrittfrequenz** der Fußgänger übereinstimmt. Der Projektant war ein Hochbauingenieur, der über keine Brückenbauerfahrungen verfügte.

Tab. 5.1 Indizes der Hängebrücke Jüteborn

	Indizes der zu berechnenden Verformungskomponenten w, w′ und w″ je Rand					
Feld-Nr.	am linken Feldrand			am rechten Feldrand		
	Durchbiegung w	Verdrehung w′	Krümmung w″	w	w′	w″
1		1		2	3	4
2	2	3	4	5	6	
3	5	7		8	9	
4	8	10			11	12
5		11	12	13	14	
6	13	15			16	17
7		16	17		18	

Die **Statik** berücksichtigt den Schwingbeiwert, der nicht die resonanzähnlichen Verformungen mit Abheben der Lager am Seilaufhängungspunkt erfasst. Die Teilnehmer der zweiten Beratung stimmten zu, nachträglich eine **feste Stütze** einzubauen, um die **Sicherheit** bei der Brückenbenutzung zu gewährleisten und die Verformungen zu begrenzen. Die niedrige Dämpfungszahl blieb erhalten.

Um die Konstruktion ohne und mit fester Stütze vergleichbar zu machen, sind bei der Berechnung **maßstabsfreie Eingabedaten** notwendig. Dazu werden Elementlängen, Steifigkeiten und Massenbelegungen der Modellvariante Ia durch den Längenmaßstab, den Steifigkeitsmaßstab und den Belegungsmaßstab geteilt. Beispielsweise beträgt der **Längenmaßstab** 20 Meter. Zunächst wurde die **Baustoffart** der Modellvariante Ia gewählt, es kam der Konstruktionsstahl St 38 zum Einsatz. Mit dem in den Bemessungsvorschriften festgelegten **Elastizitätsmodul** E und dem **Flächenträgheitsmoment** I ergeben sich die Biegesteifigkeiten EI der einzelnen Konstruktionselemente. Als Maßstab für die Eigenmasse der Elemente wurden 20 Tonnen gewählt, so dass sich für die **Massenbelegungen** Beträge von 1,00 Tonnen je Meter ergaben. Teilt man diese Parametergrößen der Elemente durch die Maßstäbe, dann erhält man die **maßstabsfreien Eingabedaten** zur Berechnung der Eigenwerte und Eigenformen.

In Tab. 5.1 sind für das Tragwerkmodell Ia alle 7 Rechenfelder die **Indizes** i der zu berechnenden **Randverformungskomponenten** zusammengestellt und erläutert. Mit den bezogenen Parametern der sieben Felder sind damit die **Strukturaufbaudaten** erfasst. Die Maßstabsfreiheit gestattet Vergleiche zwischen verschiedenen Modellen der Brücke Jüterbog. Die Modellvariante Ia kann zum Beispiel mit dem auch dargestellten, statischen Modell verglichen werden. Nach den in Abschn. 3.2 dargestellten **Berechnungsformeln** ist das Vergleichskriterium die **Maximierung der Eigenwerte,** um optimale Varianten zu bewerten.

Die **Struktur der Variante** Ia enthält neben den 7 stetig verteilten Parametern eine elastisch nachgiebige Stütze mit der Federkonstanten c am Seilaufhängungspunkt. Neben der elastisch nachgiebigen Stütze können noch **konzentrierte Nutzmassen** m auftreten. Bei der Fußwegbrücke Jüterbog kann man die Personen, welche die Brücke überschreiten, als **„wandernde Einzelmassen"** modellieren. In der Anwendersoftware „Eigenwerte" werden solche Nachgiebigkeiten als **„Strukturbausteine"** bezeichnet. Da im Modell Ia nur die Nachgiebigkeit einer Stütze betrachtet wird, ist zusätzlich noch die Federkonstante c als Einzeldatum zu erfassen. Am Schluss der Erfassungsformulare mit allen Eingabedaten sind noch die Anzahl der zu berechnenden Eigenlösungen und die **Genauigkeit** der zu berechnenden Eigenwerte in den Formularen zu erfassen.

Allgemein ist der **Grundeigenwert,** auch 1. Eigenwert genannt, stets zahlenmäßig nachzuweisen. Da im vorhandenen, dynamischen Modell resonanzähnliche Verformungszustände rechnerisch und experimentell nachgewiesen werden können, dass Fußgängererregung im Rhythmus der Eigenfrequenz des Brückentragwerkes erfolgt, ist der 1. Eigenwert das bestimmende Kriterium des Gutachters für den Einbau einer **festen Stütze.** Der 2. Eigenwert ist praktisch unbedeutend. In Abb. 5.3 werden die Abhängigkeiten der beiden Eigenwerte von der **Federkonstanten** c veranschaulicht.

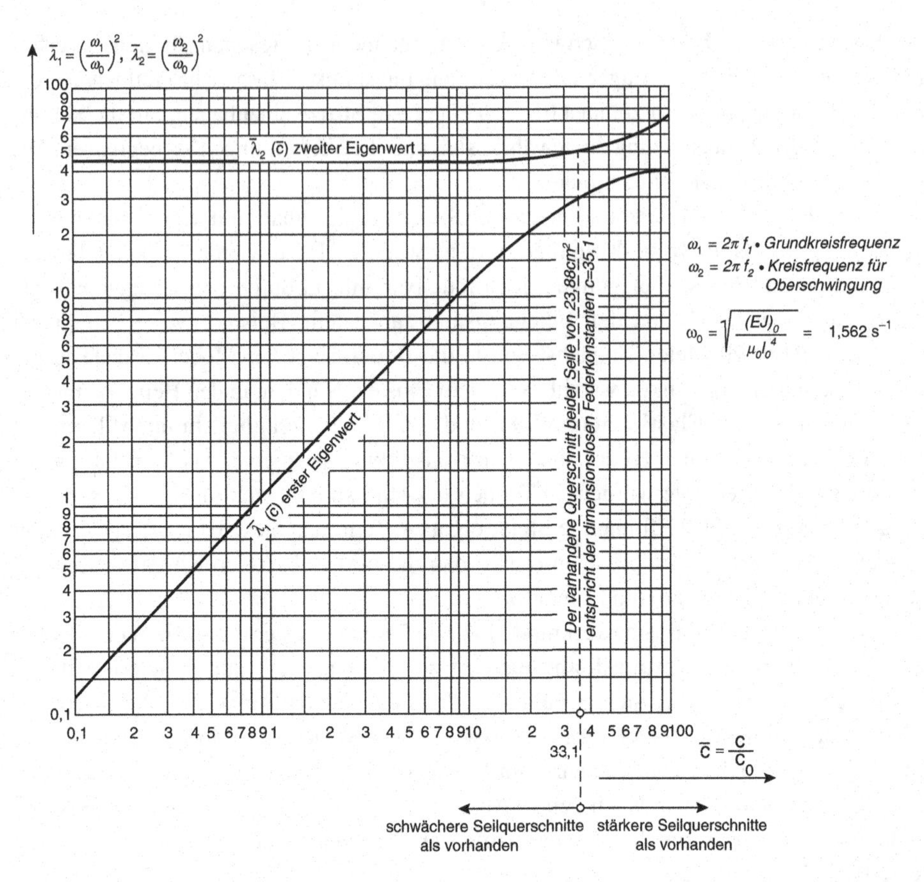

Abb. 5.3 Abhängigkeit der maßgebenden 1. Eigenwertmaßzahl Lambda und der 2. Eigenwertmaßzahl Lambda von der bezogenen Federkonstanten – hervorgehoben wird die Federmaßzahl 35,1 der Seilaufhängung beim Modell Ia der Fußwegbrücke Jüterbog als Beweisgrundlage der geforderten Strukturänderung mit Ersatz der Seilaufhängung durch den nachträglichen Einbau einer festen Stütze

Das **Gutachten Jüterbog** gliedert sich in sechs Abschnitte. Der **Projektant** hat für die Fußweg- und Rohrbrücke über das Bahnhofsgelände der Stadt Jüterbog ein **stählernes Gerbertragwerk** mit einer Gesamtlänge von 106,9 Metern mit sechs gelenkigen Stützen und vier Gerbergelenken entworfen. Die maximale Stützweite beträgt 45,70 Meter. Die Feldlänge des 1. Rechenfeldes ist 20,00 Meter. Teilt man die Feldlänge durch die gewählte **Maßstabslänge** von 10,00 Metern für das Modell Ia, dann erhält man das **Eingabedatum** zur Berechnung der Eigenwerte und Eigenformen von 2,00, das Längenmaßzahl genannt wird, um die Ergebnisse der Berechnung mit anderen Modellen vergleichen zu können. Analog wird bei den anderen Parametern verfahren. Bei den Biegeträgerelementen sind also auch die Biegesteifigkeiten EI und die Massenbelegungen durch die Maßstabsgrößen zu teilen. In Tab. 5.1 sind für das dynamische Modell Ia die Feldnummern 1 bis 7 und die 18 Indizes der zu berechnenden **Randverformungen** w, w′ und w″ zusammengestellt, die auf den Betrag 1 normiert werden.

Nach der Zielstellung und Erfassung der **Brückendaten** erfolgte die Erfassung der **Konstruktionsmängel** und schließlich der modellierten **Belastungsgrößen** durch Fußgänger.

Da der Projektant nur eine **statische Berechnung** als Grundlage für die bauliche Durchbildung und Dimensionierung durchführte, stellte der Gutachter beim Überschreiten der Brücke am Gelenk nahe der Seilaufhängung ein Abheben der Gelenkteile und ein hörbares Aufschlagen bei den Abwärtsbewegungen fest. Diese **Konstruktionsmängel** und die Anordnung der **Gussasphaltschicht in halber Höhe** des Stahlquerschnitts konnten durch einfache Reparaturarbeiten nicht beseitigt werden. So entstand die Idee, die Seilaufhängung der Brücke durch eine **feste Stahlstütze** in der Nähe des Aufhängungspunktes zu ersetzen. Dadurch entstand eine **neue Struktur** der Brücke mit anderen Eigenwerten und Eigenformen.

Die zahlenmäßige Begründung dafür erfolgte durch eine **Neuberechnung** der Eigenlösungen für ein neues Modell mit geänderten Stützenbedingungen. Allerdings konnte dadurch die falsche Wahl der Höhe der Gussasphaltschicht nicht beseitigt werden. Die gemessene, zu niedrige **Dämpfungszahl** bleibt erhalten. Mit Zustimmung des Bauherrn, der Bauaufsicht und der Stadtverwaltung erfolgte auf Vorschlag des Gutachters die Aufstellung von Schildern an den Brückenenden mit dem **Verbot des Gleichschritts** bei der Brückenbenutzung. Die wichtigste Berechnungsgröße ist der **erste Eigenwert** der Tragwerkstruktur, die sich experimentell durch die Messung der **ersten Eigenfrequenz** in Hertz überprüfen lässt. Im Rahmen der Zusammenfassung wurde vom Gutachter eine **Richtlinie** zur Berechnung von Fußwegbrücken mit Erläuterungen am Beispiel der Brücke Jüterbog bereitgestellt.

Die Abb. 5.3 ist ein **logarithmisches Nomogramm** der ersten zwei **Eigenwertmaßzahlen** Lambda mit dem **Eigenwertmaßstab** omega = 1,562 je Sekunde. Die Abszisse bildet die Abhängigkeit von bezogenen Federkonstanten der Seilaufhängung ab. Maßgebend ist der **1. Eigenwert,** der sich etwa vom Betrag 0,1 bis 40,0 ändert für das **Strukturmodell** 1a. Der 2. Eigenwertbetrag ist nahezu konstant und unbedeutend für die Modellstruktur, er beträgt etwa 45,0 und hat keinen Einfluss auf den nachträglichen Einfluss des Einbaus einer festen Stütze.

Diese Ergebnisdaten fassen auch alle berechneten **Randverformungen** zusammen. Im **Buchabschnitt 3. der Dissertation „Dynamische Modelle"** [2] über die Bewertung und über den Aufbau von Strukturen werden die **Eigenwerte und Eigenformen** ausführlich definiert und an Hand von Beispielen erläutert und veranschaulicht. Anschließend werden auch die **Größenordnungen der Beispielmaßstäbe** abgeschätzt und verallgemeinert sowie die wichtigsten **Literaturquellen** sind angegeben.

In der Dissertationsschrift „Dynamische Modelle" [2] sind alle für die Berechnung der **Eigenwerte und Eigenformen** erfassten Daten sowie die gemessene **Dämpfungszahlen**

D und die **Belastungsfunktionen** beim Überschreiten der Brücke enthalten, siehe Abb. 5.4. Berücksichtigt sind drei Funktionen:

- Abhängigkeit der **Schwerpunkthöhe** s(t) der Einzelpersonen über der Brücke von der Zeit t durch eine Sinusfunktion.
- Abhängigkeit der **Fortbewegungsgeschwindigkeit** beim Überschreiten der Brücke durch eine Dreiecksfunktion v(t).
- Abhängigkeit der vertikalen **Beschleunigung** beim Heben und Senken der Fußgängermasse und damit der zyklischen Erregung der Kräfte, die mit der Frequenz der Schrittfolge auf die Brücke einwirken. Liegt diese Frequenz in der Nähe der Eigenfrequenz des Brückentragwerkes, dann entstehen starke **Resonanzerscheinungen** mit großen Amplituden der Tragwerksverformungen, die gemessen wurden.

Zur vereinfachten Berechnung der **Eigenwerte und Eigenverformungen** wurden harmonische Zeitfunktionen der Fußgängerbelastungen durch mehrere Personen mit der Gesamtanzahl p der noch zulässigen Verformungen angenommen. Da die gemessenen Dämpfungszahlen D infolge der Anordnung des Gussasphalts im Brückenquerschnitt ungewöhnlich klein waren, musste die **Tragwerkstruktur** verändert werden. Den Abriss des neuen Rohbaus und Neubau lehnten der Bauherr und die Bauaufsicht aus ökonomischen Gründen ab. Also blieb nur die **Strukturänderung** durch den nachträglichen Einbau einer festen Stütze. Beim Überschreiten der Brücke entstanden keine dynamischen Seilkräfte, es blieben nur noch die **Seilkräfte** infolge der Tragwerksbelastung durch Eigengewicht.

Mit diesen drei Funktionen nach Abb. 5.4 wurde die **Erregerfunktion in Krafteinheiten** F(t) berechnet. Sie ergibt sich aus dem Produkt der Kraftamplitude × der **Erregerfrequenz** omega zum Zeitpunkt t der Bewegungsabläufe. In dem zu vermeidenden Resonanzfall ist die **Erregerfrequenz** gleich der **Eigenfrequenz.** Die Berechnung der **Eigenverformungen** in den einzelnen Tragwerkselementen ergibt sich aus der Anzahl p der Personen × der Masse m × der Sinusfunktion der Erregerfrequenz zum Zeitpunkt t. Beim Anwendungsbeispiel der Brücke Jüterbog mit der elastischen Seilaufhängung in der Dissertationsschrift [2] ergab sich die **Kraftamplitude** q zu 0,0619 × der Anzahl der Personen in der **Maßeinheit Megapond.**

Die **Ursache** der resonanzähnlichen Verformungszustände ist die gemessene, sehr kleine **Dämpfungszahl** D = 0,007 bis 0,009. Dies ist bedingt durch die Wahl der Seilaufhängung des Projektanten und die Anordnung der Gussasphaltschicht in halber Höhe des Stahlträgerquerschnitts (richtig wäre eine Anordnung in Höhe der Querschnittränder). Im Rahmen der **Messung der Eigenwerte** und Eigenverformungen durch den Gutachter wurde das Aufschlagen der Lagerteile an der Seilaufhängung hörbar. Nach der Berechnung der **Eigenverformungen** beginnt das Abheben der Lagerteile, wenn 12 Personen die

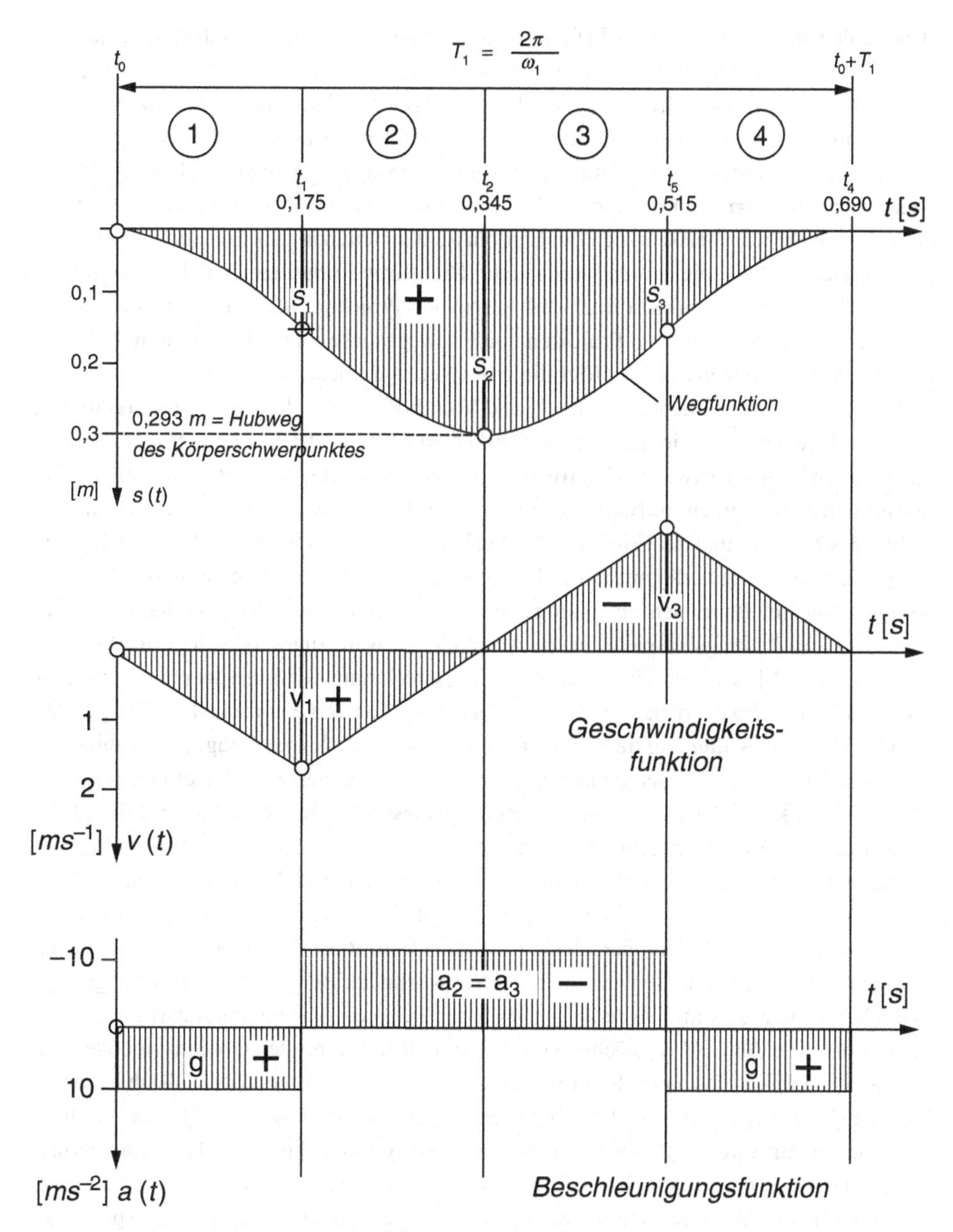

Abb. 5.4 Drei Erregerfunktionen des Überschreitens der Brücke durch eine Person – die erste Sinusfunktion s(t) erfasst die Höhenbewegungen der Körpermasse, die zweite Dreiecksfunktion v(t) erfasst die Geschwindigkeit der Personenmasse und die dritte Rechteckfunktion a(t) beschreibt die Beschleunigung der Körpermasse in einem Fortbewegungszyklus

Brücke überschreiten, um nach Erfahrungen des Gutachters eine **Mindestsicherheit** zu gewährleisten. Es dürfen maximal **4 Personen** gleichzeitig die Brücke überschreiten. Deshalb wurden an den Brückenenden Tafeln aufgestellt. Die Brückenbenutzer werden darüber informiert, dass nur Gruppen von vier Personen gestattet ist, die Brücke gleichzeitig zu überschreiten, bis eine nachträgliche, feste Stütze eingebaut ist. Die zuständige **Brückenprüfbehörde** wurde aufgefordert, in den schriftlichen Prüfprotokollen neben den allgemeinen Prüfergebnissen auch die Ergebnisse der Benutzungsbegrenzung mit zu protokollieren. Für die Projektanten wurde eine **„Richtlinie Fußgängerbrücken"** erarbeitet und den Brückenprüfbehörden übersandt sowie den Projektierungsbetrieben zur Anwendung bei der Ausarbeitung von Projekten von Fußwegbrücken. Die **Bauaufsichtsbehörde** kontrollierte die Anwendung der Richtlinie bei Neubauprojekten.

Neben den herkömmlichen Standards und Vorschriften über die **statische Berechnung** als Grundlage der Projektierung von Bauwerken wurden mit der Erarbeitung und Anwendung der **Anwendersoftware „Eigenwerte"** auch die Grundlagen zur Berechnung der **dynamischen Belastungen** im Bauwesen ermöglicht. Beispielsweise werden damit auf dem Gebiet des Neubaus und der Erhaltung der **Verkehrsinfrastruktur** die zeitlich abhängigen Belastungen der Tragwerke mit in die Planung und Ausschreibung der Bauvorhaben einbezogen. Die im Bauwesen am häufigsten vorkommenden **Biegetragwerke** werden in Kap. 3 als Anwendungsbeispiele für die Anwendersoftware zugrunde gelegt. Am Schluss des Abschn. 5.2.1 wird ein Überblick über die Berechnung der **Eigenwerte und Eigenformen** für die Fußwegbrücke Jüterbog gegeben, bei dem der dynamische Belastungsanteil der Grund für die **Änderung der Tragwerkstruktur** durch den nachträglichen Einbau einer festen Stütze ist. Der berechnete 1. Eigenwert quantifiziert den Änderungsgrund. In Abschn. 5.2.2 konzentriert sich das **Anwendungsbeispiel Calau-Bronkow** auf die **„Entwicklung von Baukunstregeln"** durch die Verknüpfung von Planungserfahrungen mit der Berechnung optimaler Tragwerkstrukturen und den Vergleich von Strukturvarianten.

Der Abschn. 3.1 enthält die Begriffsdefinition des **Eigenwertes,** der aus allen Elementverformungen eines Modells berechnet wird. Die **Definition** bestimmt die wesentlichen Merkmale eines Begriffs. Sie wird für **Biegetragwerke** am Beispiel des verformungsempfindlichen Kragträgers mit elastisch nachgiebiger Trägereinspannung erläutert und veranschaulicht, siehe Abb. 3.1. Zunächst wird die **Modellskizze** mit den Größensymbolen und Maßstäben definiert. Der **erste Eigenwert** Lambda ist auf den Eigenwertmaßstab bezogen. Diese „Eigenwertmaßzahl" Lambda erlaubt den Vergleich von Modellvarianten zur Findung der **Optimalvariante** im Rahmen der Planung und Ausschreibung mit Dimensionierung nach technischen oder Baupreiskriterien. Das logarithmische Diagramm gibt beim **Kragträgerbeispiel** die Abhängigkeit der ersten beiden Eigenwertmaßzahlen vom Einspanngrad an. Maßgebend für die Dimensionierung ist die **1. Eigenwertmaßzahl,** die etwa zwischen 0,02 und 12,0 liegt für den Wertebereich der Maßzahl des Einspanngrads von 0,01 bis 100,0, siehe Symbol C in der Kragträgerskizze. Nach den Begutachtungserfahrungen soll die 1. Eigenwertmaßzahl mindestens 5,0 bis 10,0 betragen, um die **Verformungsempfindlichkeit** zu berücksichtigen. Die zweite Eigenwertmaßzahl liegt zwischen 239,2 und 494,0 und ist unbedeutend für die Dimensionierung. Unter dem Nomogramm wird die Normierung der vier **Randverformungsmaßzahlen** eta auf den Betrag 1,0 vorgegeben, die stets bei der Berechnung aller Eigenlösungen und für alle Modellarten zugrundegelegt wird, also auch für das **Anwendungsbeispiel der Brücke Jüterbog.**

Die folgenden Unterabschnitte des Abschn. 3.1 enthalten die Berechnung der Eigenlösungen für **Einfeldträger und Durchlaufträger.**

Der Abschn. 3.2 enthält die **Definition der Strukturwahl** für Durchlaufträgerbeispiele für den Zweck des Vergleiches verschiedener Tragwerkstrukturen ohne und mit Nutzlasten. Eingefügt ist dort der vollständige **Rechnerausdruck** vom **Beispiel Calau-Bronkow,** siehe Abb. 3.6, mit allen **Eingabedaten und Ausgabedaten** des Rechners für Eigenlösungen, die zur Begründung des vorzeitigen Abbruchs infolge strukturbedingter Großschäden und der Berechnung und Ausführung der neuen Brücke mit optimaler Struktur erforderlich wurden. Wegen der stark **veränderlichen Brückenquerschnitte** der stark beschädigten und durchfeuchteten Stahlbetonbrücke ergab sich die Notwendigkeit, die Tragwerkslänge in 19 Rechenfelder zu unterteilen. Die Anzahl aller zu berechnenden Randverformungskomponenten betrug wegen der unterschiedlichen Elementparameter 56.

Der Abschn. 3.3 enthält die Details des Aufbaus von **Strukturmatrizen** für Biegeträger aus Elementmatrizen.

Der Abschn. 3.4 gibt einen Überblick über die Größenordnungen der Beispielmaßstäbe und der Elementparameter.

In Abschn. 7.1 wird die **Anwendersoftware „Eigenwerte"** beschrieben und es folgt eine Zusammenfassung der Programmierungsschritte nach Strukturierungsformeln, die auch beim **Beispiel Jüterbog** angewendet worden sind.

5.2.2 Brücke Calau-Bronkow – über den Abriss und Neubau

Die **Dissertationschrift „Dynamische Modelle"** [2] enthält ein zweites Anwendungsbeispiel über den vorzeitigen Abriss der **Stahlbetonbrücke Calau-Bronkow** aufgrund strukturbedingter Schäden und den Ersatz durch einen Neubau nach **Begutachtung** der Schäden mit Berechnung der Eigenwerte und Eigenformen und Durchführung von Messungen ohne Nutzlasten und mit Versuchslasten (Lastkraftwagen und Tieflader).

Die Brücke bestand aus einem schiefwinkligen **Plattenbalkentragwerk** im Zuge der Landstraße zwischen Calau und Bronkow mit veränderlicher Trägerhöhe auf zwei Pfeilern und vier Lagern ohne Widerlagerbauwerke an den Brückenenden. Das Bauwerk zeigte erhebliche **Durchfeuchtungsschäden.**

In der Nutzungsdauer der Brücke von 32 Jahren ergaben sich neben den Durchfeuchtungen auch an den Balkenträgern **Rissbildungen** über den Pfeilerlagern, die fast von der Oberkante des Plattenbalkenquerschnitts bis zu den Lagern reichten.

Unter der **Tragwerksdichtung** ergaben sich **Oberflächenbeschädigungen** und Abplatzungen, die bei den turnusmäßigen Brückenprüfungen protokolliert und dann durch Gussasphalt ausgeglichen wurden. Schließlich wurde durch den unterhaltungspflichtigen Betrieb der Auftrag zur **Begutachtung** und Klärung der **Schadensursachen** erteilt.

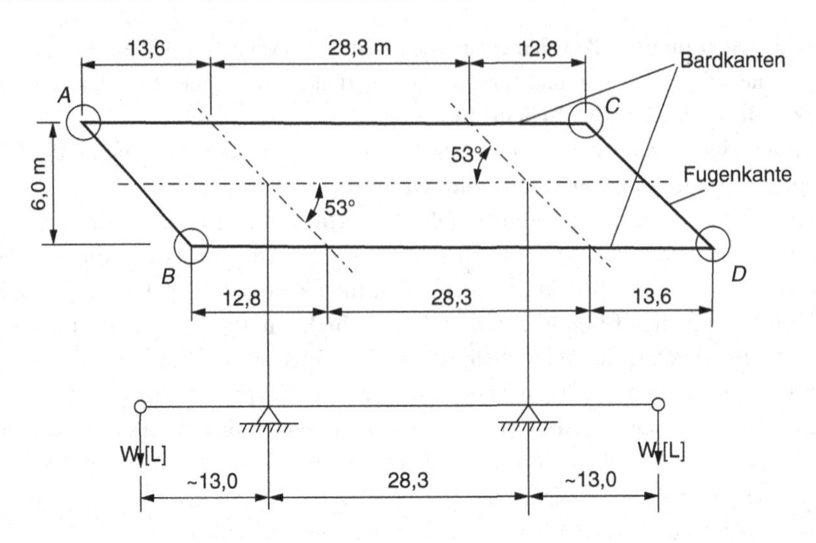

Abb. 5.5 Grundriss des Tragwerkes

In der Nutzungsdauer von nur 32 Jahren haben sich in den Balkenträgern **vertikale Risse** über den beiden Pfeilern ergeben, die von der Oberkante fast bis zu den Lagern auf den beiden Pfeilern reichten. Die durchschnittliche **Nutzungsdauer** von Stahlbetonbrücken beträgt etwa 80 Jahre. Also war die **Ursache** für diese Schäden zu klären.

Die Abb. 5.5 veranschaulicht den **Grundriss** des Tragwerkes mit der Breite von sechs Metern und dem Pfeilerabstand von 28,3 Metern sowie den beiden Kragarmlängen von 13,0 Metern. Unter dem Grundriss ist das **Biegeträgermodell** der Brücke auf zwei Stützen mit weit auskragenden Randfeldern skizziert.

An den Kragarmecken A, B, C, D wurden **bleibende Durchbiegungen** w auf der Bronkower Seite der Brücke von 16 bis 23 Millimetern und auf der Calauer Seite sogar von 36 bis 38 Millimetern gemessen. Also waren in diesem Zeitraum die Schadensursachen verknüpft mit Ursachen zur Bildung der bleibenden Durchbiegungen. Nach Erfahrungen des Gutachters können diese Erscheinungen mit zu großen **Belastungen** infolge der Überfahrten durch schwere Straßenfahrzeuge erklärt werden, die in der **statischen Berechnung** des Tragwerks nicht berücksichtigt wurden. Also müssen zuerst die **dynamischen Tragwerksverformungen** infolge der Überfahrt schwerer **Versuchslasten** gemessen werden.

Die zuständige Behörde der **Bauaufsicht** lud auf Vorschlag des Gutachters zu einer Beratung an der Brücke ein, an der die Brückenprüfbehörde, der Projektierungsbetrieb, der Unterhaltungspflichtige und der öffentlich bestellte Sachverständige auf diesem Fachgebiet teilnahmen. Nach **Besichtigung** des Bauwerkes wurden die Zielstellung, die Durchführung experimenteller Untersuchungen mit Versuchslasten, die Berechnung der **Eigenwerte und Eigenverformungen** ohne Nutzlasten und die **Begutachtung** mit Vorschlägen für die notwendigen Maßnahmen festgelegt. Dabei erläuterte der Gutachter, dass nach seinen Erfahrungen das vorhandene Tragwerk ohne Widerlager abgebrochen werden muss wegen der fehlenden Widerlager und dass ein neues Tragwerk mit Widerlagern errichtet

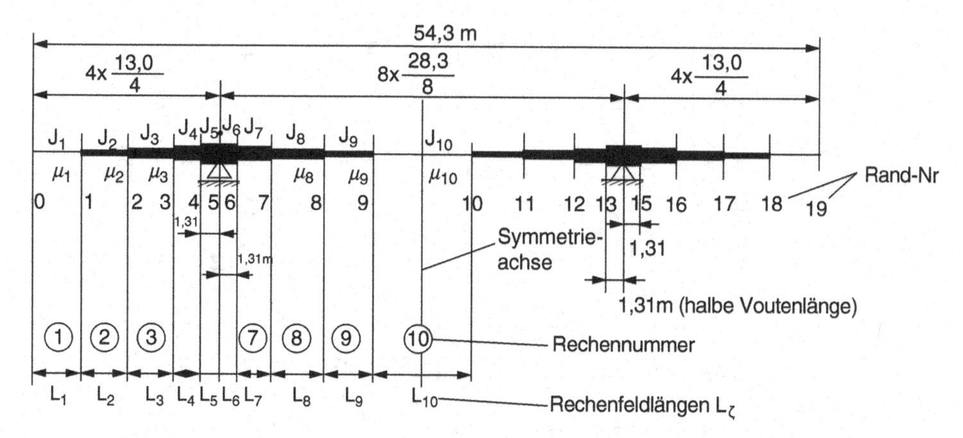

Abb. 5.6 Skizze des Trägermodells auf zwei Stützen

werden muss. Als Grund nannte er, dass der **Projektant** ein Hochbauingenieur war, der dem Projekt nur eine **statische Berechnung** zugrundelegte. Diese Vorschläge wurden von der Bauaufsicht akzeptiert.

Zur Berechnung der **Eigenwerte und Eigenformen** wurde ein **Tragwerksmodells** gewählt das in 19 Rechenfelder eingeteilt wurde, siehe die Skizze in Abb. 5.6 mit den Symbolen der 19 **Elementparameter.** Das Symbol für die Feldlänge ist l. Das Symbol für die **Flächenträgheitsmomente** I der Elementquerschnitte, die mit dem Elastizitätsmodul E des Betons multipliziert wurden, um die Biegesteifigkeit zu erhalten. Wegen der **starken Risse** in den vier Balken über den beiden Pfeilern wurde nach Auswertung der Messergebnisse infolge der Überfahrten mit schweren Versuchslasten die Biegesteifigkeit abgemindert. Gemessen wurden die **Balkendehnungen** und die **Durchbiegungen** an den Kragträgerenden. Schließlich erfolgte die Erfassung der **Massenbelegungen** mü infolge Eigenlasten der Brücke. In der Skizze der Abb. 5.6 des Trägermodells auf zwei Stützen mit langen Kragarmen sind **19 Strukturelemente** mit Symbolen der **Elementparameter** mit eingetragen.

Zur Berechnung der **Eigenlösungen** des beschädigten Tragwerkes werden die Elementparameter auf **Parametermaßstäbe** bezogen, um Varianten für den Neubau vergleichen zu können. Beispielsweise werden die Elementlängen durch den gewählten **Längenmaßstab** von 28,30 Metern (Pfeilerabstand) geteilt und man erhält die **Längenmaßzahlen** als Eingabedaten. Analog erhält man die Massenbelegungen je Meter Brückenlänge infolge Eigenlasten. Gewählt wurde für den **Massenmaßstab** der Betrag von 510 Tonnen. Aus den drei Parametern wird der **Eigenwertmaßstab** berechnet. Den größten Einfluss auf die Eigenwertmaßzahlen übt die Elementlänge aus, weil sie mit der vierten Potenz eingeht, siehe Abschn. 3.1 über die Definition des Eigenwertes. Daraus werden die **Eigenfrequenzen** in Hertz berechnet, die sich mit den gemessenen Eigenfrequenzen vergleichen lassen.

Die Eigenfrequenzen werden durch den Rechner auf iterativem Wege aus allen **Randverformungskomponenten** berechnet. Nach Tab. 5.2 gibt es insgesamt 56 Randverformungskomponenten der Durchbiegungen w, der Randverdrehungen w′ und der Randkrümmungen w″. Es ist üblich, alle **Randverformungen** auf den Betrag 1 zu normieren,

Tab. 5.2 Modellskizze der vorhandenen Brücke Calau-Bronkow

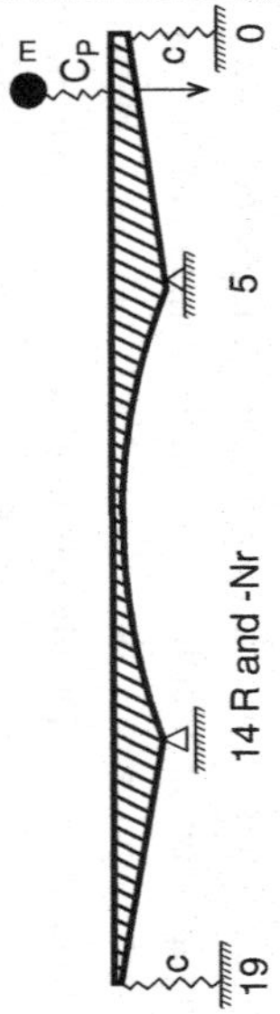

Skizze der Felder	Feld Nr.	System 1. u. 3. sowie 2. für c < ∞						System 2. für c = ∞						System 4., m > 0, 0 < c_F < ∞					
		Linker Rand			Reenter Rand			Linker Rand			Rechter Rand			Linker Rand			Rechter Rand		
		w	w′	w″	w	w′	w″	w	w′	w″	w	w′	w″	w	w′	w″	w	w′	w″
Felder 5 bis 1	1	1	2	0	3	4	5	0	1	0	2	3	4	1	2	0	3	4	5
	2	3	4	5	6	7	8	2	3	4	5	6	7	3	4	5	6	7	8
	3	6	7	8	9	10	11	5	6	7	8	9	10	6	7	8	9	10	11
	4	9	10	11	12	13	14	8	9	10	11	12	13	9	10	11	12	13	14
	5	12	13	14	0	15	16	11	12	13	0	14	15	12	13	14	0	15	16
Rechenfelder 14 bis 6	6	0	15	16	17	18	19	0	14	15	16	17	18	0	15	16	17	18	19
	7	17	18	19	20	21	22	16	17	18	19	20	21	17	18	19	20	21	22
	8	20	21	22	23	24	24	19	20	21	22	23	24	20	21	22	23	24	25
	9	23	24	25	26	27	28	22	23	24	25	26	27	23	24	25	26	27	28
	10	26	27	28	29	30	31	25	26	27	28	29	30	26	27	28	29	30	31
	11	29	30	31	32	33	34	28	29	30	31	32	33	29	30	31	32	33	34
	12	32	33	34	35	36	37	31	32	33	34	35	36	32	33	34	35	36	37
	13	35	36	37	38	39	40	34	35	36	37	38	39	35	36	37	38	39	40
	14	38	39	40	0	41	42	37	38	39	0	40	41	38	39	40	0	41	42
Felder 19 bis 15	15	0	41	42	43	44	45	0	40	41	42	43	44	0	41	42	43	44	45
	16	43	44	45	46	47	48	42	43	44	45	46	47	43	44	45	46	47	48
	17	46	47	48	49	50	51	45	46	47	48	49	50	46	47	48	49	50	51
	18	49	50	51	52	53	54	48	49	50	51	52	53	49	50	51	52	53	54
	19	52	53	54	55	56	0	51	52	53	0	54	0	52	53	54	55	56	0

siehe Kap. 3 mit der Normierungsformel. Tab. 5.2 berücksichtigt noch eine wandernde **Einzelmasse** m und eine Modellvariante der Brücke bei Einbau **elastisch nachgiebiger Stützen** auf den zu errichtenden Widerlagerbauwerken an den Brückenenden, die in der Dissertationsschrift „Dynamische Modelle" [2] betrachtet wurden (zum Beispiel durch Einbau von Gummischichtenlagern).

Tab. 5.2 enthält fünf Spalten mit der **Modellskizze** der vorhandenen Brücke Calau-Bronkow mit den Eingabedaten zur Berechnung der Eigenwerte und Eigenformen. Die **Struktur des Modells** wurde so gewählt, dass sowohl die Parameterverteilung des vorhandenen Tragwerkes als auch die beiden vorhandenen Pfeilerstützen sowie die möglichen Arten der Abstützung an den Brückenrändern auf den neu zu errichtenden Widerlagern modelliert werden. Für die Abbildung der **Brückenverformungen** infolge der Überfahrt von Fahrzeugen wurde ein **Einmassenmodell** gewählt. Dazu konnten die **Eigenfrequenzen** und Eigenverformungen gemessen werden für ein **Versuchsfahrzeug** mit 51 Tonnen Eigenmasse.

In den drei Tabellenspalten sind die **Modellsysteme** mit Variation der Federkonstanten c der elastischen Nachgiebigkeit der Lager auf den Widerlagern und der Fahrzeugmasse m zu entnehmen. In den Spalten sind die **Indizes i der Randverformungen** w, w′ und w″ für die Verformungskomponenten an den Feldrändern des **vorhandenen Tragwerkes** ersichtlich.

Die zweite Spalte gibt die Nummern 1 bis 19 aller Rechenfelder der **Strukturelemente** des Brückenmodells wieder. Die dritte Tabellenspalte gibt in der ersten Zeile an, dass die Modellvariante für **variierte Federkonstanten** c (im Wertebereich von Null bis unendlich) der elastisch nachgiebigen Widerlagergelenke verändert wurden und dass sich dafür die Durchbiegungen w, Verdrehungen w′ und Krümmungen w″ (mit den Indizes 1 bis 56) ergaben. Beispielsweise sind laut Tab. 5.2 die Durchbiegungen w = 0 an den Pfeilergelenken und die Krümmungen w″ = 0 an den Brückenenden. Die **Indizes** i der Randverformungen erhält man durch die laufende Nummerierung aller **Randverformungen.** Die vierte Spalte gilt für **feste Widerlagergelenke** an den beiden Brückenenden. Die Nummerierung aller Verformungskomponenten ergab 56 Indizes. Die **optimale Tragwerkstruktur** erwies sich bei festen Endlagern. Diese Struktur ist also ein **Dreifeldträger** auf vier festen Stützgelenken mit **konstanter Biegesteifigkeit** und **Massenbelegung** über die gesamte Brückenlänge. Die fünfte Spalte enthält das **vorhandene Modell der Brücke** mit starken Rissen und anderen Schäden sowie das **Fahrzeugmodell,** wie es in der ersten Spalte skizziert ist. Das Modell des **Versuchsfahrzeuges** wurde vereinfacht durch ein **Einmassenmodell** mit der Masse m und der Federkonstanten c der Achs- und Reifenfederung. Die Gesamtanzahl aller zu berechnenden Randverformungen des Tragwerks ist 56 (mit der Nummer des 19. Strukturfeldes der Brücke).

Nach dem Ergebnis der Untersuchung von Zusammenhängen, bei der die **strukturellen Möglichkeiten** bewertet wurden, erfolgten **Messungen** bei Überfahrten eines schweren **Einmassenmodells** mit variierten Fahrgeschwindigkeiten. Es ergaben sich die **Eigenfrequenzen** der beschädigten Brücke, die **maximalen Durchbiegungen** an den Brückenenden sowie die **Dehnungen** an den starken Rissen über den Pfeilern. Diese Verformungen wurden verglichen mit den Verformungen, den berechneten Biegemomenten und Randspannungen laut **statischer Berechnung,** die der Dimensionierung der Brücke vom Projektanten zugrundegelegt worden sind. Aus dieser Sicht erfolgte der **experimentelle Nachweis,** dass das vorhandene Tragwerk vorzeitig abzureißen ist und durch ein Tragwerk mit optimaler Struktur zu ersetzen ist.

Der **rechnerische Nachweis** wurde erbracht, indem die vorhandene **Anwendersoftware** „Eigenwerte" genutzt wurde, mit der die **Eigenwerte und Eigenformen** der Brücke ohne Widerlager errechnet wurden. Dazu waren die **Eingabedaten** zum Aufbau der Gesamtstruktur zu erfassen, die sich aus den oben beschriebenen Indizes i der 56 aus der vierten Modellvariante erfassten Randverformungen ergaben. Weiterhin sind die **bezogenen Parameter** der 19 Feldlängen, Biegesteifigkeiten und Massenbelegungen zu erfassen, indem zum Beispiel die Längen in Metern gemessen und geteilt wurden durch die oben beschriebene **Maßstabslänge** von 28,30 Metern. Daraus wurden die **Eigenwertmaßzahlen** und die auf den Betrag 1 normierten **Verformungskomponenten** berechnet, siehe Abschn. 3.1 über die Definition der Eigenwerte und Eigenformen.

Das Beispiel **Calau-Bronkow** wurde ausgewählt als Grundlage der angestrebten **„Kunst des Strukturierens",** bei der Erfahrungen, Berechnungen und Messungen verknüpft werden, um **optimale Konstruktionen** zu erreichen. Es erfolgten der strukturbedingte Abriss des Überbaus und Neubau der beiden Widerlager für den Dreifeldträger mit konstanten Parametern und der zahlenmäßigen Begründung im Sinne der Kunst des Strukturierens.

Nach Abschn. 3.2 über Durchlaufträger und Definition der **Strukturwahl** erfolgt die textliche Formulierung der Programmbefehle in der Software „Eigenwerte", geordnet nach Formelnummern. Die **Formel (5c)** beschreibt den Strukturaufbau für alle Arten von **Tragwerkstrukturen.** Die Anwendung dieser Formel erfolgt auch für die vorhandene Struktur der stark beschädigten **Stahlbetonbrücke** Calau-Bronkow ohne Widerlager. Daher wird der vollständige **Rechnerausdruck** mit den Eingabedaten und Ausgabedaten wiedergegeben, s. hierzu und im Folgenden Abb. 3.6. Dieser Rechnerausdruck wird in **Datenblöcke** unterteilt.

Im ersten Block ist der **Datenumfang** des Anwendungsbeispiels zusammengestellt:

- **Anzahl** N = 4 der zu berechnenden **Eigenwerte** mit den dazu gehörenden **Eigenformen,**
- **Ordnung** der **Strukturaufbaumatrizen** mit der Anzahl der 56 zu berechnenden Randverformungen (Maßzahlen der Randdurchbiegungen, Randverdrehungen und Randkrümmungen),
- **Anzahl** R = 19 **Rechenfelder** mit homogener Verteilung der Biegesteifigkeit und der Eigenmassen über die Feldlängen der **Strukturelemente,**
- **Anzahl** der **Einzelbausteine** P = 0 mit konzentrierten Eigenmassen, dabei sind die Nutzlasten auf der Straßenbrücke nicht berücksichtigt, sie werden durch Messung der Eigenfrequenzen und Verformungen bei der Überfahrt durch Versuchslasten ermittelt.

Im zweiten Block sind die **Strukturaufbauindizes** i der 56 **Randverformungen** und die auf Maßstäbe bezogenen **Elementparameter** der Feldlängen, Eigenmassenbelegungen und Biegesteifigkeiten zusammengestellt. Es folgt die gewählte **Genauigkeit** der **Eigenwerte.**

Im dritten Block sind alle **Ausgabedaten** nach Lösung der Eigenwertaufgaben für den Ansatz **„Potentielle Energie = kinetische Energie"** ausgedruckt (gültig für kleine Verformungen im Vergleich zu den Tragwerkabmessungen für hochwertige Baustoffe) mit den ersten **vier bezogenen Eigenwerten** (siehe ersten Block N = 1 bis N = 4).

Die zweite Spalte im dritten Datenblock enthält die berechneten vier **Eigenwertmaßzahlen** Lambda. Für die **Gesamtbewertung** der Brückenstruktur ist die **erste Eigenwertmaßzahl** maßgebend, der Betrag ergab sich zu Lambda = 57,47239 (siehe zweite Spalte der Tab. 5.2). In der dritten Spalte sind die errechneten **Energiemaßzahlen** zur Erzeugung der normierten Eigenverformungskomponenten ausgedruckt. Zum Beispiel ergab die Berechnung der ersten Energiemaßzahl den Betrag 0,06747 für alle Energieanteile der Strukturelemente, die zur Erzeugung der ausgedruckten **Randdurchbiegungen, Randverdrehungen** und **Randkrümmungen** erforderlich sind.

Der vierte Datenblock gibt alle auf den Betrag 1 **normierten Randverformungen** an, siehe Abschn. 3.1 über die Definition der Eigenwerte und Eigenverformungen. Für alle 19 Strukturelemente sind die normierten **Durchbiegungen, Verdrehungen** und **Krümmungen** ausgedruckt. Es ist möglich, die Extremwerte zu entnehmen. Bei der **Dimensionierung** der Elementquerschnitte sind die Verdrehungen unbedeutend. Die **Extremwerte** der **Randdurchbiegungen** 0,069275 an den beiden Kragarmenden mit den Rändern Null und 19 sind mit ausgedruckt. Zum Zahlenvergleich wurden die größten **bleibenden Durchbiegungen** am vorhandenen Tragwerk mit den Randnummern 1 bis 19 die beiden **Extrembeträge** der Durchbiegungen von 16 bis 38 Millimetern bereits nach 32 Jahren der Nutzungsdauer gemessen. Maßgebend für die **Bemessung** sind beim Biegetragwerk Calau-Bronkow die Biegemomente über den beiden Pfeilern, wo sich die **größten Rissbreiten** ausbildeten. Die **Biegemomente** werden aus dem Produkt des Elastizitätsmoduls E dem Flächenträgheitsmoment I und der Krümmung (Symbol w″) errechnet. Im Ausdruck nach Abb. 3.6 sind die **normierten Krümmungsbeträge** an den Rändern 6 und 15 ausgegeben, sie betragen 0,064367 für die erste Eigenform. Im Mittelfeld zwischen den beiden Pfeilern sind die **größten Krümmungsbeträge** 0,459914 an den Rändern 9 und 10 ausgedruckt. Dort waren aber die Rissbreiten gering. Alle **ausgedruckten Randverformungen** beschreiben die erste Eigenform (N = 1) infolge der Brückenschwingungen ohne Nutzlasten. Die **großen Rissbreiten** über den Pfeilern ergaben sich aus den Überfahrten **schwerer Nutzfahrzeuge** bei fehlenden Widerlagerbauwerken, die in der **statischen Berechnung** nicht berücksichtigt wurden. Die **Messung** der Durchbiegungen und Dehnungen in den Pfeilerbereichen bei Überfahrten **schwerer Versuchsfahrzeuge** erfolgte im Rahmen der Begutachtung. Die Ergebnisse wurden dokumentiert.

Als **Beweis,** dass der berechnete **erste Eigenwert** mit der dazu gehörigen **Eigenform** maßgebend ist für die Gesamtbewertung des Tragwerks Calau-Bronkow ohne Widerlager, wurden noch der **zweite, dritte und vierte Eigenwert** mit ihren **Eigenformen** ausgedruckt. Vergleicht man die **Durchbiegungs- und Krümmungsextremwerte** der höheren Eigenformen mit den Durchbiegungs- und Krümmungsextrembeträgen der ersten Eigenform, dann stellt man fest, dass die Extremwerte der ersten Eigenform nicht erreicht werden.

Nachfolgend werden die **Ergebnisse der Messungen** an der beschädigten Stahlbetonbrücke Calau-Bronkow bei Überfahrten mit schweren Straßenfahrzeugen bei Variation der Fahrzeugarten und der Fahrzeuggeschwindigkeiten dargestellt. Zur Messung der ersten Eigenfrequenz der Brücke wurde auch ein Unwuchterreger eingesetzt, mit dem die Erregerfrequenz variiert werden konnte.

Die **Versuchslasten** zur Messung der dynamischen Verformungen der beschädigten Kragträgerbrücke bestanden aus einem beladenen **Lastkraftwagen** mit zwei Achsen und einem beladenen **Tieflader** mit zwei Achsen sowie der dreiachsigen Zugmaschine. Die **zulässige Fahrgeschwindigkeit** war nach der Straßenverkehrsordnung 60 Kilometer pro Stunde.

Die Wiegeprotokolle ergaben folgende **Achsmassen:**

Beladener Lastkraftwagen	Vorderachse	6,3	Tonnen
	Hinterachse	7,5	Tonnen, Fahrzeugmasse gesamt 11,8 Tonnen
Beladener Tieflader	Vorderachse	13,8	Tonnen
	Hinterachse	13,8	Tonnen, Fahrzeugmasse gesamt 27,6 Tonnen
Zugmaschine	Vorderachse	3,7	Tonnen
	zwei Hinterachsen	13,7	Tonnen, Fahrzeugmasse gesamt 16,7 Tonnen

Die eingesetzte Messtechnik mit Auswertungs- und Drucktechnik für Durchbiegungen und Dehnungen während der Überfahrten der Versuchsfahrzeuge

Es wurden Schwingsaitengeber zur Messung der Dehnungen an den vertikalen Rissen der Stahlbetonträger über den Pfeilern eingesetzt.

Das automatisch arbeitende Auswertegerät der Firma Maihak Hamburg mit Drucker im Messwagen dokumentierte alle Messergebnisse während der Fahrzeugüberfahrten.

Die Brücke zeigte einen **Hauptriss** über den Pfeilern. Durch Aufbringen von drei **Betonaufsatzgebern** (Schwingsaitengeber) und Anbringen von **Gipsstreifen** in halber Trägerhöhe und über dem anderen Pfeiler mit Hauptrissen konnte mit Hilfe des Mess- und Auswertegerätes nach dem Justieren aller **Messstellen** der Start der **Versuchsfahrten** mit schweren Versuchsfahrten mit der herabgesetzen Geschwindigkeit von 60 Kilometer pro Stunde aus Sicherheitsgründen beginnen.

Es wurde ein Unwuchterreger der Thüringer Industriewerke Rauenstein eingesetzt zur Erzeugung der Eigenfrequenzen und Eigenformen. Der Unwuchterreger ist ausgelegt für einstellbare Erregerfrequenzen von 20 bis 80 Hertz für die einstellbaren Erregungskräfte bis 150 Megapond. Am Kragarmende in der Brückenmittelachse wurde der Erreger auf Ballastplatten abgestellt.

Dann wurden im Messwagen die Durchbiegungsgeber justiert und an Schreibgerät zur Darstellung der dynamischen Biegelinien angeschlossen und justiert. Schließlich wurden auch die Betonaufsatzgeber zur Messung von Dehnungen an den Biegeträgern an der

Mess- und Auswerteanlage im Messwagen angeschlossen. Zuerst wurden Probeüberfahrten eines beladenen Lastkraftwagens mit variierter Geschwindigkeit zur Bestimmung der Dämpfungszahl und die Eigenfrequenzen nach dem Verlassen der Brücke gemessen, um sie auch mit den berechneten Eigenwerten zu vergleichen.

Danach sind die Messungen bei der Überfahrt der Zugmaschine mit dem beladenen Tieflader mit 60 Kilometer pro Stunde durchgeführt worden.

Die vom induktiven Wegaufnehmer am Kragarmende gemessenen Durchbiegungen w(t) der Brücke ergab die beiden Messschriebe an der spitzen Ecke auf der Bronkower Seite und an der stumpfen Ecke auf der Bronkower Seite (siehe Abb. 5.7).

Nach einer gewissen Zeit wurde der **Unwuchterreger** abgeschaltet. Bei beiden Schrieben sind die **stationären Schwingungen** in der **1. Eigenfrequenz** nach dem beim Justieren eingestellten **Zeitmaßstab** von einer Sekunde und die **Maßstäbe der Durchbiegungen** (von 0,15 Millimeter im obigen Schrieb und von 0,05 Millimetern im Schrieb darunter) dargestellt. Beim oberen Schrieb der Abb. 5.7 gelang eine ideale **Abklingkurve** für die Berechnung der **Dämpfungszahl** des Brückenbauwerkes. Die **gemessene erste Eigenfrequenz** betrug 5,9 Hertz während der Schwingungsabläufe beim eingeschalteten Unwuchterreger. Bei der Berechnung der **ersten Eigenfrequenz** und der Messung der ersten Eigenfrequenz ergab sich eine gute **Übereinstimmung.**

Dann erfolgte die **Messung der Dehnungen** mit den Betonaufsatzgebern der Firma Maihak bei Überfahrten mit beladenen **Tiefladern** und der Zugmaschine bei einer Geschwindigkeit von 60 Kilometern pro Stunde. Gemessen und aufgezeichnet wurden die **Kragarmdurchbiegungen** w(t) und die Dehnungen über den Pfeilern. In ähnlicher Weise erfolgte die Justierung der Durchbiegungsmaßstäbe.

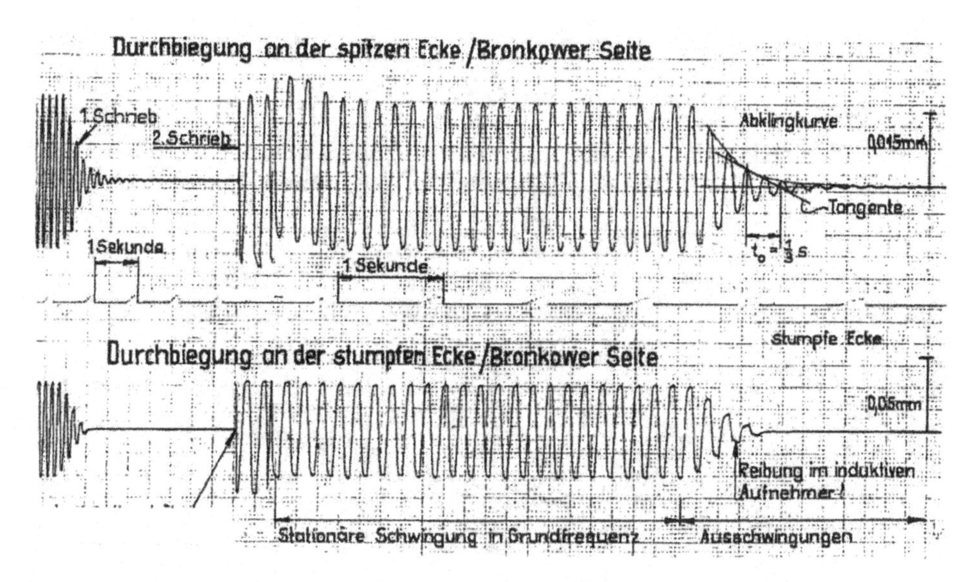

Abb. 5.7 Messschriebe, Eigenverhalten infolge Unwuchterreger

Alle **Messergebnisse** wurden im Gutachten dokumentiert und dem Auftraggeber sowie der Bauaufsicht bereitgestellt zusammen mit den Berechnungsergebnissen zur Vorbereitung von **Entscheidungen** über den Abriss der vorhandenen und über den Bau einer neuen Brücke.

In den beiden nachfolgenden Messschrieben der Abb. 5.8 sind die Schriebe an der Spitze und an der stumpfen Ecke auf Bronkower Seite wiedergegeben.

Während die obigen Schriebe das **Eigenverhalten** infolge Unwuchterreger abbilden, sind nun die **Durchbiegungsfunktionen** w(t) während der Überfahrt der Zugmaschine und des beladenen **Tiefladers** wiedergegeben. Im linken Kragträgerfeld sind Durchbiegungen positiv. Bei der Überfahrt der Mittelfeldes zwischen den Pfeilern sind die Durchbiegungen negativ. Bei der Überfahrt des rechten Kragträgerfeldes sind die Durchbiegungen positiv. Durch Vergleich erkennt man, dass bei der **Beurteilung der Risseschäden** der Verlauf der Durbiegungen bei der Überfahrt in der **nahen stumpfen Ecke** maßgebend ist. Das Justieren auf den **Durchbiegungsmaßstab** war bei beiden Fahrten gleich. Auch die **Zeitmaßstäbe** sind gleich.

Der **zeitliche Ablauf** zwischen der Entstehung des Tragwerkes auf zwei Pfeilern mit weit ausladenden Kragträgern und **strukturbedingten Rissen** und anderer Schäden wird nachfolgend kurz zusammengefasst.

1937 Neubau der Stahlbetonbrücke im Zuge der Landstraße zwischen Calau und Bronkow auf der Grundlage einer **statischen Berechnung** ohne Beachtung der **Schwingungsempfindlichkeit** als Ursache der Schäden.

1962 Erarbeitung des **Brückenbuches** durch die zuständige Brückenprüfbehörde auf Anregung des Gutachters nach Erstfeststellung von Schäden.

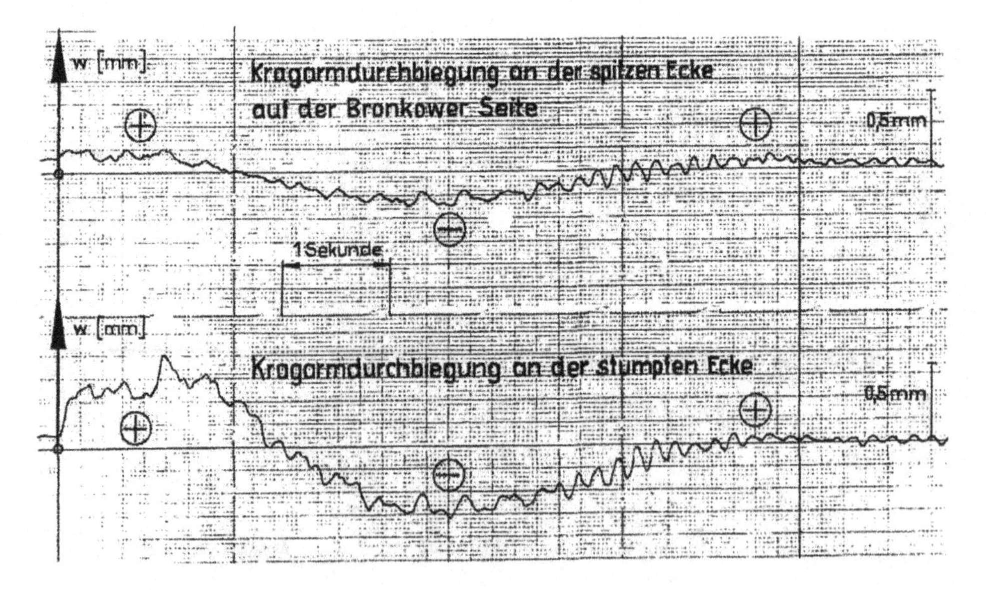

Abb. 5.8 Messschriebe, Durchbiegungsfunktionen während Überfahrt

1969 Auftrag zur Begutachtung der **Straßenbau- und Brückenbaubehörde** zur detaillierten Schadenerfassung, zur Durchführung von **Probebelastungen** und **Schwingungsmessungen** sowie durch Berechnung der **Eigenfrequenzen und Eigenformen** mit Hilfe der Anwendersoftware **„Eigenwerte"** durch den öffentlich bestellten Bausachverständigen.

1971 Ausarbeitung des **Gutachtens Calau-Bronkow** mit Verteidigung als Anwendungsbeispiel im Rahmen der Dissertationsschrift **Dynamische Modelle** [2].

1986 Abriss und Ersatz durch einen **Dreifeldträger** auf vier Stützen.

5.2.3 Formeln zum Strukturaufbau

Die wichtigste Formel für die **Auswahl optimaler Strukturen** ist der Eigenwert. Sie wird aus allen Randverformungen der Strukturelemente berechnet. In Kap. 3 sind alle Grundlagen und Einzelheiten ausführlich erläutert an Hand von Beispielen.

Die **Formel (1)** definiert den **Eigenwert.** Zum Vergleich der **Strukturvarianten** wählt man ein dominantes Element der Gesamtstruktur, am besten das **längste Element.**

Nach **Formel (2)** ist der Eigenwert abhängig von den **Elementparametern.** Bei Biegetragwerken geht die Länge ein mit der vierten Potenz, die Biegesteifigkeit und die Massenbelegung gehen in die Eigenwertberechnung nur linear ein.

Die **Formel (3)** legt fest, dass die Auswahl optimaler Varianten durch **Eigenwertmaßzahlen** erfolgt, die auf Eigenwertmaßstäbe bezogen sind. In Abschn. 3.1.1 wird für die Definition und Berechnung von Eigenwerten als **Modell** der verformungsintensiven **Kragträger** ausgewählt mit den Größensymbolen, der Modellskizze, den Randbedingungen und einem logarithmischen Nomogramm der maßgebenden ersten Eigenwertmaßzahl und der Normierung der Randverformungskomponenten auf den Betrag 1. In Abschn. 3.1.2 sind die Ergebnisse aller berechneten Eigenwerte und Eigenformen von **Einfeld- und Durchlaufträgern** zusammengestellt. Nach der Definition des **Eigenwertes als Zahl** erfolgt die Definition des **Eigenwertes als Begriff** mit dem Ziel der Verallgemeinerung der Begriffsanwendung. Nach lexikalischen Werken der belebten und unbelebten Natur werden die Definitionen um den Begriff **„eigen"** kurz zitiert, um Anregungen aus der Strukturierung technischer Modelle auf Modelle der belebten Natur ableiten zu können. In **Meyers Konversationslexikon** ist der Begriff Eigenschaft wie folgt formuliert: Unterscheidendes Merkmal einer Person oder Sache. Im deutsch-englischen Lexikon des Verlages **Enzyklopädie Leipzig** wird der Begriff übersetzt mit quality und der Begriff Eigenfrequenz mit natural frequency. In anderen Verlagen wie German – English Dictionary Lodis de Vries und Mac Graw Book Company wird der Begriff **eigen** ins Englische übersetz mit proper, one's own individual. Im Roche-Lexikon der Medizin des Verlages Urban Fischer findet man unter dem Begriff **eigen** die englischen Begriffe auto, ipsi, proprio, self und den Begriff **score** für Kennziffern des Befindens von Patienten.

In technischen Disziplinen zur Strukturierung wird im Detail die Berechnung der **Eigenwertmaßzahlen** und Normierung der Randverformungskomponenten auf den Betrag

1 nach der **Formel (4)** definiert. Die Eigenwertmaßzahl selbst wird berechnet aus diesen Verformungskomponenten aller Strukturelemente.

Die **Hauptformel (5)** der technischen Strukturierung fordert zur Auswahl der Optimalvariante den **maximalen Betrag der Eigenwertmaßzahlen** aus der Gesamtheit aller konkurrierenden Strukturvarianten.

Die **Formeln (6) und (7)** gelten für Sonderfälle bei Resonanzgefahr von verformungsintensiven Anwendungsbeispielen des Brücken- und Hochbaus sowie des Maschinen- und Fahrzeugbaus.

Die **Formeln (8) und (9)** betrachten verschiedene **Maßeinheitensysteme** der Staaten.

Die **weiteren Formeln** gelten für Einzelheiten der Modellierung, der Datenerfassung und Berechnung der Eigenwerte und Eigenformen sowie Nutzung der Messtechnik zur Kontrolle der Berechnungsergebnisse des Eigenverhaltens und äußerer Einwirkungen auf Tragwerke.

Literatur

1. Pitloun R (1970) Schwingende Balken. Verlag für Bauwesen, Berlin (in Deutsch, 1971 in Englisch und Spanisch, 1973 in Französisch und Serbokroatisch)
2. Pitloun R (1975) Dynamische Modelle. Dissertation in zwei Bänden (393 S). Anlagenband über Beispielrechnungen mit Ziffern- und Analogrechnern, Technische Universität Dresden

Anwendung und Begutachtungsbeispiele 6

6.1 Tabellarische Übersicht

6.1.1 Erste Eigenwertmaßzahlen für Biegetragwerke

Elastisch eingespannter Träger	0,0299 bis 12,36
Einfeldträger auf zwei Stützgelenken	97,5
Träger mit einer festen Einspannung und einem Gelenk	238,5
Beidseitig eingespannter Träger	504,0
Starr eingespannter Kragträger mit einer Einzellast am Trägerende	97,5 bis 0,293
Balken auf zwei Stützgelenken mit Einzellast in Feldmitte	97,9 bis 8,75
Balken mit einem Gelenk und einer Einspannung sowie Einzelmasse	238,5 bis 10,50
Beidseitig eingespannter Balken mit Last in Balkenmitte	504,0 bis 18,51
Träger mit zwei Überständen	<79,9
Balken mit einer festen und einer elastisch nachgiebigen Stütze	97,5 bis 0,30
Balken mit zwei elastisch nachgiebigen Stützen	97,5 bis 0,02
Einseitig elastisch nachgiebig eingespannter Träger	97,5 bis 238,5
Beidseitig elastisch nachgiebige Federn	97,5 bis 504,0
Durchlaufträger, gleiche Stützweiten und beliebige Anzahl von Feldern	97,5
Zweifeldträger mit ungleichen Stützweiten bis einseitig eingespanntem Träger	97,5 bis 238,5
Zweifeldträger mit ungleichen Stützweiten und einer Einzelmasse	97,5 bis 0,15
Dreifeldträger mit variierter Mittelstützweite ohne Einzelmasse	146,1 bis 14,90
Dreifeldträger mit gleichen Stützweiten und einer Einzelmasse	14,28 bis 2,33
Dreifeldträger mit gleichen Stützweiten und elastisch nachgiebigen Stützen	97,5 bis 0,1321
Vierfeldträger, symmetrische Stützweitenverteilung	160,0 bis 10,02
Vier- und Mehrfeldträger mit einer Einzelmasse in einem Randfeld	97,5 bis 6,52
Vier- und Mehrfeldträger mit einer Einzelmasse im Mittelfeld	97,5 bis 8,40
Rahmenecke aus zwei Biegeelementen elastisch nachgiebig gelagert	97,5 bis 1,134
Rahmenecke, eingespannter Stiel und Riegel elastisch nachgiebig gelagert	132,8 bis 5,33

R. Pitloun, *Tragwerksstrukturen*, https://doi.org/10.1007/978-3-658-23125-5_6

Ecke, Stiel elastisch eingespannt und Riegel gelenkig gelagert	132,8 bis 97,5
Ecke, beidseitig elastisch eingespannt	238,5 bis 97,5
Ecke, Stiel starr eingespannt und Riegel gelenkig gelagert	398,4 bis 2,306
Ecke, Stiel und Riegel starr eingespannt	429,5 bis 238,5
Ecke, gleiche Stablängen, verschiedene Massebelegungen	97,5 bis 2,783
Ecke, gleiche Stablängen, verschiedene Biegesteifigkeiten	97,5 bis 232,2
Ecke, starr eingespannt, gleiche Stablängen, Belegungen verschieden	238,5 bis 6,53
Ecke, eingespannt, gleichlange Stäbe und Masse am Stabsende	8,16 bis 0,213
Offener Rahmen aus drei Stäben, gelenkig gelagert, Stablängen verschieden	346,3 bis 0,0378
Rahmen, Stablängen gleich und Massenbelegungen verschieden	15,79 bis 2,25
Rahmen, Stablängen gleich, Biegesteifigkeiten verschieden	55,1 bis 1,319
Rahmen mit kurzem Riegel und gleichlangen Stielen, Steifigkeiten variiert	2,15 bis 0,798
Rahmen mit kurzem Riegel, Variation der Biegesteifigkeiten	1,457 bis 0,1173
Rahmen mit langem Riegel und kurzen Stielen, Variation der Belegungen	84,1 bis 27,5
Rahmen mit langem Riegel und kurzen Stielen, Variation der Steifigkeiten	451,4 bis 84,1
Rahmen mit Gelenk in Riegelmitte, eingespannte Stiele, Steifigkeit variiert	277,9 bis 0,0205
Rahmenlagerung an den Stielen mit Variation der Stiel- und Riegellängen	104,5 bis 0,212
Rahmen mit zwei Lagern, ein Gelenk verschieblich mit variierten Längen	22,5 bis 0,0138
Rahmen, eingespannt mit variierten, ungleichen Stiellängen	128,3 bis 10,27
Rahmen, gelenkig gestützt mit Variation der Stiellängen	26,2 bis 2,14
Geschlossene Rahmen aus 4 Stäben, Stablängen variiert	240,8 bis 0,0337
Eine Zelle mit variierten Massen der Riegel und Stiele	10,18 bis 1,450
Eine Zelle mit variierten Biegesteifigkeiten der Riegel und Stiele	12,95 bis 2,76
Zweierzelle mit Variation der Stiellängen und Riegellängen	18,38 bis 0,745
Zweierzelle mit unterschiedlichen Massenbelegungen	8,64 bis 1,515
Zweierzelle mit unterschiedlichen Biegesteifigkeiten	13,77 bis 2,36
Dreierzelle mit Lagergelenken unter den Endstielen	7,00 bis 0,722
Dreierzelle mit unterschiedlichen Massenbelegungen	6,01 bis 1,079
Dreierzelle mit unterschiedlichen Biegesteifigkeiten	7,85 bis 2,20
Fundamentrahmen mit 2 gleichen Riegellängen, 3 gleiche Stiele eingespannt	304,7 bis 0,0354
Fundamentrahmen wie vor, jedoch mit unterschiedlichen Massenbelegungen	12,46 bis 2,21
Dreistielrahmen mit durchgehendem Riegel und variierten Biegesteifigkeiten	48,1 bis 1,109
Dreistielrahmen mit durchgehendem Riegel und variierten Riegellängen	12,94 bis 0,614
Dreistielrahmen mit unterschiedlichen Stiellängen	128,7 bis 3,08
Dreistielrahmen mit Einzelmasse auf dem Mittelstiel	8,53 bis 2,02
Dreistielrahmen mit Einzelmasse in Riegelfeldmitte	8,79 bis 2,02
Vierstielrahmen mit Variation der Stiel-/Riegellängen	295,8 bis 0,0345
Vierstielrahmen mit Einzelmasse in der Mitte des Randfeldes	8,17 bis 2,51
Elfstielrahmen mit Variation der Stiellängen und Riegellängen	279,1 bis 0,0329
Stockwerkrahmen, 2 Stiele, 2 Geschosse mit Variation der Stablängen	5,10 bis 0,245
Zweigeschosser mit Variation der Stabsteifigkeiten	3,79 bis 1,18
Dreigeschosser mit unterschiedlichen Stiel- und Riegellängen	2,15 bis 0,1806
Dreigeschosser mit unterschiedlichen Stabsteifigkeiten	1,736 bis 0,421
Viergeschosser mit Variation der Stiel- und Riegellängen	1,179 bis 0,093
Viergeschosser mit unterschiedlichen Biegesteifigkeiten	0,990 bis 0,208

Zehngeschosser, zweistielig und drei verschiedene Stablängen	0,1802 bis 0,0123
Türme mit Verteilung der Steifigkeit und Masse als eingespannter Kragträger	49,6 bis 12,36
Turmsteifigkeit konstant, Masse von der Spitze bis zum Turmfuß zunehmend	49,6 bis 140,7
Turmsteifigkeit zunehmend, jedoch variabel zunehmend nach zwei Varianten	88,8 bis 25,7
Eine Masse an der Spitze und Steifigkeit parabolisch zunehmend bis zum Fuß	34,8 bis 12,36

6.1.2 Anwendung der Eigenwertmaßzahlen zur optimalen Strukturwahl

Zunächst überschaut man diese **Maßzahlen nach Größenordnungen** mit dem Ziel, den möglichst **größten Betrag** zu erreichen für die jeweiligen Anwendungsbeispiele. Dabei sind nach Erfahrungen möglichst Beträge von 10,0 anzustreben. Der am häufigsten vorkommende **Biegeträger** auf zwei Stützgelenken hat die **Eigenwertmaßzahl** 97,5 und der verformungsempfindlichste Träger ist der Kragträger mit einem freien Rand und einem starr eingespannten Rand im Maßzahlbereich zwischen 0,0299 bis 12,36, wobei der Einspanngrad möglichst groß sein soll (die Maßzahl 12,36 ist nur wenig größer als der Minimalbetrag 10,0). Maßgebend zur Findung von Optimalvarianten ist stets die **erste Eigenwertmaßzahl.**

Bei **Durchlaufträgern** sind neben den Steifigkeiten und Massenbelegungen die Stützweiten variiert. Die Wertebereiche liegen zwischen 0,1321 bei elastisch nachgiebigen Stützen und 504,0 bei beidseitig eingespannten Stützfeldern.

Bei **Rahmenecken** aus zwei Biegestäben (kleinste Anzahl von Stabelementen) liegen die Maßzahlen zwischen 1,134 und 132,8, die Wertebereiche aller Eckvarianten liegen zwischen 1,134 und 429,5, Eckvarianten kann man als Grundmodelle für die nachfolgenden Varianten betrachten.

Die **offenen Rahmenmodelle** aus drei Biegestäben weisen einen Wertebereich der ersten Eigenwerte zwischen 0,0138 und 451,4 auf. Die **geschlossenen Rahmen** aus vier Stäben, auch Zellen genannt, weisen einen Wertebereich zwischen 7,85 und 240,8 auf.

Die **Fundamentrahmen** mit zwei bis elf Stielen und einem durchgehenden Riegel weisen erste Eigenwertmaßzahlen von 0,0329 und 304,7 auf bei nur zwei Riegeln und drei Stielen.

Das **Stockwerkrahmenbeispiel** mit nur zwei Stielen und bis zu zehn Stockwerketagen wurde als extrem ungünstiges Modell angefügt: Die berechneten ersten Eigenwertmaßzahlen erreichen nur einen Wertebereich zwischen 0,0123 bis 0,1802! Bei schlanken Hochbauten oder turmartigen Bauten sind die Anzahl der Stiele sowohl in der Modellbreite als auch Modelltiefe so zu erhöhen, dass sich die **erste Eigenwertmaßzahl** auf 10,0 erhöht.

Fasst man die Anwendung der Eigenwertmaßzahlen hinsichtlich der **Modellwahl** zusammen, die sich aus den im Buch gewählten **Strukturarten** ergeben, dann ergibt sich aus dem Überblicken der **Größenordnungen**, dass bei der Dimensionierung schrittweise vorzugehen ist. Die Aufgliederung der Gesamtstruktur in Elemente und die Wahl von Modellarten erfordern Erfahrungen, die sich aus dem anzustrebenden **Mindestbetrag** der ersten Eigenwertmaßzahlen von 10,0 ergeben. Parallel dazu werden in Ausschreibungen Varianten mit dem Ziel der **Baupreisminimierung** erarbeitet und mit den Ergebnissen der Berechnung optimaler Strukturen verglichen.

6.1.3 Zusammenfassung der optimalen Strukturwahl von Tragwerken

Im Zeitalter der modernen **Informations- und Produktionstechnologien** ist die Erweiterung herkömmlicher Entscheidungsgrundlagen im Sinne einer neuartigen „Kunst des Strukturierens" möglich. Im Buch wird auf dem Teilgebiet der **Bautechnik** eine Basis für die optimale Wahl technischer Strukturen geschaffen. Aus den Ergebnissen und Erfahrungen können Anregungen für **andersartige Strukturen** der unbelebten und belebten Natur abgeleitet werden.

Die Vielfalt der **technischen Strukturarten** drücken sich in **Analogien** des zeitlichen und räumlichen Verhaltens sowie des speziellen Verhaltens aus. Die Verhaltenskomponenten der einzelnen Elemente kann man durch das **zeitliche Eigenverhalten** von Elementen ohne und mit äußeren Einwirkungen auf rechnerischem und experimentellem Wege ermitteln und vergleichbar machen. Dazu wurden im einleitenden Analogieabschnitt elf Elementarmodelle veranschaulicht und erläutert, s. Abschn. 2.2.

Bauvorhaben werden nach der zurzeit gültigen Vergabe- und Vertragsordnung durch **Baupreise** ermittelt und vergeben. Derjenige Bieter erhält den Zuschlag, der den niedrigsten Baupreis nachweist. Es wird empfohlen, künftig neben dem Baupreis auch die optimale Struktur zahlenmäßig nachzuweisen. Als Auswahlkriterium wird der **maximale Eigenwert** der Tragwerkstruktur zugrunde gelegt.

Die Einzelheiten der Eigenwertberechnung von Anwendungsbeispielen erfolgt in Kap. 3. Einleitend erfolgt die **Definition** des Begriffes **Eigenwert** als Zeitgröße. Zunächst werden maßstabsfreie Eigenwertmaßzahlen als Vergleichszahlen für die Beispielvarianten berechnet. Dazu werden die **Erfassungsdaten** für den Aufbau der Gesamtstrukturen aus den Modellelementen, Indizes genannt, und maßstabsfreie und normierte Parameter der Randverformungen der einzelnen Elemente ermittelt. Die Berechnung der Eigenlösungen erfolgte zunächst mit der **Anwendersoftware** „Eigenwerte", danach erfolgt ein Dialog zwischen rechnerisch ermittelten Lösungsdaten und anschließendem Vergleich mit Erfahrungen und Messergebnissen. Die Einzelheiten sind mit vielen **Anwendungsbeispielen** veranschaulicht und erläutert. Die Quellen für die Erarbeitung der Software sind im Literaturverzeichnis angegeben.

Als Basis für die **„Kunst des Strukturierens"** von Tragwerkstrukturen wurden zwei Anwendungsbeispiele aus Begutachtungen ausgewählt. Bei einer **Stahlbetonbrücke** mit strukturbedingten Schäden wurde der Überbau vorzeitig abgerissen und durch Neubau einer optimalen Struktur errichtet und es wurden neue Widerlager gebaut. Beim zweiten Beispiel einer **stählernen Hängebrücke** wurde wegen Resonanzerscheinungen eine neue Stahlstütze am Aufhängungspunkt hinzugefügt. Weiterhin erfolgten Benutzungsbeschränkungen.

Die Anregungen aus dem Aufbau und der Bewertung von Tragwerken wurden angewandt auf ein Beispiel der **Medizin.** Die Bewertung erfolgte durch **Befindenszustände** eines Patienten: Die Null abstrahiert das Normalbefinden. Durch positive bzw. negative Vorzeichen wurden 4 gesunde bzw. kranke Zustände normiert.

Software zur Berechnung von Tragwerkstrukturen

7

7.1 Berechnung der Eigenwerte und Eigenformen

Die Software für die damals verfügbare **Hardware** IBM 360 war in der Programmiersprache FORTRAN IV A verfasst vom Programmierer Dr. Grund aus der Akademie der Wissenschaften zu Berlin.

Die Berechnung der **Eigenlösungen** für Tragwerke erfolgte für die im Bauwesen am häufigsten vorkommenden Biegetragwerke. Der Lösungsansatz zur Berechnung der **Eigenwerte und Eigenformen** ist für hochwertige Baustoffe wie Stahl, Spannbeton und Stahlbeton die Energiegleichung „potenzielle Energie = kinetische Energie". **Eigenwerte** sind Naturgrößen, die immer positiv sind (sie sind Quadrate der Eigenfrequenzen, die in der Maßeinheit Hertz gemessen werden). Theoretisch gibt es so viele Eigenwerte, wie es Randverformen der Gesamtstruktur gibt. Maßgebend für die Strukturwahl ist stets der **erste Eigenwert.**

Ergeben sich aus der Lösung von Eigenwertaufgaben **negative Eigenwerte**, dann sind Fehler in den **Eingabedaten** zu suchen. Die Eingabedaten bestehen aus **Strukturaufbaudaten** und aus den **Parametern** der Strukturelemente (bei Biegetragwerken sind es die Elementlängen, die Biegesteifigkeiten und die Eigenmassen je Längeneinheit). Mit großer Wahrscheinlichkeit ist die Ursache der negativen Eigenwerte, dass die Strukturaufbauindizes in das Eingabeformular falsch eingetragen wurden. Die **Indizes** ergeben sich aus der Nummerierung aller Randverformungen (bei Biegeträgern sind es die Randdurchbiegungen, Verdrehungen und Randkrümmungen).

Der **Auftraggeber** zur Erarbeitung der Software war der Themenverantwortliche für den Forschungsauftrag des Forschungsinstituts und Gutachter für Praxisanwendungen. Der **Auftragnehmer** war die Akademie der Wissenschaften zu Berlin.

Der **Auftragnehmer** setzte zur Kontrolle der **Richtigkeit** den ältesten **Ziffernrechner** ZRA-1 von Zuse ein. In der Programmiersprache für diesen Rechner ALGOL ergaben sich 180 Befehlszeilen. Der Berechnungsvorgang für ein ausgewähltes Anwendungsbeispiel

R. Pitloun, *Tragwerksstrukturen*, https://doi.org/10.1007/978-3-658-23125-5_7

war so langsam (Folge der Bit-Symbole 0 und 1), dass man an der **Fehlerstelle** in der Software die Programmierfehler erkennen und beseitigen konnte. Diese Richtigkeitskontrolle ist veröffentlicht in der VDI-Zeitschrift, Bericht Nummer 113 von 1967.

Der **Auftraggeber** erarbeitete für die Anwendungsbeispiele die **Energiegleichungen** zur numerischen Berechnung der Eigenwerte und Eigenformen „mit der Hand". Die Richtigkeit der Berechnungsergebnisse ging in der Regel aus Messungen an ausgeführten Tragwerken oder aus Veröffentlichungen hervor. Danach erfolgte die Erarbeitung des FORTRAN-Programms mit der Programmbezeichnung **„Eigenwerte"** und die Berechnung der Strukturbeispiele mit Veröffentlichungen in den Büchern „Schwingende Balken" [1] und „Schwingende Rahmen und Türme" [2].

7.2 Bauwerksplanung nach Preisen und nach Strukturdaten

In den sich entwickelnden Vertragsordnungen des Bauwesens, siehe Quelle [3] des Literaturverzeichnisses, wurden **Entscheidungen nach Baupreisen** zur Bewertung der Angebote von Bauunternehmern bei Ausschreibungsverfahren zugrundegelegt. Das bedeutet, dass die Preiskalkulation nach den Erfahrungen der Bauherrn, der Architekten und Ingenieure, Ökonomen sowie Produktionstechnologien und Datenbanken über bisher ausgeführte Baumaßnahmen maßgebend sind für **Auswahlentscheidungen** bei der preisgestützten Planung.

Das Buch über Tragwerkstrukturen, insbesondere das Kap. 3, enthält die Grundlagen für die Auswahl optimaler Angebotsvarianten nach **Strukturkriterien**, sowohl für Einzeltragwerke als auch für die Gesamtheit der **Verkehrsinfrastrukturen,** in denen computergestützte Bauprogramme und ein **Training der Manager** sowie eine gezielte Ausbildung der Fachkräfte erforderlich sind. Anders als bei Auswahlentscheidungen nach Preisen erfolgt eine zahlenmäßige Erfassung von **Strukturaufbaudaten** und von **maßstabsbezogenen Parametern** aller Strukturelemente.

Bei den **Planungen nach Baupreisen** werden in Ausschreibungen nicht nur die sich in der Zeit verändernden Preise, sondern auch eine Vielzahl von Einflüssen zugrundegelegt, wie überlieferte Vorschriften und verfügbare Bautechnologien. Die Entscheidungen der Bauherren, Ökonomen und anderer Persönlichkeiten schließen diese Planungsprozesse ab. Diese Verfahrensweise ist schon über lange Zeiträume üblich. Die **Planung nach Strukturkriterien** erweitert die herkömmlichen Planungsverfahren mit dem Ziel der Entwicklung von **Baukunstregeln,** die sowohl die preisgestützten Verfahren als auch die neuen Möglichkeiten, die durch die stürmisch sich entwickelnden **Informationstechnologien** entstehen, berücksichtigen.

Allgemeine, gedankliche Grundlage zur Formulierung der Baukunstregeln soll die **Logik** sein. Der Begriff stammt aus dem griechischen Wort logos und bedeutet Gesamtheit der Wissenschaften von den Gesetzen des Denkens, von den mathematisch-logischen

Gesetzen eines Kalküls und symbolischer Sprachen. Im Zeitalter der verfügbaren, modernen **Informationstechnologien** erhält die mathematische Logik eine bestimmende Rolle bei der Lösung von Aufgaben in den Wissenschaften und in der Produktion.

Auf dem speziellen Gebiet der Entwicklung von **Tragwerkstrukturen** mit modernen Informationstechnologien werden im Buch Einzelheiten des Strukturaufbaus, der Bewertung der Strukturelemente im ausgewählten Kap. 3 mit Bildern veranschaulicht. Die einzelnen Tragwerkstrukturen sind Bestandteil von **Infrastrukturen** zum Beispiel des Verkehrswesens und des Hochbaus. Auf dem Wissensgebiet des **Managements** zur Erarbeitung von **Bauprogrammen** je Planjahr oder für mehrere Jahre können die **Informationstechnologien** für das ganze Infrastrukturnetzwerk eines Landes angewandt werden. Der Aufwand für die Bauprogramme wird begrenzt durch das verfügbare **Budget** des Landes. Die Entscheidung trifft das zuständige Fachministerium.

Literatur

1. Pitloun R (1970) Schwingende Balken. Verlag für Bauwesen, Berlin (in Deutsch, 1971 in Englisch und Spanisch, 1973 in Französisch und Serbokroatisch)
2. Pitloun R (1975) Schwingende Rahmen und Türme. Verlag für Bauwesen, Berlin
3. VOB Vergabe und Vertragsordnung. Deutscher Taschenbuchverlag, 28. Ausgabe 2010 und Verordnung für Honorare für Architekten und Ingenieure

Literatur

1. Bayerlein W (1996) Praxishandbuch Sachverständigenrecht, 2. Aufl. Beck'sche Verlagsbuchhandlung, München
2. Deinhard IJ (1964) Vom Cementum zum Spannbeton, Buchband II Massivbrücken gestern und heute. Bauverlag, Wiesbaden, S 109–110
3. Hübner R. Who is Who in der Bundesrepublik Deutschland. Verlag für Personenenzyklopädien, Zug (mit der Biographie von Pitloun, Rudolf und Hauptwerken), Ausgaben 2003 und 2006
4. Pitloun R (1996) Bund-Länder-Erfahrungsaustausch zur systematischen Straßenerhaltung. Vortrag zur Bestimmung des Straßennutzens. Berichte der Bundesanstalt für Straßenwesen, Reihe Straßenbau, Heft 22, S 128–131
5. Pitloun R (1996) Erfahrungen der Managementumstellung in zwei Bundesländern einschließlich Managertraining (im Online-Management). Berichte der Bundesanstalt für Straßenwesen, Reihe Straßenbau, Heft 9, S 20–26
6. Pitloun R (1996) Ergebnisse, Ziele und Visionen mit dem Erhaltungsmanagement in Sachsen-Anhalt. Berichte der Bundesanstalt für Straßenwesen, Reihe Straßenbau, Heft 18, S 20–30
7. Pitloun R (1996) Gutachten Calau-Bronkow, Teile I und II für die Oberste Bauaufsicht Berlin und für die Bezirksdirektion des Straßenwesens Cottbus 1969 mit Berechnungsergebnissen, Messergebnissen, Diagrammen und Fotos als Grundlage für die Entwicklung von Baukunstregeln für die Verkehrsinfrastruktur
8. Pitloun R (1963) Remise état du pont en béton precontraint d'Aue, en Saxe, construit en 1936–1937 et remise en tension de ses armatures. Travaux, Paris Juliet 1963, S 353–366 (Wiederinstandsetzung der 1936–1937 erbauten Spannbetonbrücke in Aue mit Vortrag darüber zum Internationalen Spannbetonkongress 1970 in Prag)
9. Pitloun R (1986) Reproduktion von Straßen und Brücken. Bau und Nutzung, Verschleiß und Wiederherstellung von Straßen und Brücken sowie Instandhaltung. Habilitationsschrift zur Erlangung des akademischen Grades Dr. sc. techn, Hochschule für Verkehrswesen Dresden
10. Pitloun R (1985) Zur Berechnung von Hohlkastenbrücken mit orthotroper Fahrbahnplatte, Versuchsergebnisse. Die Straße, Berlin, S 179–195
11. Schönberg M, Fichtner F (1939) Die Bahnhofsbrücke Aue in Sachsen als erste Spannbetonbrücke der Welt. Die Straße 17(8):97–104

R. Pitloun, *Tragwerksstrukturen*, https://doi.org/10.1007/978-3-658-23125-5

Printed in the United States
By Bookmasters